高等院校模具课系列教材

模具制造技术

主　编　贾全义

副主编　张信群　张桂侠　张新建

合肥工业大学出版社

内容提要

本书全面、系统地阐述了模具制造技术的基本原理、特点和加工工艺，主要内容包括：模具制造技术概述、模具材料及热处理、模具钳工技术、模具零件的机械加工及特种加工、模具典型零件加工工艺分析、模具装配技术以及现代模具制造技术等。本书在保证各种加工方法的完整性和系统性的同时，突出工艺方法的实用性；通过对典型模具零件的工艺分析，突出模具制造技术的综合性。本书可作为高等院校模具设计与制造专业的教材，也可作为从事模具设计和制造工作的技术人员的参考书。

图书在版编目(CIP)数据

模具制造技术/贾全义主编. —合肥：合肥工业大学出版社，2010.9

ISBN 978-7-5650-0274-8

Ⅰ.①模…　Ⅱ.①贾…　Ⅲ.①模具—制造—高等学校：技术学校—教材　Ⅳ.①TG76

中国版本图书馆 CIP 数据核字(2010)第 173282 号

模具制造技术

主编　贾全义　　　　责任编辑　汤礼广

出　版	合肥工业大学出版社	版　次	2010年9月第1版
地　址	合肥市屯溪路193号	印　次	2010年9月第1次印刷
邮　编	230009	开　本	787毫米×1092毫米　1/16
电　话	总编室：0551-2903038	印　张	13
	发行部：0551-2903198	字　数	293千字
网　址	www.hfutpress.com.cn	印　刷	合肥学苑印务有限公司
E-mail	press@hfutpress.com.cn	发　行	全国新华书店

ISBN 978-7-5650-0274-8　　　　定价：22.00元

前　言

模具是制造业重要的工艺基础，用模具生产的零部件具有高精度、高复杂度、高一致性、高生产率和低耗能、低耗材等特点，这使得模具工业在制造业中的地位越来越重要。模具水平的高低，直接反映了制造业水平的高低，所以，要想提高制造业的水平，模具制造的水平提高至关重要。

模具制造技术包括冷冲压加工、锻压加工、塑料成型等多种工艺方法。通过模具生产的产品涉及汽车、仪器仪表、家用电器等各个行业。目前，社会上需要大量的既具有较高理论水平又具有丰富实践经验，并且掌握了一定现代模具制造技术的高技能人才。基于此，我们特编写本书。

本书共分八章。首先概略介绍了模具的制造过程及生产特点、模具毛坯及工艺规程的制订；接下来系统地介绍了作为一名高技能模具制造加工人员所必备的各种基础理论知识，包括常用模具材料及热处理、模具钳工技术、模具零件的常规机械加工及各种特种加工的方法与工艺，以及模具的装配、调试等方面的基本知识；最后对一些现代模具制造技术分别做了介绍。

本书由淮南联合大学贾全义老师担任主编，其中第一章、第三章、第四章、第八章由淮南联合大学贾全义老师编写，第二章、第六章由安徽机电职业技术学院张新建老师编写，第五章由安徽国防科技职业学院张桂侠老师编写，第七章由滁州职业学院张信群老师编写。全书由贾全义老师统稿。在编写过程中，我们参阅了有关教材、资料和文献；同时，淮南联合大学赵耀军教授、王韬副教授，安徽机电职业技术学院王桂英高级工程师等也分别以不同的方式对本书的编写给予技术上的指导，并提出了许多宝贵的意见，在此一并表示衷心的感谢。

本书可作为高等院校模具制造技术课程的教材，也可作为模具制造类技术工人的培训教材和从事模具制造加工、装配、维修等有关人员的参考用书。

由于编者水平所限，加之时间仓促，书中不足之处在所难免，恳请读者批评指正。

编　者

目 录

第一章　模具制造概述

【内容提要】 本章除了介绍模具的一般用途、要求及特点以外，着重介绍了模具制造工艺规程在模具制造中的指导作用、模具零件毛坯的准备等方面的内容。

【目标要求】 掌握模具工艺规程的具体内容及制订工艺规程的步骤；掌握确定模具零件毛坯的方法。了解我国模具工业的一些现状。

第一节　模具的制造过程及生产特点

一、模具的种类与用途

模具作为工业生产中一种专门的工艺装备，在与相应的成形设备（如冲床、塑料注射机、压铸机等）相结合时，可直接改变原材料的状态、形状、尺寸，使之成为合格制件或半成品。

模具分类方法很多，根据成形加工的工艺性质和使用对象的不同，模具分类如表 1－1。

表 1－1　模具的种类

模具类别		模具品种	使用对象
板材成形模具	冲压模具	冲裁模、弯曲模、拉深模、成形模、翻边模、胀形模、缩口模等	金属板材、非金属板材或型材
非金属材料成型模具	塑料成型模具	注射成型模、压注模、压缩模、挤出成型模、吹塑成型模、真空成型模、发泡模等	热塑性塑料、热固性塑料
	玻璃模	铸压成型模具、吹—吹法成型模、压—吹法成型模等	玻璃
	橡胶模	压制成型模、注射成型模、挤出成型模等	橡胶
	陶瓷模	压力成型模	陶瓷
金属体积成形模具	压铸模	压力铸造模	低熔点金属、合金
	锻模	锻造成型模、冷镦模、拉丝模等	有色、黑色金属块料、棒料
	铸造模	砂型模、壳型模、失蜡模、压力铸造模、金属型铸模等	金属粉末
	粉末冶金模	压力成型模、整形模	熔融合金及树脂

二、模具的技术要求

1. 模具的精度要求

模具精度包括加工中获得的模具零件精度和生产时保证产品精度的质量意识。模具加工中的精度是模具零件加工及组装后的实际几何参数与理论几何参数的符合程度;模具生产中的精度是企业职工在生产实践中逐步形成的、指导职工生产行为的一种思维模式。通常所讲的模具精度,主要是指模具工作零件的精度。

模具精度的内容包括尺寸精度、形状精度、位置精度、表面精度四个方面,由于模具在工作时分上模、下模(或动模、定模)两部分,故在四种精度中以这两部分的相互位置精度最为重要。

模具精度是为制件精度服务的,高精度的制件必须由更高精度的模具来保证。模具精度一般须高于制件精度3级或者3级以上。模具的表面粗糙度直接影响到制件的质量、成形终了模具与制件的分离。一般来说,模具成形表面的粗糙度 $R_a < 0.8\mu m$。

对于一般精度的模具,模具的凸模或型芯、凹模或型腔类成型件的尺寸精度见表1-2。

表1-2 模具成型件的尺寸精度

模具类型	尺寸精度/mm	模具类型	尺寸精度/mm
冲模	大型 0.010 小型 0.005	塑料注射模	0.010
拉深模	0.005	玻璃模	0.015
精锻模	0.036	粉末冶金模	0.005
压铸模	0.010	陶瓷模	0.050

2. 模具的寿命要求

模具寿命指在保证制件品质的前提下,所能加工出的制件数。它包括反复修复和更换易损件,直至模具的主要部分更换所成形的合格制件总数。模具正常失效前,生产出的合格制件的数目,叫模具正常寿命,简称模具寿命。模具首次修复前生产出的合格制件的数目,叫首次寿命;模具一次修复后到下一次修复前所生产出的合格制件的数目,叫修模寿命。模具寿命是首次寿命与各次修模寿命的总和。表1-3、表1-4列出了冷冲模具和塑料注射模具寿命的概略值。

表1-3 各类冲模的使用(总)寿命概略值

冲模的结构类型		冲件料厚 t(mm)						
		≤0.5	0.5~1	1~2	2~4	4~6	6~8	10
		使用(总)寿命概略值(万冲次)						
单冲模	无导向敞开式	280~350	100~200	80~100	40~80	40~80	20~40	10~15
单冲模	导柱(模架)式	450~500	200~300	150~200	100~150	100~150	65~85	35~65
单冲模	导板式	300~400	150~200	100~150	60~100	60~100	-	-

（续表）

<table>
<tr><th colspan="3" rowspan="3">冲模的结构类型</th><th colspan="7">冲件料厚 t(mm)</th></tr>
<tr><th>≤0.5</th><th>0.5～1</th><th>1～2</th><th>2～4</th><th>4～6</th><th>6～8</th><th>10</th></tr>
<tr><th colspan="7">使用(总)寿命概略值(万冲次)</th></tr>
<tr><td rowspan="4">连续模</td><td rowspan="4">连续模</td><td>导板式</td><td>300～450</td><td>250～300</td><td>200～280</td><td>100～200</td><td>80～100</td><td>-</td><td>-</td></tr>
<tr><td>刚性卸料板</td><td>-</td><td>-</td><td>320～400</td><td>200～320</td><td>120～180</td><td>65～85</td><td>35～65</td></tr>
<tr><td>弹压卸料板</td><td>450～560</td><td>450～540</td><td>340～420</td><td>240～340</td><td>-</td><td>-</td><td>-</td></tr>
<tr><td>弹压板小导柱</td><td>480～580</td><td>440～550</td><td>360～450</td><td>250～350</td><td>-</td><td>-</td><td>-</td></tr>
<tr><td rowspan="2">复合模</td><td colspan="2">冲孔、落料复合模</td><td>440～550</td><td>400～500</td><td>350～400</td><td>320～400</td><td>-</td><td>-</td><td>-</td></tr>
<tr><td colspan="2">落料、拉深或
弯曲复合模</td><td>400～500</td><td>350～420</td><td>300～400</td><td>280～360</td><td>-</td><td>-</td><td>-</td></tr>
</table>

模具寿命与模具类型和结构有关，它是一定时期内模具材料性能、模具设计与制造水平、模具热处理水平以及模具使用维护水平的综合反映。

表 1-4　塑料注射模具的寿命概略值

模具种类	模具寿命/万件	说　明
钢塑料注射模	40～60	模具采用中碳钢制
合金钢塑料注射模	100 以上	模具采用优质模具钢制

3. 模具的安全要求

以冲压加工为例，冲压制件就是靠上、下模具的相对运动来完成的。加工时由于上、下模具之间不断地分合，如果操作工人的手指不断进入或停留在模具作业区，便会对其人身安全带来严重威胁，为此：

在结构上应尽量保证进料、定位、出件、清理废料的方便。对于小型零件的加工要严禁操作者的手指、手腕或身体的其他部位伸入模具作业区，对于大型零件的加工，若操作者必须用手伸入模具作业区时，要尽可能减少入模的范围，尽可能缩短身体某部位在模内停留的时间，并应明确模具危险区范围，配备必要的防护措施；模具上的各种零件应有足够的强度及刚度，防止使用过程中损坏和变形，紧固零件要有防松动措施，避免意外伤害操作者。

不允许操作者在进行冲压操作时有过大的动作幅度，避免出现使身体失去稳定的姿势，不允许在作业时有过多和过难的动作。模具设计应在总图上标明模具重量，便于安装，保障安全。20 千克以上的零件加工时应有起重搬运措施，减轻劳动强度。装拆模具零件时应方便安全，避免有夹手、割手的可能；模具要便于解体存放。

总之，模具中的哪怕是细微的问题都会影响安全。只有对作业中的具体问题进行分析，才能提出模具中的安全注意事项。

4. 模具的生产效率要求

在大批量生产中，往往要求模具有高的生产效率。为此，模具设计时，首先要根据工艺方案选定模具类型，确定具体的模具总体结构形式。模具结构合理，生产效率才能提高。以冷冲模为例，单工序模具由于其工序分散，生产中需要较多辅助时间，生产率最低；对复合模来说，有时制件必须用手或机械从模具工作面排除，生产效率稍低；在级进模上，工序间自动送料，可以自动排除工件，生产效率最高。

针对模具生产效率的要求，可以采取以下措施：

(1)提高模具自动化程度，减少后续加工；

(2)采用稳定可靠的模具结构，以减少修模时间；

(3)优化模具操作动作，以减少额外的辅助时间；

(4)对注塑模来说，充分有效的冷却以缩短成型周期，或者使用热流道结构，不仅能使产品更加美观，原材料得到节约，生产效率也会更高。

三、模具的制造过程及特点

模具制造是在相应的制造装备和制造工艺下，直接对模具零件的坯料进行加工，以改变其形状、尺寸和性质，使之成为符合要求的模具零件，然后再经过配做、组装、调试，成为满足生产要求的模具的全过程。

模具的制造过程包括以下五个阶段：技术准备——备料——零部件的加工——装配调试——试模鉴定，见图 1－1。

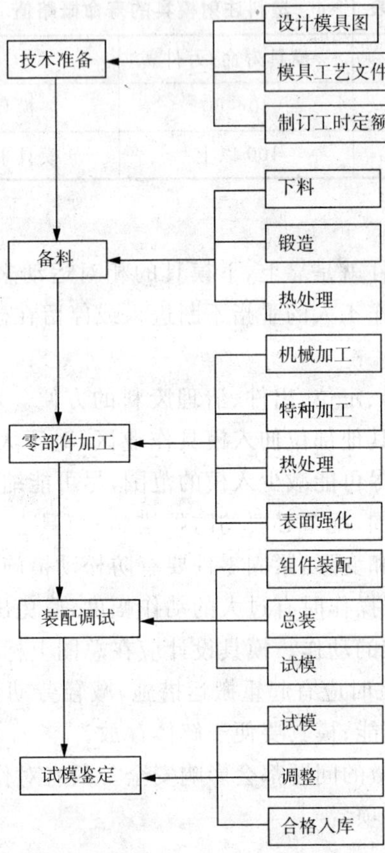

图 1－1　模具制造过程

需要说明的是，就模具的总体而言，永远是单件生产的，但也绝不是模具的每一个零件都要专门设计制造，组成模具的许多零件和组件都可以实现标准化与系列化。模具零件的标准化和系列化直接影响到模具的制造周期、制造成本及制造质量。模具的标准化程度高，意味着模具制造周期可以缩短，成本下降，互换性好。

模具制造的工艺特点主要表现为：

(1)模具制造难度大。由于模具零件形状复杂，模具材料硬度高，一般都是用淬火工具钢等材料制造，故采用常规的加工方法有时会难以获得所需形状，并达到制造标准，因此，多采用特种加工(如线切割、电火花等)和数控加工、CAD/CAM 等现代加工方法来制造。

(2)模具制造质量要求高。前面已讲过模具的精度要求，通常情况下，模具工作部分的制造公差要求控制在±0.01mm 以内，有的甚至要求在微米级范围内。加工后的模具表面一般不允许有任何缺陷。

(3)模具零件加工过程复杂，加工周期长。模具零件的加工包括下料、锻打、粗加工、半精加工、精加工等工序，期间还需要安排热处理、表面处理、检验等工序。另外，有些工作部分的尺寸和位置必须经过试验后才能确定，所以，每一个零件加工周期都可能很长，有的往往长达一二个月甚至更长。

第二节　模具制造的工艺规程

一、模具制造工艺规程的性质和作用

模具制造工艺规程是规定模具零件加工工艺过程和操作方法等的工艺文件，是进行技术经济核算的依据。它是在具体的生产条件下，将最合理的或较合理的工艺过程和操作方法按规定的形式制成工艺文本，经审批后用来进行工艺过程控制与管理、指导生产并严格贯彻执行的指导性技术文件。

工艺规程的作用：

(1)工艺规程是企业进行生产准备工作的主要依据。

模具在制造之前要作大量的生产准备工作，包括原材料和毛坯的供应，机床的配备和调整，专用工艺装备的设计制造，核算生产成本以及配备人员等，所有这些工作都要根据工艺规程进行。

(2)工艺规程是企业组织生产的指导性文件。

企业管理人员根据工艺规程规定的要求，编制生产作业计划，组织工人进行生产，并按照工艺规程要求验收产品。

(3)工艺规程是新建和扩建机械制造厂(或车间)的重要技术文件。

新建和扩建工厂(或车间)须根据工艺规程确定机床和其他辅助设备的种类、型号规格和数量，厂房面积，设备布置，生产工人的工种、等级及数量等。

此外，先进的工艺规程还起着交流和推广先进制造技术的作用。典型工艺规程可以缩短工厂摸索和试制的过程。

不同的生产类型具有不同的工艺特征。模具的制造过程属于典型的单件生产，在制订模具零件加工工艺规程时，不同企业在具体做法上可能有所不同。

二、模具制造工艺规程的内容和制订步骤

模具制造工艺规程，是以凸、凹模及与之相关零件制造工艺过程的内容和模具装配工艺过程的内容为基础，应用工艺计算理论编制而成。

制订模具工艺规程的目的，在于控制模具制造的全过程，主要控制目标有三个：

(1)控制模具的制造精度与质量。

要求企业根据 GB/T9000 标准，制订质量保证和管理体系，使承制的每副模具，其制造工艺过程或工艺规程的内容始终处于受控状态。制订模具验收技术要求，作为模具制造精度和质量控制的依据。

(2)控制模具的制造费用。

作为商品模具，用户付给模具企业的模具价格总额以及付款方式等，在有关合同中，会做出明确规定，因此每副模具的总价格是固定的。这样，为了降低成本，对模具零件制造工艺规程内容的经济性须作出明确的要求、安排和控制。

(3)控制其工艺过程的计划进度，以保证模具的交货期。

模具的交货期，在用户合同中，都会作明确规定，同时对不能如期交货也会有相应的赔偿条款。因此，控制每道工序的时间，控制工艺过程的计划进度，是模具制造工艺规程中必须控制的一个目标。

模具生产周期 T 大致可以下式表述：

$$T=T_{准备}+T_{设计}+T_{生产准备}+T_{零件制造}+T_{装配}+T_{试模}+T_{验收}+T_{终结}$$

为此，在工艺规程和工艺文件中，规定最大限度的采用标准零部件设计模具；采用高效生产工艺和装备，以缩短模具零件的制造工艺过程；制订严格的时间控制，保证计划的如期完成。

模具制造工艺规程的制订，具有以下特点：

(1)由于模具标准化、通用化、系列化程度的提高，需要自己制造的模具零件会逐渐减少，主要是凸、凹模的制造。

(2)采用一般加工机床，其零件加工的工艺参数如切削用量、工序余量等，大多由工艺技术人员和操作人员依据工艺计算理论凭经验确定，一般不进行详细计算。但采用数控设备加工时，须对工序内容进行工艺计算，制订详细的工艺规程，作为编制数控程序的依据。

(3)由于模具装配工序内容中的手工劳动量大，装配精度严格，而且每副模具基本上都是单件制造，为了对装配精度、费用和工时进行工艺过程控制，必须制订装配工艺规程。

模具制造工艺规程的内容和编制步骤，见表 1－5。

表 1－5　模具制造工艺规程的内容和步骤

序号	项　目	内容、确定原则与方法
1	模具或零件	模具或零件名称、模具或零件图号、企业产品号
2	零件坯料的选择与确定	坯料的种类和材料、坯料供货状态、外形尺寸
3	工艺基准的选择与确定	工艺基准与设计基准重合原则、基准统一原则

（续表）

序号	项　目	内容、确定原则与方法
4	零件加工工艺路线设计（凸、凹模）	1. 分析零件结构要素及工艺性；2. 确定工艺方法、加工顺序；3. 根据现场装备，确定工序内容集中程度
5	模具装配工艺路线确定	1. 确定装配方法、装配顺序；2. 标准件的补充加工；3. 装配与试模；验收条件与验收检查
6	工序余量确定	模具零件加工余量常用查表修正法和经验估计法
7	工序尺寸与公差的计算与确定	一般采用查表和经验估计法确定，当采用数控设备加工且工序集中时，须进行计算
8	机床与工装的选择与确定	1. 机床的选择：(1)加工精度与零件的技术要求相适应；(2)加工范围与零件大小相符合；(3)生产率与零件的生产规模相一致。2. 工装的选择：包括夹具、刀具、检具，尽量选用通用夹具和机床附带夹具和标准刀具，其规格、类型、精度等级与加工等级相符合
9	工序或工步切削用量的确定	机械加工的切削用量包括主轴转速、切削速度、走刀量、吃刀深度、走刀次数，电火花加工须确定电参数
10	工时定额的确定	$T_{定额}=T_{基本}+T_{辅助}+T_{布置}+T_{休息}+\left(\frac{1}{n}T_{准终}\right)$

注：n——加工件数；$\frac{1}{n}T_{准终}$——为每件所耗的终结时间；$T_{基本}$——机动加工时间；$T_{辅助}$——直接用于机动加工的辅助时间；$T_{布置}$——布置工作地、更换刀具、清理切屑、润滑机床等所耗时间；$T_{休息}$——休息与生理需要所需时间；$T_{准终}$——进行准备如阅读图样、领工具，终结时送交成品、归还工装所耗时间

模具制造工艺规程文件比较多，不同企业采用的文件类型也不尽相同，这里以图1-2翻边凹模为例，以加工工艺过程卡的形式，给出该模具零件的制造工艺规程文件，见表1-6。

三、二类工具及设计

二类工具是指加工和装配模具时所用的各种专用工具。二类工具的质量和效率对模具质量和生产进度起着重要的作用，常用的二类工具有：型面检验样板、仿形加工用靠模、电火花成形加工用电极以及模具加工中用的一些辅助工装等。

表1-6　翻边凹模加工工艺过程卡

<table>
<tr><td colspan="9">工艺过程卡片</td></tr>
<tr><td colspan="2">零件名称</td><td>翻边凹模</td><td>模具编号</td><td></td><td colspan="2">零件编号</td><td colspan="2"></td></tr>
<tr><td colspan="2">材料名称</td><td>Cr12MoV</td><td>毛坯尺寸</td><td>$\phi150\times127$</td><td colspan="2">件数</td><td colspan="2"></td></tr>
<tr><td>工序</td><td>机号</td><td>工序名称</td><td colspan="2">施工简要说明</td><td>工时定额</td><td>实际工时</td><td>制造</td><td>检验</td><td>等级</td></tr>
<tr><td>5</td><td>G7016</td><td>备料</td><td colspan="2">锯床下料 $\phi150\times127$</td><td>30′</td><td></td><td></td><td></td><td></td></tr>
<tr><td>10</td><td>C41—1750</td><td>锻打</td><td colspan="2">锻打成 $\phi205\times65$</td><td>1</td><td></td><td></td><td></td><td></td></tr>
</table>

（续表）

15	RX3－15－9	热处理	退火	1		
20	C6132	粗车	按形状粗车，各处单面留 0.5mm 加工余量	3		
25	M7120	磨平面	磨上下平面，留 0.2mm 余量	30′		
30	划线台	划线	划锯缝线，6×M12 孔位线	30′		
35	X62W	铣	铣 3 处 4mm 锯缝，打标记	2		
40	划线台	划线	划锯缝处 ϕ12 孔位线	30′		
45	Z512	钻	钻、攻各处孔及螺纹孔	2		
50	RX3－15－9	热处理	热处理 HRC58～62	1		
55	M7120	平磨	磨上下平面至要求	30′		
60	M1420E	圆磨	磨内外面至要求	2		
65	SHD－226	钳	修磨各处圆角	1		
工艺员			年 月 日	质量等级		

以图 1－2 的翻边凹模为例，该翻边凹模为三瓣式结构。由于凹模有形位公差以及型腔孔 $\phi 80_{0}^{+0.03}$ 内表面的粗糙度等要求，根据工艺安排，沿 4mm 铣缝铣开，半精加工结束后淬火，然后借助工艺孔将凹模固定在二类工具上，如图 1－3 所示，装夹后整体完成型腔孔以及 15°锥面的加工。

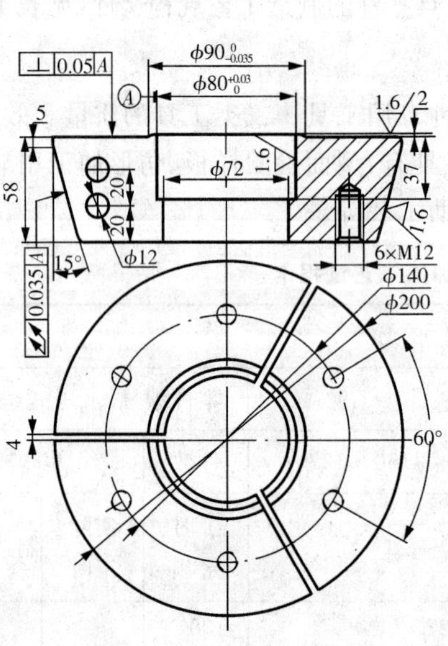

图 1－2　翻边凹模

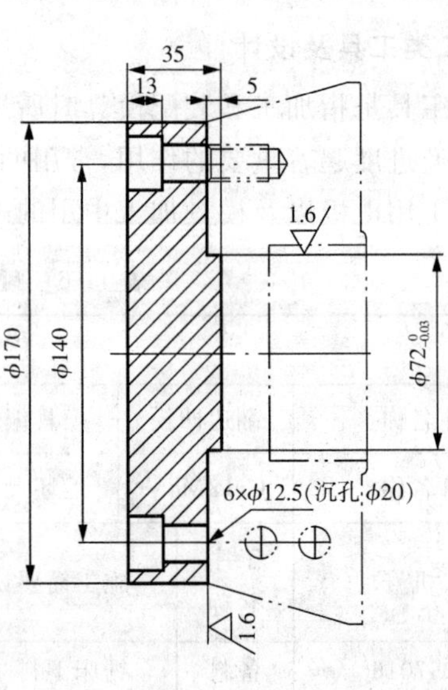

图 1－3　二类工装具

第三节 模具零件的毛坯

一、毛坯种类的确定

毛坯的种类、形状和特性在很大程度上决定着模具制造过程中工序的多少、机械加工的难易程度、材料的消耗量以及模具的寿命。

毛坯种类的影响。模具加工中,常用的毛坯有铸件、锻件、焊接件等。铸铁因其具有一定的强度、良好的铸造成型性能、切削性能、耐磨与润滑性能,以及价格低等特性广泛用于表面承压力较小的标准模架上,如上、下模座。锻件毛坯是制造中、小型模具凸、凹模等成形零件毛坯的主要方法。常作为凸、凹模材料的 Cr12、Cr12MoV 等合金钢,在钢锭冷凝过程中,由于浇注钢锭的温度与浇注速度、冷却速度等因素,产生共晶反应,形成具有鱼骨状的莱氏体共晶碳化物,称作碳化物偏析。它使碳化物分布不均匀,造成材料力学性能下降,耐磨性与冲击韧度降低,热处理变形大,易产生过热或裂纹等缺陷,从而使制造成功的凸、凹模在使用时易产生崩刃或断裂等事故,影响模具使用寿命。如果采用锻造方法使碳化物破碎,并进行反复镦粗或拔长,那么可使碳化物分布趋于均匀。为了保证坯料在锻造过程中的变形程度,还要注意锻造比(坯料锻造前后的截面积之比)问题。以高速钢为例,锻造比应不小于 3。在有时工期较紧等情况下,为了缩短铸件的生产时间,也用到焊接件,不过要进行时效处理。

二、毛坯尺寸、形状的确定

毛坯尺寸通常是根据模具零件的尺寸增加适当的加工余量而确定的。首先,模具零件毛坯应考虑为模具加工提供方便,应尽可能根据所需的尺寸确定毛坯,以免浪费,提高模具制造成本。同时,确定毛坯尺寸还要考虑毛坯在制造过程中产生的各种缺陷(例如锻造夹层、裂纹、脱碳层、氧化皮、表面不平)的影响,在加工时必须完全去除,常见毛坯加工余量见表 1-7～表 1-8。

毛坯的形状应尽可能与模具形状一致,以减少机加工的工作量,但有时为了适应加工过程中的工艺要求,在确定毛坯形状时,需作一些调整,下面举例说明。

如图 1-4 所示的两段式冲孔凸模,为了保证磨削时刃口部分和固定部分的同轴度要求,工艺上安排两部分在一次装夹中同时磨出,但是能够夹持的部分仅仅是端头很短一部分,很不可靠。为此,在刃口端面加了一段工艺搭子,打出中心孔。这样,左端用三爪卡盘(或鸡心夹头)夹持大端头,右端用顶针顶着中心孔,在外圆磨床上同时磨削两部分,最后用工具磨将工艺搭子部分去除。

图 1-5 所示为一检具,中间为一轴心线位于上平面的 $R25$ 半圆柱形。在磨削加工 $R25$ 半圆时,因为内表面的不连续而造成振动。采用图 b 所示毛坯形状,整体磨削,再去除上面多余部分,可解决上述振动问题,但是用料又比较浪费。现在一般采用两件同时加工的工艺,按照图 a 准备两件坯料,分别加工 $R25$ 半圆面,并留出加工余量,再精磨上平面 A,然后将两件对合成图 b 状并压紧,整体加工 $\phi50$ 整圆。

表 1－7　铸件加工余量

铸件最大尺寸	单面加工余量	
	铸件毛坯	铸钢毛坯
≤315	3～5	5～7
＞315～500	4～6	6～8
＞300～800	6～8	8～10
＞800～1250	7～9	9～12

表 1－8　锻件加工余量

圆　形		矩　形	
锻件直径	直径加工余量	锻件尺寸	单面加工余量
≤50	3～6	≤100	2～2.5
＞50～80	4～7	＞100～250	3～5
＞80～125	5～9	＞250～630	6～10
＞125～200	6～10		

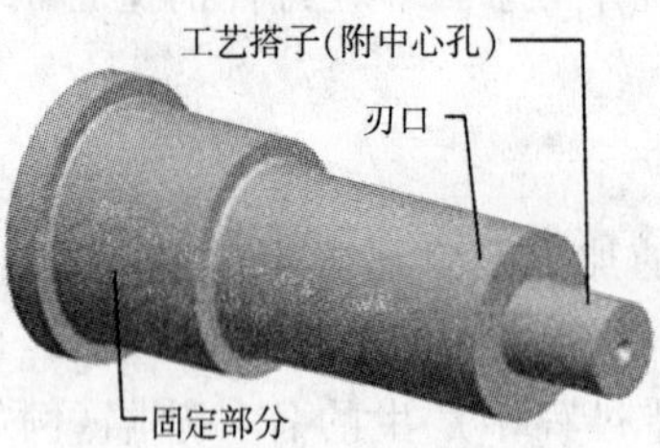

图 1－4　工艺搭子

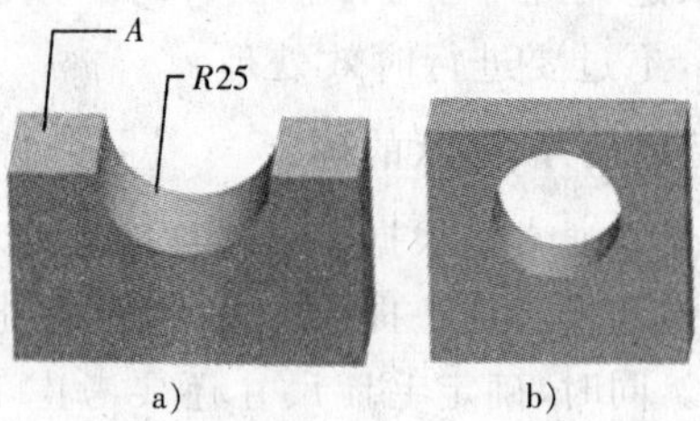

图 1－5　检具的坯料形状

第四节　我国模具工业的发展状况和趋势

我国国民经济的快速发展，给模具工业带来前所未有的机遇，同时也带来了新的挑战。

一、模具技术的发展现状和趋势

模具是制造业的重要基础工艺装备。工业产品大批量生产和新产品开发都离不开模具，用模具生产制件所达到的高精度、高复杂程度、高一致性、高生产率和低耗能、低耗材等一系列优点，使模具工业在制造业中的地位越来越重要。模具品种繁多，包括冲压、塑料、橡胶、铸造、锻压等，几乎涵盖制造业中所有产品的生产。现代模具技术已成为衡量一个国家产品制造水平的重要标志，没有高水平的模具就没有高水平的产品，这已成为共识。

现代模具业已成为技术密集型和资金密集型的产业，它与高新技术已成为相互依托的关系：一方面模具直接为高新技术产业化服务提供不可缺少的装备，另一方面模具本身又大量采用高新技术，因此模具制造已成为高新技术产业的重要组成部分。模具成形零件的快速、优质、低耗、环保等特点也体现了国家可持续发展的战略和科学发展观的内容。

模具技术集合了机械、电子、化学、光学、材料、计算机、精密检测和信息网络等诸多学科，是一个综合性高学科的系统工程。模具技术的发展趋势主要是模具产品向着更大型、更精密、更复杂及更经济快速的方向发展。随着模具产品的技术含量不断提高，模具的制造周期不断缩短，模具生产朝着信息化、无图化、精细化、自动化的方向发展，模具企业也向着技术集成化、设备精良化、产品品牌化、管理信息化、经营国际化的方向发展。

目前在我国随着科学技术的进步，模具技术及制造方式发生了根本性的变化。模具行业已经从传统的手工设计，从以有经验的钳工师傅为主导的技艺型生产方式，转变到了以数字化、信息化、自动化生产为特征的现代模具工业生产时代。

1. 在模具设计制造中已广泛采用 CAD/CAM 技术

模具 CAD/CAM/CAE 技术是模具技术发展的一个重要里程碑。实践证明，模具 CAD/CAM/CAE 技术是模具技术的发展方向。现在全国大多数企业已广泛应用了模具 CAD/CAM 技术，少数企业应用了 CAE 技术，应用 CAPP 技术的企业更少一些。软件来源目前主要是应用国外软件比较多，国产模具软件的开发应用比较少。软件的应用还要进一步扩大应用范围。

2. 快速原型制造(RPM)及相关技术得到了更好的发展

RPM 技术是美国首先推出的，是伴随计算机技术、激光成型技术和新材料技术的发展而产生的。这种技术可直接或间接用于模具制造。这种方法制造模具具有技术先进、成本较低、设计制造周期短、精度适中等优点。从模具概念设计到制造完成仅为传统加工方法所需时间的 1/3 和传统制造方式成本的 1/4 左右，因此适用于低成本的小批量零件的制造，发展前景很好。

3. 高速铣削加工得到广泛的应用

国外近年来发展的高速铣削加工，主轴转速可达 40000～100000r/min，快速进给速度可达 30～40m/min，换刀时间可提高至 1～2s，这样就大幅度提高了加工效率并可获得 $R_a \leqslant 2\mu m$ 的加工表面粗糙度。另外还可加工硬度达 HRC60 的模块。目前它已向更高的敏捷化、智能化、集成化方向发展，高速加工技术的发展促进了模具技术的发展。目前我国一些模具制造的骨干企业都已从国外购置这种高速的设备及相关的软件、刀具及卡具装置。如一汽、二汽及海尔等大的模具制造公司相继引进了多台高速加工铣床而提高了效率，促进了模具加工技术的发展。

4. 热流道技术已逐步广泛应用

由于采用热流道技术的模具，可提高制件的生产率和质量，并能大幅度的节省制件的原材料和节约能源，所以已在一些模具制造企业得到逐步推广。国外这项技术发展很快，许多塑料模具厂生产的模具已有一半用上了热流道技术，有的甚至已达 80%，效果十分明显。国内近几年已开始推广应用，但总体还达不到 10%。目前应用的热流道主要还是国外进口的，由于价格昂贵，影响了推广应用。加快国产化，积极生产价廉高质的元器件，是推广应用热流道技术的关键。

5. 优质材料及先进的表面处理技术取得快速的发展

随着模具制造精度要求越来越高，模具材料的应用就显得非常重要。近十多年来一些制造模具的新钢种应运而生，如调质钢、粉末高速钢、硬质合金、陶瓷材料、复合材料等。现在经常采用的新型模具钢，如 D2、P20、718、H11、H13，基本上都是从国外引进的，主要来源于瑞典、日本、德国。国内的新型模具钢，由于稳定性较差，所以一般企业都不愿意使用。目前一些精度要求高，制造难度大的大型、精密、复杂模具基本上都采用新型模具钢材。

热处理及表面处理技术是能否充分发挥模具钢材性能的关键环节，现在一般都采用真空热处理，表面处理主要是采用渗氮、渗硼、渗铬等工艺，少数地区还采用气相沉积 TiC 等以及等离子喷涂技术。

目前铝合金在塑料模具中的应用也越来越广泛。由于铝合金材料轻，切削性能好，导热、导电率高，焊接性能优良，所以在国外已较为广泛采用。我国已开始使用，预计今后将会得到更快的发展。

除了以上一些先进设计和制造技术外，还有气体辅助注射技术、精加工和复合加工、液压成型技术等模具技术在我国也得到了推广和应用。

二、模具产业发展现状

1. 模具产业基本情况

在我国，模具生产长期以来一直被当作工艺后方，直到 1987 年才作为产品列入机电产品目录。经过 20 多年的发展，我国的模具产业已有了长足的进步，不只是国内原有的国有模具企业有了很大发展，民营、私营等非公性质企业也迅速扩大。据不完全统计，我国目前大约有 25000 多个模具生产厂，从业人员约 80 万人。1990～2005 年我国模具产业总产值如图 1-6 所示。

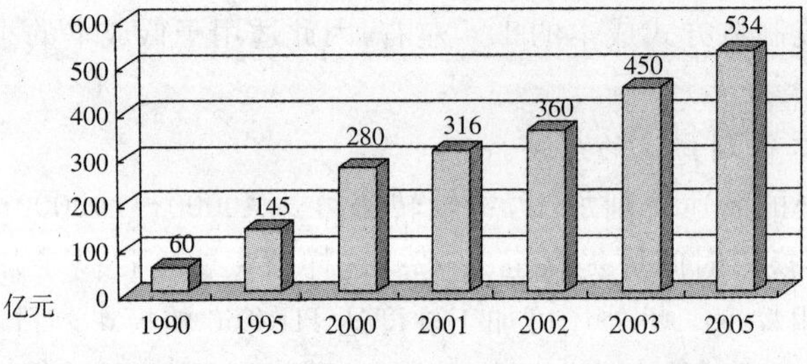

图 1-6　1990～2005 年我国模具产业总产值

虽然我国模具工业在“十五”期间发展迅速，但仍不能满足我国制造业发展需要，特别是对中高档模具的需求始终得不到满足，精密、大型、复杂、长寿命模具仍供不应求。由于在精度、寿命、制造周期及能力等方面，我国自产的模具与工业先进国家相比尚有较大的差距，因此每年尚需大量进口。

2. 模具制造能力

在我国国民经济重点发展的行业，如汽车、电子和微电子、仪器仪表等行业中，我国现已具备一定的制造能力。我们已能制造以下模具：像 IC 产业需要的精度达 2 微米、使用寿命达上亿次以上的硬质合金多工位级进模具及手机塑料壳模具，家电行业的大型塑料模、34 英寸大屏幕彩电和 65 英寸背投式电视的塑料机壳模具，仪表系统的照相机小齿轮模具，汽车工业需要的部分覆盖件模具、汽车仪表盘模具、保险杠及发动机壳体铸造模具、汽车轮胎子午线活络模具，建材行业需要的塑料及铝合金的挤出模具等，而且这些模具都达到很高水平。

3. 与先进水平比较主要的差距

目前我国模具总量虽然已达到相当的规模，可以说是一个模具制造大国，但由于模具制造水平与先进工业化国家还存在较大的差距，因此我国还不是一个模具制造强国。我国的模具制造水平不仅比美国、日本、法国、意大利落后许多，而且也比加拿大、英国、西班牙、韩国、新加坡等国落后。主要表现在模具制作理念上的落后、企业管理落后、机制落后、模具企业使用装备落后、生产的低档模具多、劳动生产率低。

三、趋势分析

目前，一方面国内模具市场将继续高速发展；另一方面，国际上将模具制造业逐渐向我国转移的趋势和跨国集团到我国进行模具的国际采购的趋势均十分明显。因此展望未来，国际国内模具市场的总体发展前景看好，良好的市场环境预示着中国模具工业将会维持一个高速发展的机遇期。这就要求我们要创造一个良好的、有利于模具发展的外部环境，特别是需要国家在政策上的大力支持。只要各方面政策得当(包括发展环境、财政和税收政策、人员培训等)，到 2020 年，我国模具工业不但会在量和质的方面有一个很大提高，而且在行业结构、产品水平、开发创新能力、企业体制以及技术进步等方面都会取得较大进步。

思考题

1. 模具的技术要求包括哪些？
2. 简述模具制造的特点。
3. 编制模具制造工艺规程的目的是什么？
4. 模具毛坯种类有哪些？如何确定毛坯形状？

第二章 模具材料及热处理

【内容提要】 本章介绍了模具常用材料的基本知识,特别是冷作模具和塑料模具用材料;模具材料的选用原则;模具材料的热处理规范等内容。

【目标要求】 学会能够根据不同模具类型选用合适的模具材料;掌握常用模具材料的性能及热处理规范。

第一节 模具用材料

由于各种模具的工作条件差别很大,所用的模具钢的范围必然很广。从化学成分看,有一般的碳素结构钢、碳素工具钢、合金结构钢、高速工具钢,有满足特殊模具要求的奥氏体无磁模具钢、耐蚀模具钢、马氏体时效钢、高温合金、难熔合金、硬质合金以及一些专用的采用粉末冶金工艺生产的高合金模具材料等。这里只讨论常用的模具钢。

根据使用条件的不同,将模具材料分为冷作模具材料、热作模具材料、塑料模具材料和其他模具材料。

在我国模具材料体系中,Cr12,Cr12MoV,CrWMn,9SiCr,5CrMnMo,5CrNiMo,3Cr2W8V 和 60Si2Mn 等钢种是模具生产中应用较多的材料;20,45,38CrMoAlA,T7A,T8A,T10A 和 T12A 钢等材料多用于工作负荷低、要求不高的模具和模架,W18Cr4V 钢和 W6Mo5Cr4V2 钢用于工作负荷较大、要求较高的模具。

一、冷作模具钢

1. 冷作模具的工作条件

各类冷作模具都是在常温下对工件材料施加压力,使其产生变形或分离,从而获得一定形状、尺寸和性能的成品件。由于各类冷作模具不同,其工作条件也不同。

(1)冲裁模　冲裁模的主要工作部位是凸模和凹模的刃口,靠它们对金属坯料施加压力,并产生弹性变形、塑性变形和断裂分离。在弹性变形阶段,压力都集中在刃口附近的狭小范围内,在塑性变形和断裂分离阶段,凸模切入坯料,同时金属坯料被挤入凹模洞口,使模具的刃口端面和侧面产生挤压和摩擦,所以对模具材料要求具有高的耐磨性、冲击韧性以及耐疲劳断裂性能。

(2)拉深模　拉深模具的凸模和凹模受力不像冲裁模那样限定在较小的范围内,凸、凹模间的间隙一般比板材厚度大,模具较少出现应力集中,工作时不易产生偏载,承受的冲击力很小,凸模承受压力和摩擦力,凹模承受径向张力和摩擦力,因此对拉深模具要求具有高的硬度和耐磨性。

(3)挤压模　挤压模在进行冷挤压加工时，金属坯料承受强烈的三向压应力，而模具承受强大的挤压力(金属坯料的反作用力)，同时产生很大的摩擦力，在挤压时形成的摩擦功和变形能会转化为热能，导致模具的局部表面达到400℃以上的高温。此外，由于金属坯料端面不平整，凸、凹模之间的间隙不均匀和中心线不一致等因素，还会使凸模在挤压时承受很大的偏载或横向弯曲载荷。因此，冷挤压模具钢应具有高的变形抗力、耐磨性及断裂抗力，另外还应具有高的回火稳定性。

2. 常用冷作模具用钢

目前我国常用的冷作模具钢仍是低合金工具钢CrWMn和高碳高铬工具钢Cr12MoV及Cr12这些老的钢号。CrWMn钢有适当的淬透性和耐磨性，热处理变形小，但CrWMn钢锻后需较严格地控制冷速，并采用适当的热处理，使碳化物呈均匀细小的粒状，分布于基体上，否则易形成网状碳化物，导致模具在使用中的崩刃和开裂。高碳高铬工具钢有高的耐磨性，但其碳化物偏析较严重，导致变形的方向性增大和强韧性的降低。通过反复镦拔可在一定程度上改善其偏析程度。

1981年，我国引入国际通用的高碳高铬工具钢D2(Cr12Mo1V1)。和Cr12MoV钢相比，D2钢的碳化物偏析略有改善，强度与韧性稍有提高。D2钢制作的模具，其使用寿命亦有不同程度的提高。高速钢(主要是W6Mo5Cr4V2和W18Cr4V)有更高的耐磨性和强度，常用于制作模具，但其韧性不能满足复杂大型和受冲击负荷大的模具的需要。

为了改善这类钢的强韧性，我国开发了一些新的冷作模具钢，如：

(1)低合金冷作模具钢　这类钢的主要特点是工艺性好，淬火温度低，热处理变形小，强韧性好，并具有适当的耐磨性。如GD钢(6CrMnNiMoVSi)、7CrSiMnMoV(简称CH－1)、DS钢等。GD钢用于制作易崩刃、断裂的冷冲模，具有高的使用寿命。CH－1钢的成分与日本的SX105V钢相同，是一种火焰淬火钢，常用于制作汽车等生产线上用的模具零件，火焰淬火时加热模具刃口切料面，硬化层下又有一个高韧性的基体做衬垫，从而使模具获得较高的使用寿命。DS钢是一种冲击冷作模具钢，其冲击韧性显著优于常用的高韧性刀片用工具钢6CrW2Si。

(2)基体钢　基体钢一般指在高速钢淬火组织基体化学成分基础上添加少量其他元素，适当调节碳含量，使钢的成分与高速钢基体成分相同或相近的钢。美国、日本在七十年代初即研究过牌号为Vasco MA、Vasco Matrix I和MOD2的基体钢，相当于M2和M36高速钢的基体，但未得到广泛的使用。我国研制了一些基体钢，如65Cr4W3Mo2VNb(简称65Nb)、65W8Cr4VTi(简称LM1)65Cr5Mo3W2VSiTi(简称LM2)钢等。这些基体钢的主要特点是其含碳量稍高于基体的含碳量，以增加一次碳化物量和提高耐磨性，还加入少量的强碳化物形成元素铌或钛，以形成比较稳定的碳化物，阻止淬火加热时晶粒的长大并改善钢的工艺性能。这类基体钢已较广泛地用于制作冷挤压、厚板冷冲、冷镦等模具，特别适于难变形材料用的大型复杂模具，还可用做黑色金属的温热挤压模具。

(3)韧性较高的耐磨冷作模具钢　为了改善Cr12型冷作模具钢的碳化物偏析，提高其韧性，并进一步增加钢的耐磨性，国内外均做了大量的研究工作，开发出不少新的钢种，如LD、ER5和GM钢等。在这些钢中，适当降低了铬含量以改善碳化物偏析，增加钨、钼和钒的含量以增加二次硬化的能力和提高耐磨性。与Cr12型冷作模具钢比较，这类钢的碳化物偏析有所改善，有较高的韧性。这类钢比Cr12型冷作模具钢有更好的耐磨性，因而制作的模具有更高的寿命，更适于高速冲床和多工位冲床的使用。表 2－1 列举了部分国内外冷作模具钢牌号。

表 2－1　国内外部分冷作模具钢牌号对比表

序号＼国别	中国	美国	日本	瑞典	德国	用　途
1	T7A－T12A	W1－7 W1－1.2C	SK7－SK2		C70W1 C125W	形状简单小型工模具，选用此材，可保证高强度、耐磨性、足够的韧性及耐用性
2	GCr15	E52100	SUJ2	SKF3	100Cr6	
3	60Si2Mn		SUP6		60Si7	
4	CrWMn		SKS31		105WCr6	下料模、冲头、成形模、搓丝板顶出杆及小型塑料压模等
5	Cr12	D3	SKD1		X210Cr12	应用于小动载条件下要求高耐磨、形状简单的拉深和冲裁模
6	Cr12MoV				X165CrMoV12	下料模、冲头、滚丝模、剪刀片、冷镦模、陶土模及热固塑料成形模等
7	Cr12Mo1V1	D2	SKD11	XW－42	X155CrVMo121	重型落料模、冷挤压模、深拉深模、滚丝模、剪刀片、冷镦模、陶土模等

二、热作模具钢

1. 热作模具的工作条件

热作模具包括锤锻模、热挤压模和压铸模三类。如前所述，热作模具工作条件的主要特点是与热态金属相接触，这是与冷作模具工作条件的主要区别，因此会带来以下两方面的问题。

(1)模腔表层金属受热

通常锤锻模工作时，其模腔表面温度可达 300℃～400℃以上，热挤压模可达 500℃～800℃以上；压铸模模腔温度与压铸材料种类及浇注温度有关。如压铸黑色金属时模腔温度可达 1000℃以上。这样高的使用温度会使模腔表面硬度和强度显著降低，为此，对热模具钢的基本使用性能要求是热塑变抗力高，包括高温硬度和高温强度、高的热塑变抗力，实际上反映了钢的高回火稳定性。由此便可以找到热模具钢合金化的第一种途径，即加入 Cr、W、Si 等合金元素可以提高钢的回火稳定性。

(2)模腔表层金属产生热疲劳(龟裂)

热模的工作特点是具有间歇性。每次使热态金属成形后都要用水、油、空气等介质冷却模腔的表面。因此,热模的工作状态是反复受热和冷却,从而使模腔表层金属产生反复的热胀冷缩,即反复承受拉压应力作用。其结果引起模腔表面出现龟裂,称为热疲劳现象,由此,对热模具钢提出了第二个基本使用性能要求,即具有高的热疲劳抗力。一般说来,影响钢的热疲劳抗力的因素主要有:

① 钢的导热性。钢的导热性高,可使模具表层金属受热程度降低,从而减小钢的热疲劳倾向性。一般认为钢的导热性与含碳量有关,含碳量高时导热性低,所以热作模具钢不宜采用高碳钢。在生产中通常采用中碳钢(含 C 0.3%～0.6%)。含碳量过低,会导致钢的硬度和强度下降,也是不利的。

② 钢的临界点影响。通常钢的临界点(A_{c1})越高,钢的热疲劳倾向性越低。因此,一般通过加入合金元素 Cr、W、Si 来提高钢的临界点,从而提高钢的热疲劳抗力。

2. 常用热作模具用钢

(1)锤锻模用钢

一般说来,锤锻模用钢有两个问题比较突出,一是工作时受冲击负荷作用,故对钢的力学性能要求较高,特别是对塑变抗力及韧性要求较高;二是锤锻模的截面尺寸较大(＜400mm)故对钢的淬透性要求较高,以保证整个模具组织和性能均匀。

常用锤锻模用钢有 5CrNiMo、5CrMnMo、5CrNiW、5CrNiTi 及 5CrMnMoSiV 等。不同类型的锤锻模应选用不同的材料。对特大型或大型的锤锻模以 5CrNiMo 为好,也可采用 5CrNiTi、5CrNiW 或 5CrMnMoSiV 等。对中小型的锤锻模通常选用 5CrMnMo 钢。

(2)热挤压模用钢

热挤压模的工作特点是加载速度较慢。因此,模腔受热温度较高,通常可达 500℃～800℃。对这类钢的使用性能要求应以高的高温强度(即高的回火稳定性)和高的耐热疲劳性能为主。对 α_k 及淬透性的要求可适当放低。一般的热挤压模尺寸较小,常小于 70～90mm。

常用的热挤压模具钢有 4CrW2Si、3Cr2W8V 及 5%Cr 型等,其中 4CrW2Si 既可做冷作模具钢,又可做热作模具钢。由于用途不同,可采用不同热处理方法。作冷作模时采用较低的淬火温度(870℃～900℃)及低温或中温回火处理;作热模时则采用较高的淬火温度(一般为 950℃～1000℃)及高温回火处理。

(3)压铸模用钢

从总体上看,压铸模用钢的使用性能要求与热挤压模用钢相近,即以要求高的回火稳定性与高的热疲劳抗力为主。所以通常所选用的钢种大体上与热挤模用钢相同。如常采用 4CrW2Si 和 3Cr2W8V 等钢。但又有所不同,如对熔点较低 Zn 合金压铸模,可选用 40Cr、30CrMnSi 及 40CrMo 等;对 Al 和 Mg 合金压铸模,可选用 4CrW2Si、4Cr5MoSiV 等;对 Cu 合金压铸模,多采用 3Cr2W8V 钢。

近年来,随着黑色金属压铸工艺的应用,多采用高熔点的钼合金和镍合金。或者对 3Cr2W8V 钢进行 Cr－Al－Si 三元共渗,用以制造黑色金属压铸模。最近国内外还正在试验采用高强度的铜合金作黑色金属的压铸模材料。

表 2－2 列举了部分国内外热作模具钢号。

表 2-2 部分热作模具钢号对比表

序号	中国	美国	日本	瑞典	德国	用途
1	5CrMnMo					用于制造形状简单，厚度小于250mm的小型锤锻模
2	5CrNiMo	L6				用于制造形状简单，工作温度一般，厚度在250～350mm之间的中型热锤锻模
3	5CrNiMoV		SKT4		56CrNiMoV7	用于制造厚度大于350mm，型腔复杂，受力载荷较大的大型锤锻模或锻造压力机热锻模
4	4Cr5MoSiV1	H13	SKD61	8407	X40CrMoV51	用于制造冲击载荷较大，型腔复杂的长寿命锤锻模或锻造压力机用模具或镶块，以及铝合金挤压模、铝镁锌等金属长寿命压铸模具、部分高寿命高耐磨塑料模具
5	5Cr2NiMoVSi					用于锤锻模具钢，具有良好的韧性、强度和耐磨性、淬透性，适用于制作大面积复杂形状，承受冲击负荷重的大、中型锤锻模，力学性能为5CrNiMo、5CrMnMo、H13等热模钢的1.5倍～2.5倍
6	55NiCrMoV6				2713 钢	
7	45Cr2NiMoVSi					

三、塑料模具钢

塑料模具工作条件、制造方法、精度及对耐久性要求的多样性，决定了其用钢的成分范围很大。根据塑料模具的使用情况，模具用钢大致应满足如下的要求：

(1)机械加工性能优良。塑料模具型腔的几何形状非常复杂，往往有深孔、深沟槽、窄缝等难加工部位。钢材必须具有易切削的性能。

(2)抛光性能优良。无论何种塑料模具，其型腔的允许表面粗糙度值极小，几乎都要求能做到镜面光泽。而要达到镜面光泽，主要的一点是钢材必须具有不低于HRC38的硬度，最好为HRC40～46，而达到HRC55为最佳。另外钢材中的夹杂物要尽量少，而且不能有气泡存在，并且显微组织均匀。

(3)有良好的表面腐蚀加工性。

(4)既要耐磨损，又要有韧性。塑料模具是长期承受热交变负荷的，而且又是长期经受摩擦的。如果仅考虑其耐摩擦的一面而不考虑其受热交变负荷的一面，若使用冷冲模具用的高碳高合钢制造时，必然出现韧性不足而引起开裂。

(5)淬火性能好，变形小。塑料模具特别是热固性塑料模具的型腔部分大都必须进行热处理。这就要求钢材具有较好的淬透性和很小的变形。一般热塑性塑料成形用模具，采用调质、预硬化等处理即可。而热固性塑料成形用模具则必须淬硬。

(6)电火花加工性好。塑料模的凹型腔时常采用放电加工,放电加工后表面的硬化层要浅,以便于抛光。抛光在塑料模的型腔加工中是最消耗时间的,时间长则增加成本。目前对自动抛光的技术尚未达到实用阶段,仍然以手工抛光为主。硬化层厚则抛光工时增大。

(7)耐腐蚀性好。有些塑料,例如聚氯乙烯在成形时能产生盐酸气体,对型腔有腐蚀性。所以对用于有腐蚀气体产生的塑料模,必须考虑钢材的耐腐蚀性。

(8)焊接性好。在型腔加工中,有时难免要补焊。对于旧模具的修复,也时常需要补焊。因此模具钢必须有很好的焊接性能。

目前国内塑料成型模具钢尚未形成系列,一般塑料模具常采用正火态的45钢或40Cr钢经过调质后制造。硬度要求较高的模具采用CrWMn或Cr12MoV等钢制造,前者硬度低,耐磨性和表面粗糙度差,模具寿命短而逐渐被预硬钢取代;后者制造复杂模具时,因热处理变形大,往往不能满足要求。我国近年来在引进国外通用塑料模具用钢的同时,也自行研制了一些塑料模具钢,大体有如下几类。

1. 渗碳型塑料模具用钢

渗碳型塑料模具用钢主要用于冷挤压成形的塑料模。为了便于冷挤压成形,这类钢在退火态须有高的塑性和低的变形抗力。因此,对这类钢要求有低的或超低的含碳量,为了提高模具的耐磨性,这类钢在冷挤压成形后一般都要进行渗碳和淬回火处理,表面硬度可达HRC58～62。

此类钢国外有专用钢种,如瑞典的8416、美国的P2和P4等。国内常采用工业纯铁(如DT1和DT2)、20、20Cr、12CrNi3A和12Cr2Ni4A钢,以及国内最新研制的冷成形专用钢0Cr4NiMoV(LJ)。现介绍两个典型钢种。

(1)0Cr4NiMoV(LJ)钢

① 化学成分

表2-2为LJ钢的化学成分。

表2-2　LJ钢的化学成分(质量分数)　(%)

C	Mn	Si	Cr	Ni	Mo	V
≤0.08	<0.3	<0.2	3.6～4.2	0.3～0.7	0.2～0.6	0.08～0.15

该钢含碳量很低,因而塑性优异、变形抗力低。钢中主加元素为铬,辅加元素为镍、钼、钒等,合金元素的主要作用是提高淬透性和渗碳能力,增加渗碳层的硬度和耐磨性以及心部的强韧性。

② 工艺性能

LJ钢具有良好的锻造性能和热处理工艺性。

锻造工艺:加热温度1230℃,始锻温度1200℃,终锻温度900℃。

退火工艺:加热880℃,保温2h,随炉缓冷至(冷速约40℃/h)650℃后出炉空冷,退火硬度100～105HBS,可顺利地进行冷挤压成形。

固体渗碳工艺:加热930℃×(6～8)h,渗后在850℃～870℃油淬,再进行200℃～220℃×2h的低温回火,热处理后表面硬度HRC58～60,心部硬度为HRC27～29,热处理变形微小。LJ钢渗碳速度快,渗层深度比20钢深一倍。

③ 实际应用

LJ 钢冷成形性与工业纯铁相近，用冷挤压法成形的模具型腔轮廓清晰、光洁、精度高。LJ 钢主要用来替代 10、20 钢及工业纯铁等冷挤压成形的精密塑料模。由于渗碳淬硬层较深，基体硬度高，不会出现型腔表面塌陷和内壁咬伤现象，使用效果良好。

(2)12CrNi3A 钢

① 化学成分

12CrNi3A 钢是传统的中淬透性合金渗碳钢，其成分见表 2-3。该钢含碳量较低，加入镍、铬合金元素，以提高钢的淬透性和渗碳层的强韧性，尤其是镍，在产生固溶强化的同时，明显增加钢的塑韧性。与其他冷成形塑料模具钢相比，该钢的冷成形性属于中等。

表 2-3　12CrNi3A 钢的化学成分(质量分数)　(%)

C	Si	Mn	Cr	Ni	P、S
0.09～0.16	0.17～0.37	0.30～0.60	0.60～0.90	2.75～3.25	≤0.025

② 工艺性能

锻造加热温度为 1200℃，始锻温度 1150℃，终锻温度大于 850℃，锻后缓冷，锻后必须软化退火。

退火工艺：740℃～760℃加热，保温 4～6h 后以 5℃～10℃/h 的速度缓冷至 600℃，再炉冷至室温，退火后的硬度<160HBS，适于冷挤压成形。

正火工艺：870℃～900℃加热并保温 3～4h 后空冷，正火后硬度≤229HBS，切削加工性良好。

12CrNi3A 钢采用气体渗碳工艺时，加热温度为 900℃～920℃，保温 6～7h，可获得 0.9～1.0mm 的渗碳层，渗碳后预冷至 800℃～850℃直接油淬或空冷，淬火后表层硬度可达 HRC56～62，心部硬度为 250～380HBS，变形微小。

③ 实际应用

12CrNi3A 钢主要用于冷挤压成形的形状复杂的浅型腔塑料模具。也可用来制造大、中型切削加工成形的塑料模具，为了改善切削加工性，模坯须经正火处理。

2. 淬硬型塑料模具用钢

(1)常用钢种及热处理

常用的淬硬型塑料模具钢有：碳素工具钢(如 T7A、T8A)、低合金冷作模具钢(如 9SiCr、9Mn2V、CrWMn、GCr15、7CrSiMnMoV 钢)、Cr12 型钢(如 Cr12MoV 钢)、高速钢(如 W6Mo5Cr4V2 钢)、基体钢和某些热作模具钢等。这些钢的最终热处理一般是淬火和低温回火(少数采用中温回火或高温回火)，热处理后的硬度通常在 HRC45～50 以上。

(2)实际应用

碳素工具钢仅适于制造尺寸不大、受力较小、形状简单以及变形要求不高的塑料模；低合金冷作模具钢主要用于制造尺寸较大、形状较复杂和精度较高的塑料模；Cr12 型钢适于制造要求高耐磨性的大型、复杂和精密的塑料模；W6Mo5Cr4V2 钢适于制造要求强度高和耐磨性好的塑料模；热作模具钢适合于制造有较高强韧性和一定耐磨性的塑料模。

另外，GD 钢也是近年新推广使用的一种淬硬型塑料模具钢。由于该钢强韧性高、淬透性和耐磨性好，淬火变形小，价格低，用此钢取代 Cr12MoV 钢或基体钢制造大型、高耐磨、高精度塑料模，不仅降低了成本，而且提高了模具的使用寿命。

3. 预硬型塑料模具用钢

所谓预硬钢就是供应时已预先进行了热处理，并使之达到模具使用态硬度的钢种。这类钢的特点是在硬度 HRC30～40 的状态下可以直接进行成形车削、钻孔、铣削、雕刻、精锉等项加工，精加工后可直接交付使用，这就完全避免了热处理变形的影响，从而保证了模具的制造精度。

我国近年研制的预硬化型塑料模具钢，大多数是以中碳钢为基础，加入适量的铬、锰、镍、钼、钒等合金元素制成。为了解决在较高硬度下切削加工难度大的问题，通过向钢中加入硫、钙、铅、硒等元素，以改善切削加工性能，从而制得易切削预硬化钢。有些预硬化钢可以在模具加工成形后进行渗氮处理，在不降低基体使用硬度的前提下使模具的表面硬度和耐磨性显著提高。下面介绍几种典型预硬化塑料模具钢。

(1)3Cr2Mo(P20)塑料模具钢

3Cr2Mo 钢是引进的美国塑料模具钢常用钢号，也是 GB1299—85《合金工具钢技术条件》中正式纳标的唯一一种塑料模具钢。

① 化学成分及相变点

化学成分见表 2-4 所示。

表 2-4　3Cr2Mo 钢的化学成分(质量分数)　(%)

C	Si	Mn	Cr	Mo	P、S
0.28～0.40	0.20～0.80	0.60～1.00	1.40～2.00	0.30～0.55	≤0.030

相变点为 Ac_1 770℃、Ac_3 825℃、Ar_1 640℃、Ar_3 760℃、M_s 300℃、M_f 120℃。

② 工艺性能

a. 锻造：加热温度 1100℃～1150℃，始锻温度 1050℃～1100℃，终锻温度≥850℃，锻后空冷。

b. 退火：加热温度 850℃，保温 2～4h，等温温度 720℃，保温 4～6h，炉冷至 500℃，出炉空冷。

c. 淬火及回火：淬火加热温度 860℃～870℃，油淬，540℃～580℃回火。预硬态硬度为 30～35HRC。

d. 化学热处理：P20 钢具有较好的淬透性及一定的韧性，可以进行渗碳，渗碳淬火后表面硬度可达 HRC65，具有较高的热硬度及耐磨性。

③ 力学性能

850℃淬火、550℃回火的 P20 钢的室温力学性能见表 2-5 所示。

表 2-5　P20 钢室温力学性能

硬度 HRC	σ_b/MPa	$\sigma_{0.2}$/MPa	δ_5(%)	ψ(%)	α_k/(J/cm^2)
30	1250	1140	14	58	11.5

④ 实际应用

P20 钢适宜制造电视机、大型收录机的外壳及洗衣机面板盖等大型塑料模具，其切削加工性能及抛光性能均显著优于 45 钢，在相同抛光条件下，表面粗糙度比 45 钢低 1～3 级。

(2)3Cr2NiMo(P4410)塑料模具钢

① 化学成分及相变点

3Cr2NiMo 钢是 3Cr2Mo 钢的改进型，是在 3Cr2Mo 钢中添加了质量分数为 0.8%～1.2%的镍，其化学成分见表 2-6 所示。国内试制的 P4410 钢的实际成分，与瑞典生产的 P20 钢改进型 718 钢一致。

表 2-6 P4410 钢的化学成分(质量分数) (%)

C	Mn	Si	Cr	Mo	Ni	P	S
0.28～0.40	0.60～1.00	0.20～0.80	1.40～2.00	0.30～0.55	0.80～1.20	≤0.020	≤0.015

相变点 Ac_1 725℃、Ac_3 810℃、M_s 280℃。

② 生产工艺

碱性平炉粗炼→真空脱气、钢包喷粉精炼→水压机锻造→粗加工→超声波探伤→调质热处理→检验出厂。经此工艺生产出的钢材达到较高的洁净度，组织细密，镜面抛光性能好，表面粗糙度可达 R_a0.05～0.025μm。

③ 性能特点

经 860℃淬火、650℃回火后，室温及高温力学性能见表 2-7 所示。

表 2-7 P4410 钢的力学性能

试验温度/℃	σ_b/MPa	σ_s/MPa	δ(%)	ψ(%)	α_K/(J/cm^2)	HRC
室温	1120	1020	16	61	96	35
200	1006	882	13.6	56	—	—
400	882	811	14.0	67	—	—

P4410 钢在硬度值为 HRC32～36 范围内，具有良好的车、铣、磨等加工性能。P4410 钢也可采用火焰局部加热淬火，加热温度 800℃～825℃，在空气中冷却或用压缩空气冷却，局部表面硬度可达 HRC56～62，可延长模具使用寿命。也可对模具进行表面镀铬，表面硬度可由 370～420HV 提高到 1000HV，显著提高模具的耐磨性和耐蚀性。P4410 钢制造的模具，局部损坏后也可用补焊法修补，焊接质量良好，可以进行加工。

④ 应用

P4410 钢在预硬态(HRC30～36)使用，防止了热处理变形，适于制造大型、复杂、精密塑料模具。该钢也可采用渗氮、渗硼等化学热处理，处理后可获得更高表面硬度，适于制作高精密的塑料模具。

4. 时效硬化型塑料模具用钢

此类钢的共同特点是含碳量低、合金度较高，经高温淬火(固溶处理)后，钢处于软化状态，组织为单一的过饱和固溶体。但是将此固溶体进行时效处理，即加热到某一较低温度并保温一段时间后，固溶体中就会析出细小弥散的金属化合物，从而造成钢的强化和硬化。并且，这一强化过程引起的尺寸、形状变化极小。因此，采用此类钢制造塑料模具时，可在固溶处理后进行模具的机械成形加工，然后通过时效处理，使模具获得使用状态的强度和硬度，这就有效地保证了模具最终尺寸和形状的精度。

此外，此类钢往往采用真空冶炼或电渣重熔，钢的纯净度高，所以镜面抛光性能和光蚀性能良好。这一类钢还可以通过镀铬、渗氮、离子束增强沉积等表面处理方法来提高耐磨性和耐蚀性。下面介绍几种时效硬化型塑料模具用钢。

(1)25CrNi3MoAl 钢

25CrNi3MoAl 属低镍无钴时效硬化钢，这是参考了国外同类钢的成分，并根据我国冶炼工业的特点及使用厂对性能的要求加以改进而研制的一种新型时效硬化钢，为我国时效硬化型精密塑料模具专用钢种填补了空白。

① 化学成分及相变点

25CrNi3MoAl 钢的化学成分见表 2－8。

表 2－8　25CrNi3MoAl 钢的化学成分(质量分数)　(%)

C	Cr	Ni	Mo	Al	Si	Mn	S、P
0.2～0.3	1.2～1.8	3.0～4.0	0.2～0.4	1.0～1.6	0.2～0.5	0.5～0.8	≤0.03

相变点 Ac_1 740℃、Ac_3 780℃、M_s 290℃。

② 力学性能

a. 硬度：25CrNi3MoAl 钢经不同温度固溶及时效处理后的硬度分别见表 2－9 及表 2－10。

表 2－9　25CrNi3MoAl 钢经不同温度固溶处理后的硬度

加热温度/℃(保温 30min)	830	920	960	1000
硬度 HRC	50	48.5	46.4	45.6

表 2－10　25CrNi3MoAl 钢时效处理后的硬度

时效温度/℃	500	520	540
硬度 HRC	35.5～38	39～41	39～42

b. 室温力学性能：25CrNi3MoAl 钢经 880℃固溶，680℃回火，540℃时效处理 8h 后的力学性能见表 2－11。

表 2－11　25CrNi3MoAl 钢的室温力学性能

HRC	σ_b/MPa	σ_s/MPa	δ(%)	ψ① (%)	α_k② /(J/cm²)
39～42	1260～1350	1170～1200	13～16.8	55～59	45～52

注：① 断面收缩率；② α_k 值为夏比 U 形试样冲击韧度值。

③ 热处理工艺

a. 用作一般精密塑料模具：淬火加热温度 880℃，空冷或水冷淬火，淬火硬度 HRC48～

50，再经 680℃，4～6h 高温回火，空冷或水冷，回火硬度 HRC22～23，经机加工成形。再经时效处理，时效温度 520℃～540℃，保温 6～8h，空冷，时效硬度 HRC39～42。再经研磨、抛光或光刻花纹后装配使用。时效变形率大约为－0.039%。

b. 用于高精密塑料模具：淬火加热温度 880℃，再经 680℃高温回火，其余工艺同上。但在高温回火后对模具进行粗加工和半精加工，再经 650℃保温 1h，消除加工后的残留内应力，然后再进行精加工。此后的时效、研磨、抛光等工艺仍同上。经此处理后时效变形率仅为－0.01%～－0.02%。

c. 用于对冲击韧度要求不高的塑料模具：对退火的锻坯直接经粗加工、精加工，进行 520℃～540℃、6～8h 的时效处理，再经研磨、抛光及装配使用。经此处理后，模具硬度 HRC40～43，时效变形率≤0.05%。

d. 用作冷挤型腔工艺的塑料模具：模具锻坯经软化处理后，即对模具挤压面进行加工、研磨、抛光。然后对冷挤压模具型腔和模具外形进行修整，最后对模具进行真空时效处理或表面渗氮处理后再装配使用。

④ 特点及应用

综上所述，25CrNi3MoAl 钢有如下特点：

a. 钢中含镍量低，价格远低于马氏体时效钢，也低于超低碳中合金时效钢。

b. 调质硬度为 230～250HBS，常规切削加工和电加工性能良好。时效硬度为 HRC38～42，时效处理及渗氮处理温度范围相当，且渗氮性能好，渗氮后表层硬度达 1000HV 以上，而心部硬度保持在 HRC38～42。

c. 镜面研磨性好，表面粗糙度 R_a 为 0.2～0.025μm，表面光刻浸蚀性好，光刻花纹清晰均匀。

d. 焊接修补性好，焊缝处可加工，时效后焊缝硬度和基体硬度相近。

(2)18Ni 类钢

这类钢属于低碳马氏体时效钢，其成分和力学性能见表 2－12。

表 2－12　18Ni 类钢的化学成分和力学性能

级别	化学成分(w,%)					热处理工艺	σ_s /MPa	σ_b /MPa	δ (%)	ψ (%)	硬度 HRC
	Ni	Co	Mo	Ti	Al						
140 级	17.5～18.5	8～9	3.0～3.5	0.15～0.25	0.05～0.15	815℃±10℃固溶处理 1h 空冷，经 480℃±10℃时效 3h，空冷	1350～1450	1400～1550	14～16	65～70	46～48
170 级	17～19	7.0～8.5	4.6～5.2	0.3～0.5	0.05～0.15		1700～1900	1750～1950	10～12	48～58	50～52
210 级	18～19	8.0～9.5	4.6～5.2	0.55～0.80	0.05～0.15		2050～2100	2100～2150	12	60	53～55

马氏体时效钢碳质量分数极低(约 0.03%)，目的是改善钢的韧性。因这类钢的屈服强度有 1400MPa、1700MPa、2100MPa 三个级别，可分别简写为 18Ni140 级、18Ni170 级和 18Ni210 级，也分别对应国外的 18Ni250 级、18Ni300 级和 18Ni350 级。

18Ni 马氏体时效钢中起时效硬化作用的合金元素是钛、铝、钴、钼。18Ni 中加入大量的镍,主要作用是保证固溶体淬火后能获得单一的马氏体,其次 Ni 与 Mo 作用形成时效强化相 Ni_3Mo,镍的质量分数在10%以上,还能提高马氏体时效钢的断裂韧度。

18Ni 类钢主要用在精密锻模及制造高精度、超镜面、型腔复杂、大截面、大批量生产的塑料模具。但因 Ni、Co 等贵重金属元素含量高,价格昂贵,尚难以广泛应用。

5. 耐蚀塑料模具钢 PCR

0Cr16Ni4Cu3Nb(PCR)钢属析出硬化不锈钢,硬度为 HRC32～35 时可进行切削加工。该钢再经 460℃～480℃时效处理后,可获得较好的综合力学性能。

(1)PCR 钢的化学成分及相变点

PCR 钢的化学成分见表 2-13。

表 2-13 PCR 钢的化学成分(质量分数) (%)

C	Mn	Si	Cr	Ni	Cu	Nb	S、P	其他
≤0.07	<1.0	<1.0	15～17	3～5	2.5～3.5	0.2～0.4	≤0.03	添加特殊元素

相变点:A_s580℃,A_f723℃、M_s85℃、M_f300℃。

(2)力学性能

见表 2-14。

表 2-14 PCR 钢时效处理后的力学性能

热处理规程	σ_b/MPa	σ_s/MPa	σ_{sc}/MPa	δ_5(%)	ψ(%)	α_k[①]/(J/cm²)	HRC
950℃固溶 460℃时效	1324	1211	—	13	55	50	42
1000℃固溶 460℃时效	1334	1261	—	13	55	50	43
1050℃固溶 460℃时效	1355	1273	1442	13	56	47	43
1100℃固溶 460℃时效	1391	1298	—	15	45	41	45
1150℃固溶 460℃时效	1428	1324	—	14	38	28	46

注:① C 形缺口冲击试样,$R=12.7$mm。

(3)工艺性能

① 锻造工艺:加热温度 1180℃～1200℃,始锻温度 1150℃～1100℃,终锻温度≥1000℃空冷或砂冷。钢中含有元素铜,其压力加工性能与含铜量有很大关系。当铜质量分数 $w_{Cu}>4.5\%$时,锻造易出现开裂;当铜质量分数 $w_{Cu}\leqslant 3.5\%$时,其压力加工性能有很大改善。锻造时应充分热透,锻打时要轻锤快打,变形量小;然后可重锤,加大变形量。

② 固溶处理:固溶温度 1050℃,空冷,硬度为 HRC32～35,在此硬度下可以进行切削加工。

③ 时效处理:在 420℃～480℃时效,其强度和硬度可以达到最高峰值,但在 440℃时冲击韧度最低,因此,推荐时效处理温度为 460℃,时效后硬度为 HRC42～44。

④ 淬透性及淬火变形:PCR 钢淬透性好,在 ϕ100mm 断面上硬度均匀分布。回火时效后总变形率:径向为-0.04%～-0.05%,轴向为-0.037%～-0.04%。

(4)实际应用

PCR 钢适于制作含有氟、氯的塑料成型模具,具有良好的耐蚀性。具体应用:如用于氟塑料或聚氯乙烯塑料成型模、氟塑料微波板、塑料门窗、各种车辆把套、氟氯塑料挤出机螺杆、料筒以及添加阻燃剂的塑料成型模等，还可作为17－4PH钢的代用材料。

四、其他制模材料

1. 铸铁

用于一般模具的模座，以灰铸铁或球墨铸铁的应用为常见。灰铸铁中的碳大部分或全部以自由状态的片状石墨形式存在，其断口呈暗灰色，有一定的力学性能和良好的被切削性能。球墨铸铁是通过在浇注前往铁液中加入一定量的球化剂和墨化剂，以促进呈球状石墨结晶而获得的。它和钢相比，除塑性、韧性稍低外，其他性能均接近，是兼有钢和铸铁优点的优良材料。但是以铸铁为材质制造模具，生产周期较长，往往用于批量生产的模具中，如标准模架的生产。

2. 铜合金

用于塑料模材料的铜合金主要是铍青铜，如ZCuBe2、ZCuBe2.4等。一般采用铸造方法制模，不仅成本低，周期短，而且还可制出形状复杂的模具。铍青铜可通过固溶—时效强化，固溶后合金处于软化状态，塑性较好，便于机械加工。经时效处理后，合金的抗拉强度可达1100～1300MPa，硬度可达HRC40～42。铍青铜适用于制造吹塑模、注射模等，以及一些高导热性、高强度和高耐腐蚀性的塑料模。利用铍青铜铸造模具可以复制木纹和皮革纹，可以用样品复制人像或玩具等不规则的成型面。

3. 铝合金

铝合金的密度小，熔点低，加工性能和导热性都优于钢，其中铸造铝硅合金还具有优良的铸造性能，因此在有些场合可选用铸造铝合金来制造塑料模具，以缩短制模周期，降低制模成本。常用的铸造铝合金牌号有ZL101等，它适于制造要求高导热率、形状复杂和制造周期短的塑料模具。变形铝合金LC6也是用于塑料模制造的铝合金之一，由于它的强度比ZL101高，可制作要求强度较高且有良好导热性的塑料模。

4. 锌合金

用于制作塑料模具的锌合金大多为Zn－4Al－3Cu共晶型合金，其主要成分见表2－15。

表2－15　Zn－4Al－3Cu的化学成分(质量分数)　(%)

Al	Cu	Mg	Zn
3.9～4.5	2.8～3.5	0.03～0.06	约92

还含有少量Pb、Cd、Sn、Fe等杂质。用此合金通过铸造方法易于制出光洁而复杂的模具型腔，并可降低制模费用和缩短制模周期，锌合金的不足之处是高温强度较差，且合金易于老化，因此锌合金塑料模长期使用后易出现变形甚至开裂，这类锌合金适合制造注射模和吹塑模等。

用于塑料模具的锌合金还有铍锌合金和镍钛锌合金。铍锌合金有较高的硬度(150HBS)，耐热性好，所制作的注射模的使用寿命可达几万至几十万件。镍钛锌合金由于镍和钛的加入可使强度、硬度提高，从而使模具寿命成倍增长。

5. 聚氨酯橡胶

聚氨酯橡胶具有硬度高、强度好、高弹性、高耐磨性、耐撕裂、耐老化、耐臭氧、耐辐射及良好的导电性等优点，是一般橡胶所不能比的。因此聚氨酯在冲模上除了用于卸料、脱件橡皮垫外，还在冲裁、弯曲、浅拉深及成形工序中得到了广泛应用。

第二节　模具材料的选用原则

模具材料的选用有三个原则。一是使用性能原则：材料的使用性能应满足模具的使用要求。二是工艺性原则：材料的工艺性能应满足模具生产工艺的要求。三是经济性原则：必须考虑模具的经济性，采用适宜的材料，把总成本降至最低，取得最大的经济效益。

一、满足使用性能要求

根据使用性能选材的步骤是：通过对工件工作条件和失效形式的全面分析，确定工件对使用性能的要求；利用使用性能和实验室性能的相应关系，将使用性能具体转化为实验室机械性能指标；根据工件的几何形状、尺寸及工作中所承受的载荷，计算出工件中的应力分布；由工作应力、使用寿命或安全性与实验室性能指标的关系，确定对实验室性能指标要求的具体数值；利用相关手册根据使用性能选材。

1. 耐磨性

坯料在模具型腔中塑性变形时，沿型腔表面既流动又滑动，使型腔表面与坯料间产生剧烈摩擦，从而导致模具因磨损而失效。所以材料的耐磨性是模具最基本、最重要的性能之一。

硬度是影响耐磨性的主要因素。一般情况下，模具零件的硬度越高，磨损量越小，耐磨性也越好。此外，耐磨性还与材料中碳化物的种类、数量、形态、大小及分布有关。

2. 强韧性

模具的工作条件大多十分恶劣，有些常承受较大的冲击负荷，从而导致脆性断裂。为防止在工作时突然脆性断裂，模具要具有较高的强度与韧性。

模具零件的韧性主要取决于材料的含碳量、晶粒度及组织状态。

3. 疲劳断裂性能

模具工作过程中，在循环应力的长期作用下，往往导致疲劳断裂。其形式有小能量多次冲击疲劳断裂、拉伸疲劳断裂、接触疲劳断裂及弯曲疲劳断裂。

模具的疲劳断裂性能主要取决于其强度、韧性、硬度以及材料中夹杂物的含量。

4. 高温性能

当模具的工作温度较高时，会使硬度和强度下降，导致模具早期磨损或产生塑性变形而失效。因此，模具材料应具有较高的回火稳定性，以保证模具在工作温度下具有较高的硬度和强度。

5. 抗热疲劳性能

有些模具在工作过程中处于反复加热和冷却的状态，使型腔表面受拉、压交变应力的作用，引起表面龟裂和剥落，冷热疲劳是热作模具失效的主要形式之一，这类模具应具有较高的抗热疲劳性能。

6. 耐蚀性

有些模具如塑料模在工作时，其中的氯、氟等元素受热后分解出 HCl、HF 等强侵蚀性气体，侵蚀模具型腔表面，加大其表面粗糙度，加剧模具失效。

二、满足工艺性能要求

模具的制造一般都要经过锻造、切削加工、热处理等工序。为保证模具的制造质量，降低生产成本，其材料应具有以下特性：

(1)良好的可锻性。具有较低的热锻变形抗力，塑性好，锻造温度范围宽，锻裂、冷裂及析出网状碳化物倾向低。

(2)良好的退火工艺性。球化退火温度宽，退火效果好。

(3)良好的切削加工性。切削用量大，刀具损耗低，加工表面粗糙度值低。

(4)较小的氧化、脱碳敏感性。高温加热时抗氧化性能好，脱碳速度慢，对加热介质不敏感，产生麻点倾向小。

(5)良好的淬硬性。淬火后具有均匀而高的表面硬度。

(6)良好的淬透性。淬火后能获得较深的淬硬层，采用缓和的淬火介质就能淬硬。

(7)较低的淬火变形开裂倾向。常规淬火体积变化小，形状翘曲、畸变轻微，异常变形倾向低。常规淬火开裂敏感性低，对淬火温度及工件形状不敏感。

(8)良好的可磨削性。砂轮相对损耗小，无烧伤，极限磨削用量大，对砂轮质量及冷却条件不敏感，不易发生磨损及磨削裂纹。

三、满足经济性要求

1. 材料价格

模具材料价格无疑应该尽量低。

2. 模具的总成本

模具选用的材料必须保证其生产和使用的总成本最低。模具的总成本与其使用寿命、重量、加工费用、研究费用、维修费用和材料价格有关。

3. 自然资源等因素

在进行模具选材时，必须考虑经济性这一原则，尽可能地降低制造成本。在满足使用性能的前提下，所用材料应该来源丰富并顾及我国资源状况。首先选用价格较低的，能用碳钢就不用合金钢，能用国产材料就不用进口材料。另外，还要考虑市场和供应情况，所选钢种应尽量少而集中，易采购。为了缩短模具的制造周期，在选购模具材料时，尽可能选用精料和制品，如经过粗加工、精加工甚至精加工淬火回火的模块料。

第三节　模具零件的热处理

模具钢的热处理工艺是指模具钢在加热、冷却过程中，根据组织转变规律制定的具体热处理加热、保温和冷却的工艺参数。根据加热、冷却方式及获得组织和性能的不同，热处理工艺可分为常规热处理、表面热处理(表面淬火和化学热处理等)等。

根据热处理在零件生产工艺流程中的位置和作用，热处理又可分为预备热处理和最终热处理。模具钢的常规热处理主要包括退火、正火、淬火和回火。由于真空热处理技术具有防止加热氧化、不脱碳、真空除气、变形小及硬度均匀等特点，近年来得到广泛的推广应用。

一、冷作模具钢热处理

1. 碳素工具钢的热处理

要求不太高的小型简单冷作模具可以采用碳素工具钢。应用较多的为 T8A 和 T10A。T10A 钢热处理后硬而耐磨,但淬火变形收缩明显;T8A 钢韧性较好,但耐磨性稍差。除了碳元素以外,碳素工具钢不含有其他合金元素,因此其淬透性较差,常规淬火后硬化层仅有 1.5～3mm。

碳素工具钢淬火后得到马氏体组织,使模具具有高硬度和耐磨性。如果淬火温度过高,会使奥氏体组织晶粒粗大,并导致马氏体组织粗大,增加了淬火变形开裂的可能性,力学性能降低;但是,若淬火温度太低,奥氏体组织不能溶入足够的碳,且碳浓度不能充分均匀化,则同样会降低其力学性能。碳素工具钢热处理工艺规范见有关热处理手册。

2. 低合金模具钢的热处理

冷作模具常用的低合金工具钢有:CrWMn、9Mn2V、9SiCr、GCr15 等。此类钢是在碳素工具钢的基础上,加入了适量的 Cr、W、Mo、V、Mn 等合金元素。合金元素总含量低于 5%为低合金工具钢。合金元素的加入提高了钢的淬透性以及过冷奥氏体的稳定性。因此,可以降低淬火冷却速度,减少热应力、组织应力以及淬火变形开裂的倾向。

(1)CrWMn　CrWMn 钢的硬度、强度、韧性、淬透性及热处理变形倾向均优于碳素工具钢。钢中 W 形成的碳化物硬度很高,耐磨性好,W 还能细化晶粒。主要用作轻载荷冲裁模、拉深模及弯曲、翻边模。但其形成网状碳化物的倾向大,不宜制作大截面模具。CrWMn 钢一般需要进行球化退火处理,球化退火工艺规范如图 2－1 所示。

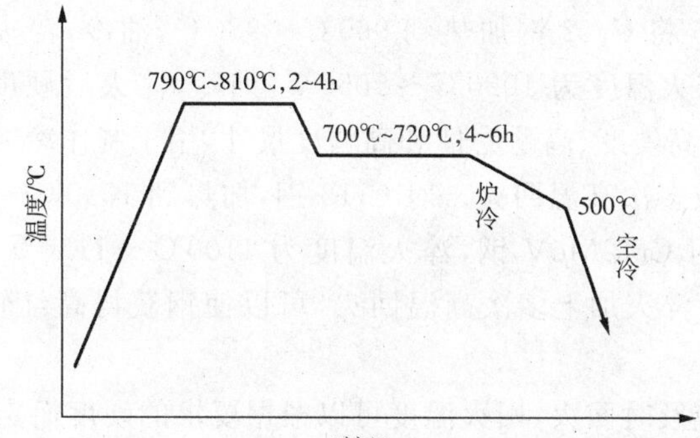

图 2－1　CrWMn 钢球化退火工艺规范

CrWMn 钢的淬火温度一般为 820℃～840℃,油冷,ϕ40～60mm 尺寸的工件油冷能够淬透。回火温度一般为 170℃～200℃,回火后硬度可以达到 HRC60～62 左右。淬火及低温回火后含有较多碳化物,具有较高的硬度和耐磨性。但在 250℃～350℃ 回火时,其韧性降低,应予避免。

(2)9Mn2V　9Mn2V 钢是不含有 Cr、Ni 等较贵重元素的经济性低合金模具钢。由于含有少量的 V,细化了钢的晶粒,减小了钢的过热敏感性。该钢冷加工性能和热处理工艺良好,变形开裂倾向小。但其淬透性、淬硬性、回火抗力、强度等性能不如 CrWMn 钢。适合用于尺寸较小的冷冲模、冷压模、雕刻模、落料模等。

主要热处理工艺如下。

等温退火工艺：750℃～780℃，保温 3～5h，等温温度 670℃～700℃，保温 4～6h。

淬火工艺：淬火温度 780℃～820℃，油冷，硬度 HRC61 以上。

回火工艺：回火温度 150℃～200℃，空冷，硬度 HRC59～62。回火温度在 200℃～300℃时有回火脆性存在，应避免在此温度范围回火。

(3)9SiCr　9SiCr 钢在我国有悠久的使用历史。钢中含有 Cr 和 Si，提高了钢在贝氏体转变区的稳定性，Si 还可细化碳化物，有利于提高耐磨性、回火稳定性和塑性变形能力。淬透性较好，适合进行分级淬火或等温淬火，有利于防止模具淬火变形开裂。该钢主要用作中小型轻负荷冷作模具，如冷冲模、冷挤压模及打印模等。

其主要热处理工艺如下。

退火工艺：780℃～810℃，保温 2～4h，等温温度 700℃～720℃，保温 4～6h。

淬火工艺：淬火温度 860℃～880℃，油冷，硬度 HRC62～65。

回火工艺：回火温度 180℃～200℃，空冷，硬度 HRC60～62。回火温度在 200℃～300℃有回火脆性存在，应避免在此温度范围回火。

3. 高合金模具钢的热处理

高合金模具钢有高铬和中铬工具钢、高速钢、基体钢等。此类钢含有较多的合金元素，具有淬透性好、耐磨性高及淬火变形小等特点，广泛用作承受负荷大、生产批量大、耐磨性要求高及形状复杂的模具。

(1)高碳高铬钢　此类钢的成分特点是高铬量、高碳量，是冷作模具钢中应用范围最广、数量最大的。代表性钢号有 Cr12、Cr12MoV、Cr12Mo1V1(D2)、Cr12W 等。

该类钢锻后通常采用球化退火处理，退火后硬度为 207～255HB。常用的淬火工艺为：

① 较低温度淬火。将 Cr12 钢加热到 960℃～980℃，油冷，淬火后硬度为 HRC62 以上。对 Cr12MoV 钢，淬火温度为 1020℃～1050℃，油冷，淬火后硬度为 HRC62 以上。采用此种方法可使钢获得高硬度、高耐磨性和高精度尺寸，用于制作冷冲压模具。

② 较高温度淬火及多次高温回火。对 Cr12 钢，加热到 1050℃～1100℃，油冷，淬火后硬度为 HRC42～50。对 Cr12MoV 钢，淬火温度为 1100℃～1150℃，油冷，淬火后硬度为 HRC42～50。较高温度淬火加上多次高温回火，可以使钢获得高红硬性和耐磨性，用于制作高温下工作的模具。

Cr12 型钢淬火后应及时回火，回火温度可以根据要求的硬度而定。对于要求高硬度的冷冲压模具，回火温度在 150℃～170℃之间，回火后硬度在 HRC60 以上。对要求较高强度、硬度和一定韧性的冷冲压模具，回火温度取 250℃～270℃，回火后硬度为 HRC58～60。对于要求高冲击韧性和一定硬度的冷冲压模具，回火温度可以提高到 450℃左右，回火后硬度为 HRC55～58，Cr12 型钢要避开 275℃～375℃的回火脆性区。

(2)高碳中铬钢　主要有 Cr6WV 钢、Cr4W2MoV 钢、Cr6Mo1V 钢。

(3)高速钢　铜或铝零件冷挤压时，模具受力不太剧烈，一般可以采用 Cr12 型模具钢。但黑色金属冷挤压时，受力剧烈，工作条件十分恶劣，对模具提出了更高的要求。因此需要采用更高级的模具钢，如高速钢来制造模具。

高速钢热处理后具有高的硬度和抗压强度、良好的耐磨性，能满足较为苛刻的冷挤压条件。常用的冷挤压高速钢有 W6Mo5Cr4V2 钢、W18Cr4V 钢、6W6Mo5Cr4V 钢。

W18Cr4V 钢具有良好的红硬性，在 600℃时仍具有较高的硬度和较好的韧性，但其碳化物较粗大，强度和韧性随尺寸增大而下降。W6Mo5Cr4V2 钢具有良好的红硬性和韧性，淬火后表面硬度可以达到 HRC64～66，是一种含 Mo 低 W 的高速钢，其碳化物颗粒较为细小，分布较均匀，强度和韧性较 W18Cr4V 钢为好。

大多数高速钢制作的冷挤压(包括冷镦)模具，可以采用略低于高速钢刀具淬火温度的温度进行淬火，如 W18Cr4V 钢采用 1240℃～1250℃，W6Mo5Cr4V2 钢采用 1180℃～1200℃，然后在 560℃进行三次回火。对于一些细长或薄壁的模具，要求有很高的韧性，则可以进一步降低淬火温度，以提高其使用寿命。但低温淬火后，高速钢抗压强度降低，不能用于高负荷模具，也会使耐磨性降低。表 2－16 是常用冷挤压高速钢经过淬火和不同温度回火热处理后的硬度和冲击韧性。

表 2－16　常用冷挤压高速钢经过淬火和不同温度回火热处理后的硬度和冲击韧性

牌号	淬火温度/℃	硬度 HRC				无缺口冲击韧性/kgf·cm^{-2}			
		500℃回火	530℃回火	550℃回火	580℃回火	500℃回火	530℃回火	550℃回火	580℃回火
6W6Mo5Cr4V	1200	60.9	62.3	62.3	60.6	5.7	5.3	6.3	5.7
W18Cr4V	1260	64.4	64.4	63.8	63			3.4	3.6
W6Mo5Cr4V2	1220	63.5	64.8	65.3	62.8	2.0	2.7	3.2	3.5

二、塑料模具钢及热处理

1. 渗碳型塑料模具钢的热处理

受冲击大的塑料模具零件，要求表面硬而心部韧，通常采用渗碳工艺、碳氮共渗工艺等来达到此目的。

一般渗碳零件可采用结构钢类的合金渗碳钢，其热处理工艺与结构零件基本相同。对于表面质量要求很高的塑料模具成型零件，宜采用专门用钢。热处理的关键是选择先进的渗碳设备，严格控制工艺过程，以保证渗碳层的组织和性能要求。渗碳或碳氮共渗工艺规范可参考热处理行业工艺标准：JB/T 3999－1999《钢的渗碳与碳氮共渗淬火回火处理》。

常用渗碳型橡塑模具钢有 20、20Cr、12CrNi2、12CrNi3、12Cr2Ni4、20Cr2Ni4 钢等。

(1)12CrNi3 钢　12CrNi3 钢是传统的中淬透性合金渗碳钢，冷成形性能属中等。该钢碳含量较低，加入合金元素镍、铬，以提高钢的淬透性和渗碳层的强韧性，尤其是加入镍后，在产生固溶强化的同时，可明显提高钢的塑性。该钢的锻造性能良好，锻造加热温度为 1200℃，始锻温度 1150℃，终锻温度大于 850℃，锻后缓冷。

12CrNi3 钢主要用于冷挤压成形复杂的浅型腔塑料模具，或用于切削加工成形大、中型塑料模具。采用切削加工制造塑料模具，为了改善切削加工性能，模坯需经正火处理。采用冷挤压成形型腔，锻后必须进行软化退火工艺。

12CrNi3 钢采用气体渗碳工艺时，加热温度为 900℃～920℃，保温 6～7h，可获得 0.9～1.0mm 的渗碳层，渗碳后预冷至 800℃～850℃直接油冷或空冷淬火，淬火后表层硬度可达 HRC56～62，心部硬度为 250～380HBS。

(2)20Cr2Ni4 钢　20Cr2Ni4 钢为高强度合金渗碳钢，有良好的综合力学性能，其淬透性、强韧性均超过 12CrNi3 钢。该钢锻造性能良好，锻造加热温度为 1200℃。始锻温度为 1150℃，终锻温度大于 850℃，锻后缓冷。

2. 预硬化型塑料模具钢的热处理

预硬型塑料模具钢是指将热加工的模块，预先调质处理到一定硬度（一般分为 HRC10、HRC20、HRC30、HRC40 四个等级）供货的钢材，待模具成形后，不需再进行最终热处理就可直接使用，从而避免由于热处理而引起的模具变形和开裂，这种钢称预硬化钢。预硬化钢最适宜制作形状复杂的大、中型精密塑料模具。常用的预硬型橡塑模具钢有 3Cr2Mo(P20)、3Cr2NiMo(P4410)、8Cr2MnWMoVS、4Cr5MoSiV1、P20SRE、5NiSCa 等。

(1)3Cr2Mo 钢　3Cr2Mo（现为 SM3Cr2Mo）钢是最早列入标准的预硬化塑料模具钢，相当于美国 P20 钢，同类型的还有瑞典（ASSAB）的 718、德国的 40CrMnMo7、日本的 HPM2 钢等。3Cr2Mo 钢是 GB/T 1299－1985 中唯一的塑料模具钢，主要用于聚甲醛、ABS 塑料、醋酸丁酸纤维素、聚碳酸酯(PC)、聚酯(PET)、聚乙烯(PE)、聚丙烯(PP)、聚氯乙烯(PVC)等热塑性塑料的注射模具。

推荐的 3Cr2Mo 钢的强韧化热处理工艺：淬火温度 840℃～880℃，油冷；温度 600℃～650℃，空冷，硬度 HRC28～33。美国标准（AISI，SAE）推荐的 P20 钢渗碳后的热处理工艺：淬火温度 820℃～870℃，回火温度 150℃～260℃，空冷，硬度 HRC58～64（渗碳层表面硬度）。

(2)8Cr2MnWMoVS(8Cr2S)钢　为了改善预硬化钢的切削加工性，在保证原有性能的前提下添加一种或几种易切削合金元素，成为一种易切削型的预硬化钢。

8Cr2S 钢是我国研制的硫系易切削预硬化高碳钢。该钢不仅用来制作精密零件的冷冲压模具，而且经预硬化后还可以用来制作塑料成型模具。此钢具有高的强韧性、良好的切削加工性能和镜面抛光性能，具有良好的表面处理性能，可进行渗氮、渗硼、镀铬、镀镍等表面处理。

8Cr2S 钢热处理到硬度为 HRC40～42 时，其切削加工性相当于退火态的 T10A 钢(200HBS)的加工性。综合力学性能好，可研磨抛光到 R_a0.025μm，该钢有良好的光刻浸蚀性能。

8Cr2S 钢的淬火加热温度为 860℃～920℃，油冷淬火、空冷淬火或在 240℃～280℃硝盐中等温淬火都可以。直径 100mm 的钢材空冷淬火可以淬透，淬火硬度为 HRC62～64。回火温度可在 550℃～620℃温度范围内选择，回火硬度为 HRC40～48。因加有 S，预硬硬度为 HRC40～48 的 8Cr2S 钢坯，其机械加工性能与调质到 HRC30 的碳素钢相近。

3. 时效硬化型塑料模具钢的热处理

对于复杂、精密、高寿命的塑料模具，模具材料在使用状态必须有高的综合力学性能，为此，必须采用最终热处理。但是，采用一般的最终热处理工艺，往往导致模具的热处理变形，模具的精度就很难达到要求。而时效硬化型橡塑模具钢在固溶处理后变软（一般为 28～34HRC），可进行切削加工，待冷加工成形后进行时效处理，可获得很高的综合力学性能。时效热处理变形很小，而且该类钢一般具有焊接性能好，可以进行渗氮等优点。适合于制造复杂、精密、高寿命的塑料模具。

时效硬化型塑料模具钢有马氏体时效硬化钢和析出（沉淀）硬化钢两大类。

(1)马氏体时效硬化钢　马氏体时效硬化钢有屈强比高、切削加工性和焊接性能良好、热处理工艺简单等优点。典型的钢种是 18Ni 系列，屈服强度可高达 1400～3500MPa。这一类钢制造模具虽然价格昂贵，但由于使用寿命长，综合经济效益仍然很高。

(2)析出(沉淀)硬化钢　析出硬化型钢也是通过固溶处理和沉淀析出第二相而强化，硬度在 HRC37～43 左右，能满足某些塑料模具成型零件的要求。市场以 HRC40 级预硬化钢供应，仍然有满意的切削加工性。这一类钢的冶金质量高，一般都采用特殊冶炼，所以纯度、镜面研磨性、蚀花加工性良好，使模具有良好的精度和精度保持性。其焊接性好，表面和心部的硬度均匀。

析出硬化型塑料模具钢的代表型钢号有 25CrNi3MoAl，属低碳中合金钢，相当于美国 P21 钢。析出硬化型钢制的模具零件还可通过渗氮处理进一步提高耐磨性、抗咬合能力和模具使用寿命。

4. 耐腐蚀型塑料模具钢的热处理

生产对金属有腐蚀作用的塑料制品时，工作零件采用耐蚀钢制造。常用钢种有 Cr13 和 9Cr18 等可强化的马氏体型不锈钢。表 2 - 17 列出耐腐蚀塑料模具钢的热处理规范。

需要指出的是，用现有不锈钢标准的钢号制作高镜面要求的塑料模具钢成型零件，其表面质量的要求是难以满足的。因此开发了耐腐蚀镜面塑料模具钢。例如已进入中国市场的法国 CLC2316H 钢(同类型的德国 X36CrMo17)，是预硬化型的抗腐蚀镜面塑料模具钢。

耐腐蚀塑料模具钢零件的热处理与一般不锈钢制品的热处理基本相同，其热处理工艺可以参考我国行业标准：热处理工艺标准 ZB/T 36017—1990《不锈钢和耐热钢热处理》。

表 2 - 17　耐腐蚀塑料模具钢的热处理规范

序号	钢号	热处理	硬度	备注
1	Cr13 系列	980℃～1050℃油冷，650℃～700℃回火，油冷。可进行渗氮以提高表面硬度和耐磨性，但耐蚀性会下降	229～341HBS	
2	9Cr18	850℃预热，1050℃～1100℃奥氏体化，油冷，－80℃冷处理，160℃～260℃回火 3h，130℃～140℃去应力退火 15～20h	HRC58～62	
3	S－STAR	第一次预热 500℃，第二次预热 80℃，奥氏体化温度 1020℃～1070℃，空冷、油冷或气冷均可。回火：①要求耐蚀性，200℃～400℃回火，按 60～90min/25mm；②要求高硬度，490℃～510℃回火，按 50～90min/25mm；精度保持要求高的模具零件需进行冷处理	以预硬化钢交货，HRC31～34；以淬火回火态交货，硬度≤229HBS	日本大同特钢公司

思考题

1. 简述冷作模具的工作条件与性能要求。
2. 冷作模具钢应具备哪些特性?
3. 冷作模具是如何选材的?
4. 什么是基体钢? 有哪些典型钢种? 与高速钢相比,其成分、性能特点有什么不同? 应用场合如何?
5. 从工艺性能和承载能力角度判断下列钢号属于哪种冷作模具钢?

W6Mo5Cr4V2,Cr4W2MoV,Cr12Mo1V1,5CrW2Si,
6CrNiMnSiMoV,7CrSiMnMoV,7Cr7Mo2V2Si,9Cr18,
9Cr6W3Mo2V2,GCr15

6. 冲裁模的热处理基本要求有哪些? 其热处理工艺有哪些特点?
7. 拉深模的基本性能要求有哪些? 如何预防拉深模的拉毛和黏附?
8. 试述冷作模具的热处理特点。
9. 任选一例,说明根据哪些具体条件选择冷作模具或热作模具的材料。
10. 针对教材中所举的 Cr12 钢冷作模具和 5CrNiMo 热锻模热处理实例,就其工艺规范进行说明。
11. 在模具制造工艺路线中,锻造和预先热处理的主要作用是什么?
12. 塑料模具钢与一般冷作模具钢工作条件、性能要求有何异同? 其对韧性、抛光性要求高吗? 为什么?

第三章 模具钳工技术

【内容提要】 本章介绍了模具钳工的基本知识，模具钳工在模具制造中的作用，模具钳工应掌握的诸如划线、孔加工、研磨、抛光等技能。

【目标要求】 掌握划线、孔加工、研磨、抛光等技能的基本要领、步骤。

第一节　模具钳工的基本知识

一、模具钳工的工作内容及特点

模具钳工的主要工作就是模具制造、修理、维护以及更新。除模具之外，模具钳工的工作范畴也包括各种夹具、钻具、量具的制作与维护。此外，某些行业还要求模具钳工有能力对一些有特殊要求的工装设备进行设计、加工、组装、测试、校准等。

由于模具制造的多样性、复杂性和广泛的适用性，在设计、制造模具的过程中，对模具钳工要求较高，同时又很灵活，要熟悉模具结构、能分析判断模具出现问题的原因并进行修模。模具钳工属于技能工种，相对而言，具备必要的理论知识即可，不需要高深的理论基础；而对技能要求较高，强调动手能力。除了有关模具、夹具等知识与技能以外，还要求有操作各种机床的能力，比如车床、钻床、铣床、磨床，以及手工工具等。

二、模具钳工的技能要求

模具钳工大多是在钳工台上以手工工具为主对工件进行加工的。手工操作的特点是技艺性强。因此，凡是采用机械加工方法不太适宜或难以进行机械加工的场合，通常由钳工来完成，尤其是模具的装配、调试、安装和维修，更是需要钳工操作。

作为一名优秀的钳工，首先应具备各项基本操作技能，如划线、錾削、锉削、锯削、钻孔、扩孔、攻螺纹、套螺纹、刮削、研磨、技术测量等，进而应掌握模具零部件的加工制作方法、模具的修理和调试技能。

第二节　划线及孔加工

一、划线

划线是根据图样要求，在零件表面（毛坯表面或已加工表面）准确地划出加工界限的操作。划线是钳工的一种基本操作，是模具零件加工前的一道重要工序，其作用是：

（1）指导加工　通过划线确定零件加工面的位置及加工余量，确定孔的位置或划出加工位置的找正线作为加工的依据。

（2）及时发现毛坯的各种质量问题　当毛坯余量小的时候，通过划线进行借料予以补救，从而可以提高坯料的合格率。对不能补救的毛坯，就不再转入下一道工序，以避免不必要的加工浪费。

按加工中的作用，所划线可以分为加工线、证明线和找正线。加工线是按图样要求划在坯料表面上作为加工界限的线。证明线用以检查加工后出现的各种差错，作为分析原因的依据，一般可省略不划。找正线是用来找正零件加工或装配位置时所用的线。

按复杂程度不同，划线作业分为平面划线和立体划线两种类型。平面划线是在毛坯或半成品的一个表面上划线，立体划线是在两个以上表面上划线。

1. 划线工具的种类

划线工具按用途分，包括基本工具、量具、绘划工具和辅助工具，分别见下表 3－1～表3－4。

表 3－1　基本划线工具

序号	名称	图例	序号	名称	图例
1	划线平板		3	方箱	
2	V型铁		4	分度头	

表 3－2　划线量具

序号	名称	图例	序号	名称	图例
1	高度游标尺		4	万能角度尺	

（续表）

序号	名称	图例	序号	名称	图例
2	游标卡尺	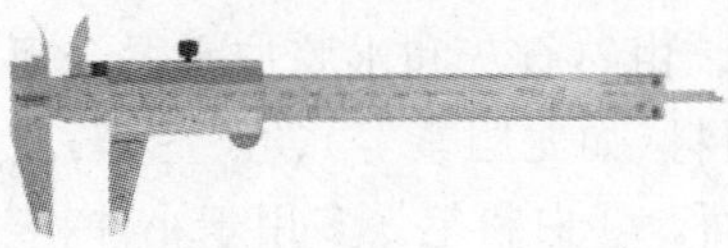	5	角尺	
3	塞尺	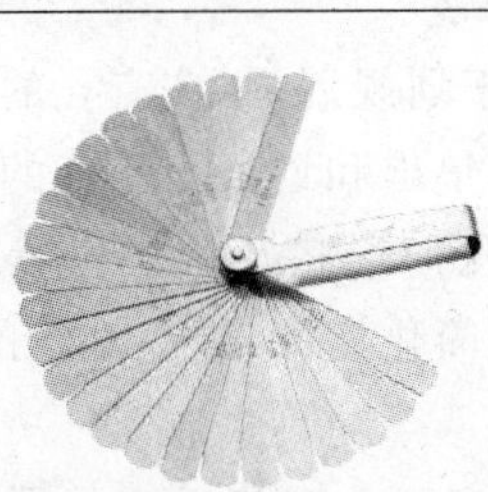	6	刀口尺	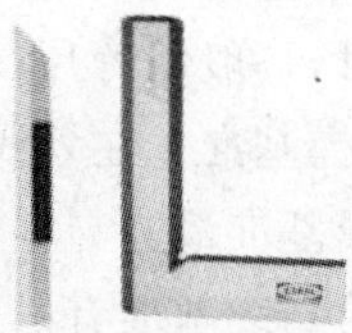

表 3－3　绘划工具

序号	名称	图例	序号	名称	图例
1	划规	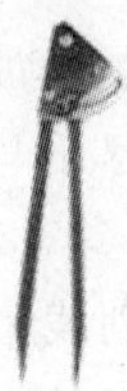	3	划线盘	
2	样冲		4	划针	

表 3－4　辅助工具

序号	名称	图例	序号	名称	图例
1	千斤顶		2	斜垫铁	

2. 划线过程

(1)工件的清理　毛坯上的氧化皮、型砂、锈迹、毛刺等,必须预先清理干净,否则会影响划线的清晰度、准确度,严重的会损伤较精密的划线工具。

(2)工件的涂色　划线前要在工件要划线的部位涂上一层薄而均匀的涂料,以获得更清晰的划线效果。常用的有以下几种:①白灰浆。由熟石灰和水胶加水混合而成,主要用于铸、锻件毛坯表面。②品紫。用2%～4%紫颜料(如龙胆紫等)、3%～4%虫胶漆、91%～95%酒精混合而成,主要用于半成品已加工表面。③白粉笔。多用于小件、表面较为粗糙、批量少的情况。

(3)装中心塞块　划线时为了划出孔的中心,便于划规划圆,在有孔的部位要装入塞块。当孔较小时,一般用竹片;较大的孔,用垫块在孔位置垫出和划线面平齐的区域。

(4)选择基准　在划线时用来确定各部位尺寸、几何形状及相对位置的依据,称为划线基准。划线基准最好与零件图上设计基准一致,从而简化换算,提高划线的质量和效率。

常见的划线基准有以下三种类型:

① 以两个相互垂直的平面为基准。划线前先磨出两个互相垂直的平面。划线时,所有尺寸都以这两平面为基准,如图3-1。

② 以两条中心线为基准。划线前先在划线表面上找出相对的两个位置,划出两条中心线,然后再根据中心线划出其他线,如图3-2。

③ 以一个平面和一条中心线为基准。划线前先将平面加工好,再划出中心线和其他加工线,如图3-3。

确定划线基准时,既要保证划线的质量,同时也要考虑工件放置要合理。一般来说,较复杂工件的划线基准,可按以下两个原则选取:划线基准应尽量与设计基准一致;选择较大而平直的面作为划线基准。

(5)工件定位　合理定位工件,使有关表面处于适当的划线位置上,必要时可以借助V型铁、斜垫铁、千斤顶等工具。如图3-4所示,用千斤顶支起较大型工件时,要注意采取保护措施,避免意外发生。

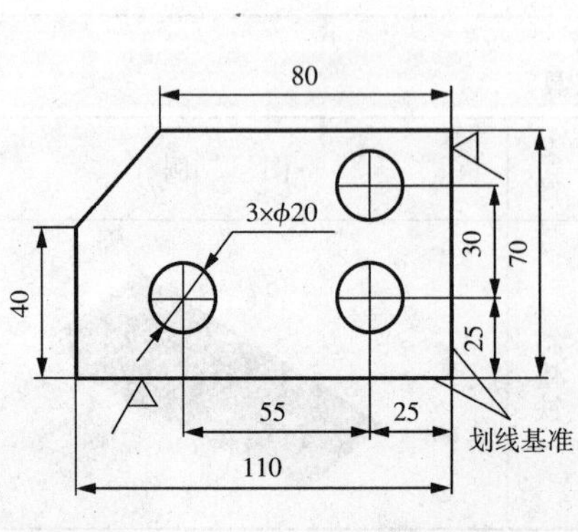

图3-1　以相互垂直面为基准

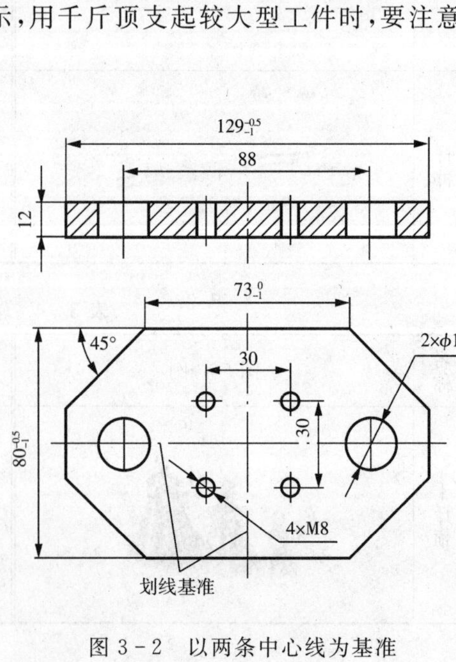

图3-2　以两条中心线为基准

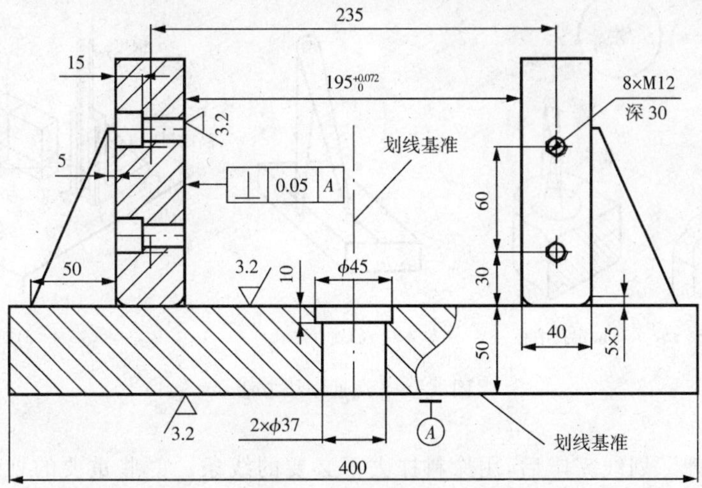

图 3 - 3　以一个平面和一条中心线为基准

(6)划线　先划基准线，再划其他线，划完线后要检查划线的准确性，看是否有遗漏线条，无误后打样冲眼。

使用划针时一定要使划针尖端抵住钢直尺的底边，否则划出的线条不准确。如图 3 - 5 所示，划针上部向外倾斜 15°～20°，沿划线方向前倾 45°～75°，划线时要尽量做到一次划成，不要来回描线。

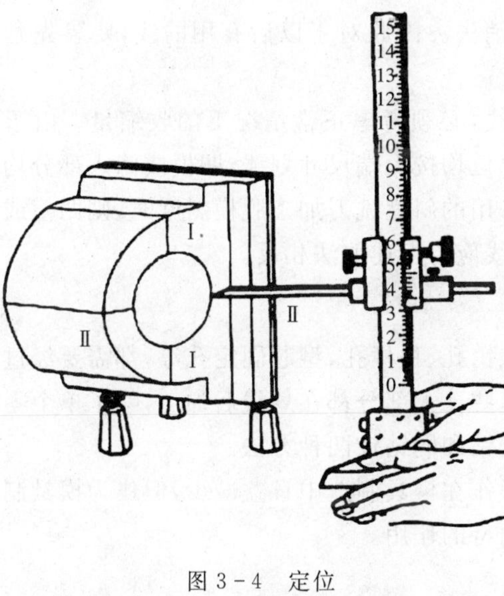

图 3 - 4　定位

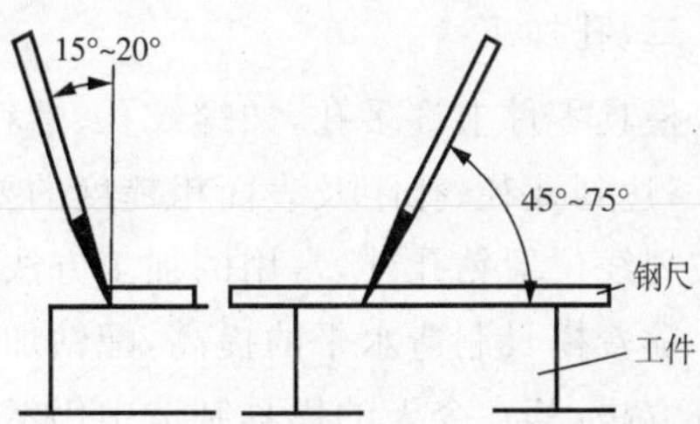

图 3 - 5　划针的正确使用

部分常用的划线方法如图 3 - 6 所示。

打样冲眼时，样冲向外倾，使样冲尖端对准线的正中，然后立正，用小锤轻敲。样冲眼之间的距离，视线段长缩而定，一般在直线上较大，在曲线上要小些，交点及连接点都必须打样冲眼。

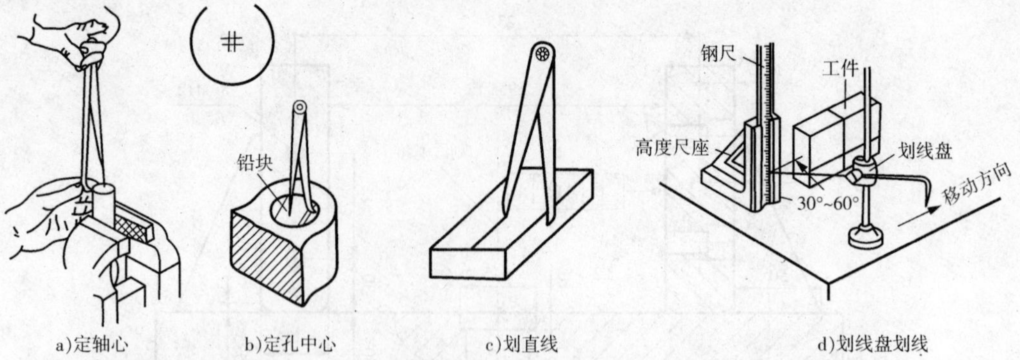

图 3－6　常见划线方法

(7)后期处理　划线完毕后，用涂料抹去不必要的线条。一些重要的划线位置，可以用记号笔加以标记。有时具有相同结构要素的划线位置，比如若干孔位，为了避免钻孔时漏钻，也可以用记号笔标记。

3. 模具划线的一般注意事项

(1)为了避免模具工作部分在模具装配后产生错位，上下模型腔划线时最好用样板或定好尺寸的划规或划线尺一次划出。

(2)划线要在对模具零件的尺寸和结构充分了解之后进行。这样，对具有同一形状的型面的零件，如冲裁模的凸模和凹模，其型面的划线就可以一起进行，这对缩短划线时间和防止差错都是有利的。

(3)工件上划好的线，随着加工进展将会消失。因此对于以后有用的线，要事先延长到加工区的外侧，并作出标记。

(4)对于压铸模、锻模等热成形模具的划线，必须考虑正常情况下的收缩量。由于这些模具都具有脱模斜度，凸模或零件上的突出部位均按大端尺寸划线，凹模或凹入部分均按小端划线，这样脱模斜度在加工中有保证。用专用的斜度铣刀加工脱模斜度时，则凹模或凹入部分、凸模或突出部分，在划线时所取的尺寸线应与上述取法相反。

二、孔加工

模具零件上许多孔，如螺纹孔、螺钉过孔、销孔、顶杆孔、型芯固定孔等，都需要经过钻铰加工，达到孔径、孔距及表面粗糙度的要求，这些孔大部分都在划线后加工，除了单个零件直接按划线位置钻孔外，常用的加工方法还有配钻和同钻铰两种方法。

随着模具制造水平的提高，配钻加工等操作在模具制造中日益减少，但作为模具制造的传统方法，其在今天的模具制造中仍然有其独特的作用。

1. 配钻加工

所谓配钻，就是在钻削某一零件时，其孔位不是按图样中尺寸进行划线加工，而是通过另一零件上已钻、铰好的实际孔位来配钻、铰。

采用配钻的加工方法，特别适合于配钻孔较多的场合，比划线后再钻孔的方法精度要高，且能保证良好的装配关系。

(1)螺纹孔及螺钉过孔的配钻　螺纹孔及过孔的加工质量对模具装配有很大影响。几个有装配关系的零件若划线后分别钻孔，其累计误差可能会很大。凸、凹模上面的螺钉孔等在热处理后会因为变形而发生位置偏移，为了保证其位置精度，大都采用配钻。

常见的配钻方法有：

① 直接引钻——通过已加工好的光孔配钻螺纹底孔。将两个零件按要求位置夹紧在一起，用与光孔直径相同的钻头，以光孔为引导，根据情况，若光孔深度较浅，这时可以直接将配钻孔钻出。若光孔较深，可以在待加工零件上先钻一锥坑，钻锥坑的钻头取 105°～110°顶角，再把两个零件分开，以锥坑为基准钻孔。钻锥坑时，当钻头接触到工件便缓慢进刀，达锥坑深度后略回升，再慢进刀 0.02～0.03mm，可以达到较高的同轴度要求。

通过已加工螺纹孔配钻过孔是将两个零件按要求位置夹紧在一起，用直径略小于螺纹顶径的钻头，在待加工的工件上钻孔，将两件分开，把小孔扩大到所需直径。

② 螺纹中心冲印法——如果待加工的零件孔位是根据已加工好的不通螺纹孔来配钻，可采取图 3-7 所示的方法。使用时将螺纹中心冲旋入已加工的螺纹孔内，用高度尺找平，将两工件按装配位置叠在一起并加压，在待加工的各对应孔中心压出中心冲眼后钻孔。

③ 复印法——在已加工的光孔或螺纹孔的平面上涂一层红丹粉，将两零件按装配要求叠在一起，待加工表面印出孔印，再据此钻孔。

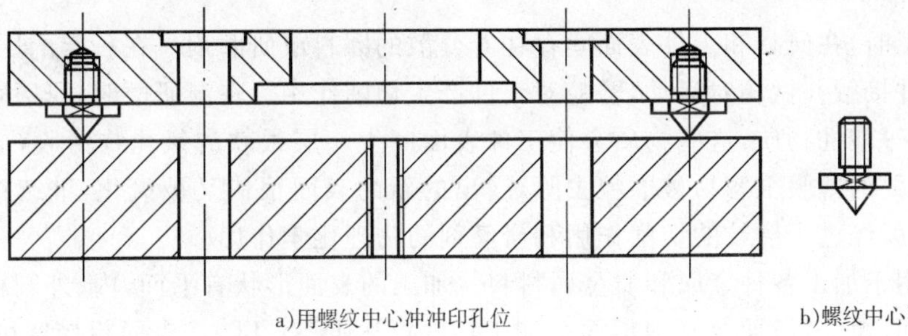

a)用螺纹中心冲冲印孔位　　b)螺纹中心冲

图 3-7　螺纹中心冲冲印法

2. 同钻铰

模具零件间的相互位置精度，常通过圆柱销来保证。销钉孔加工要求很高，销钉孔的加工质量和销钉的定位准确程度，对整副模具的装配质量有很大影响。因为所有加工误差、装配累计误差控制不好，会使有装配关系的模具零件无法安装。

销钉孔的加工，是在把装配调整好的各零件用螺钉紧固在一起后进行的。若被固定件未经淬硬，销孔一般采用同钻、铰加工。若被固定件已经淬硬，可以采用线切割加工。但若要采取钻、铰工艺，其销孔一般应预先加工好，一般工艺过程是：钻孔→扩孔→铰孔；对于 IT8 级以上精度、表面粗糙度 $R_a \leqslant 1.6\mu m$ 的孔，其工艺过程是：钻孔→扩孔→粗铰→精铰。在热处理过程中，销孔可能会产生一些变形。为此，精铰可以安排在热处理过后进行，且采用硬质合金铰刀。

淬硬件的销孔除了上述加工工艺外，也有采用埋金法加工的。即在淬火前先将销孔扩大，淬火后用压入法或黏接法镶入事先车好的实心软钢（有一定过盈量），再在软钢上采用同钻、铰工艺加工销孔。

为了保证销钉孔的加工质量，配钻、铰销钉孔时，选用比已加工好的销钉孔直径小0.1mm～0.2mm的钻头锪锥坑找正中心，再进行钻、扩和粗、精铰孔加工，所留余量要适当，在铰削过程中要加注切削液。此外还要注意：

(1)铰削过程中，注意变换每次铰刀停歇的位置，避免在同一处停歇而产生振痕。

(2)铰刀不能反转，退出时也要顺转，否则会使铰屑卡在孔壁和铰刀后刀面之间，将孔壁拉毛。

(3)用钻后铰孔工艺，在直径上留余量0.2mm左右；用钻后扩孔再铰孔工艺，在直径上留余量0.1mm左右。

(4)用机用铰刀铰削时，应注意退出铰刀后再停车，否则会在孔壁拉出刀痕。

第三节　研磨与抛光

一、研磨

研磨是利用研磨工具和研磨剂，从工件表面切去一层极薄的切屑，从而获得精确的尺寸、准确的几何形状和很小的表面粗糙度值。这种对工件表面进行最终精密加工的方法就叫研磨。

研磨加工时，在研具和工件表面间存在着分散的磨料或研磨剂。在一定的压力作用下，使研具与工件接触并做相对运动，磨粒对工件产生切削作用。在湿研磨时，研磨剂中常加有油酸、硬脂酸等酸性物质，这些物质会使工件表面产生一层很软的氧化物薄膜，成膜的时间很短，且凸点处的薄膜很容易被磨粒去除，露出的新的表面很快又被氧化，继续被去掉。这样，研磨过程就经过了磨粒的切削作用和研磨剂的物理化学作用。

研磨可用于加工各种金属和非金属材料。加工的表面形状有平面，内、外圆柱面和圆锥面，凸、凹球面，螺纹，齿面及其他形面。加工精度可达IT5～IT01，表面粗糙度可达R_a0.63～0.01μm。

1. 研磨的形式

研磨一般可分为湿研磨、干研磨两类。

(1)湿研磨：又称敷砂研磨。把液态研磨剂涂敷在研具或工件表面上进行研磨，磨料在工件与研具间不断滑动和滚动，从而对工件表面产生滚挤、摩擦和研削的综合切削作用。研磨剂中除了磨粒外，还有煤油、机油、油酸、硬脂酸等物质。采用湿研磨时，研具的使用时间不宜过长，且需保证有足够的润滑液，否则磨粒将由浮动逐步变为呆滞和静止，对工件的作用变为以“刮削”为主，不仅使工件达不到预期的质量要求，而且会使加工面出现划痕等缺陷。湿研磨一般用于粗研磨，所用微粉磨料粒度粗于W7，加工出的工件表面一般没有光泽，这是目前最常用的研磨方法。

(2)干研磨：又称嵌砂研磨。事先把磨料均匀地撒在两研具工作表面上，再使研具互相对研，将磨粒压嵌在研具表面层中，构成具有一定牢度的“多刃”研削面，切削作用以滑动为主。研磨时只须在研具表面涂以少量的硬脂酸混合脂等辅助材料，所用微粉磨料粒度细于W7，工件经这种嵌附微粒的研具研磨后，表面纹路细密，尺寸精度高，表面粗糙度值低。

干研磨的效率较低，而且对工作场地的清洁度有较高要求，常用于精研磨。

2. 研磨余量

研磨是微量切削，每研磨一遍所磨去的金属层不超过 0.002mm，因此研磨余量不能太大，一般研磨量在 0.005mm～0.03mm 之间较为合适，有时研磨余量就留在工件的公差之内。具体确定时，可从三个方面来考虑：

(1)面积大、形状复杂、精度要求高的工件，取较大余量。

(2)预加工质量高，应取较小余量，否则取较大余量。

(3)双面、多面、位置精度要求很高的工件及不同的加工方式，应根据具体情况选择，见表 3-5。

表 3-5 研磨余量

零件形状	前工序	研前表面粗糙度 $R_a/\mu m$	研磨余量/μm	研后表面粗糙度 $R_a/\mu m$
平面	粗磨	0.8～0.4	3～15	0.1
	刮削	1.6～0.8	3～20	0.1
内圆	内圆磨	0.8～0.2	5～20	0.1
	精车	1.6	20～40	0.1
	铰孔	3.2～1.6	20～50	0.1
型腔	线切割	细钼丝:1.6	5～10	0.1
		细钼丝:6.3	10～20	0.1
外圆	外圆磨	0.8～0.4	10～30	0.1
	精车	1.6	20～35	0.1

3. 研具

在研磨加工中，研具是保证研磨工件几何形状正确的主要因素，因此对研具的材料、几何精度要求较高。

(1)研具材料　研具材料应满足以下要求：材料的组织结构细致均匀；有很高的稳定性和耐磨性；具有较好的嵌存磨料的性能；工作面的硬度应比工件表面的硬度稍软。

常用的研具材料是铸铁，它适用于研磨淬火钢。铸铁因有游离碳的存在，故可起到润滑剂的作用。球墨铸铁比一般铸铁容易嵌存磨粒而且嵌的均匀牢固，能得到较好的研磨效果，同时还能增加研具本身的耐用度。

除铸铁外，金属研具还有用低碳钢、黄铜、紫铜、铅锡合金、铝、巴氏合金等材料。研磨 M5 以下的螺纹和形状复杂的小型工件时，常用软钢研具；研磨小孔和软金属材料时，大多采用黄铜、紫铜研具。非金属材料主要有木、竹、皮革、毛毡、玻璃、涤纶织物等，其作用是使研磨表面光滑。

(2)研具类型　生产中需要研磨的工件多种多样，不同形状的工件应用不同类型的研具，常用的研具有以下几种：

① 研磨平板。主要用来研磨平面，分有槽的和光滑的两种，如图 3-8 所示。有槽的用

于粗研，精研时则应在光滑平板上进行。

a)光滑平板　　b)有槽平板

图 3-8　研磨平板

② 研磨环。主要用来研磨外圆柱面，研磨环的内径应比工件的外径大 0.025～0.05mm，其结构如图 3-9 所示。当研磨一段时间后，若研磨环内孔磨大，拧紧调节螺钉，可使内径缩小。

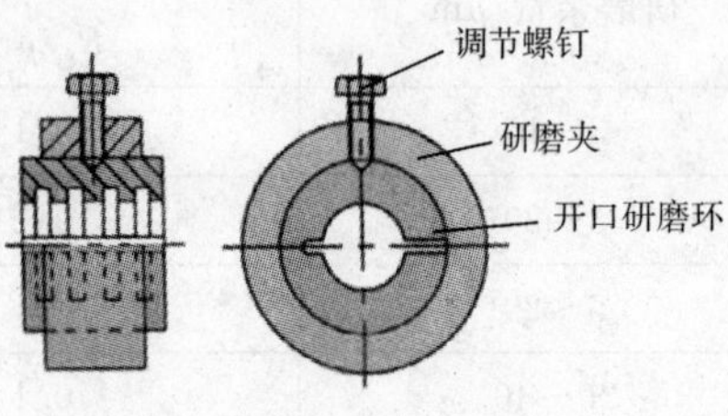

图 3-9　研磨环

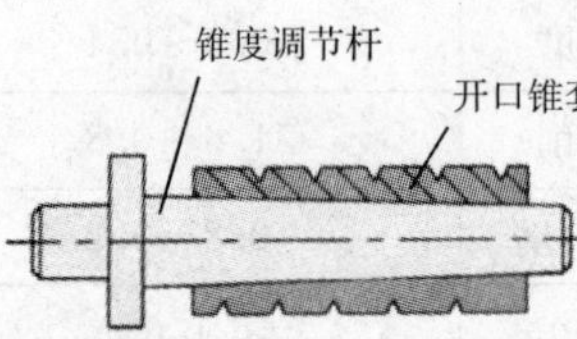

图 3-10　研磨棒

③ 研磨棒。主要用于圆柱孔的研磨，有固定式和可调式两种。固定式研磨棒制造容易，但磨损后无法补偿，多用于单件研磨。图 3-10 所示为可调式研磨棒示意图。对工件上某一尺寸孔径的研磨，需要两三个预先制好的有粗、半精、精研磨余量的研磨棒来完成，也分为有槽和光滑两种。可调式研磨棒能在一定尺寸范围内进行调整，适用于成批生产中工件孔的研磨。

4. 磨料与研磨剂

(1)磨料　磨料在研磨中起切削作用。研磨工作的效率、工件精度和表面粗糙度值与磨料有密切关系。

磨料的种类很多，一般是按硬度来划分的。磨料的硬度是指磨料表面抵抗局部外力作用的能力。研磨加工就是利用磨料与被研工件的硬度差来实现的，磨料的硬度越高，它的切削能力越强。常用的磨料有三类：硬度最高的是金刚石，包括人造金刚石和天然金刚石两种；其次是碳化物类，如黑碳化硅、绿碳化硅、碳化硼和碳硅硼等；再次是硬度较高的刚玉类，如棕刚玉、白刚玉、单晶刚玉、铬刚玉、微晶刚玉、黑刚玉、锆刚玉和烧结刚玉等；硬度最低的是氧化物类（又称软质化学磨料），如氧化铬、氧化铁、氧化镁及氧化铈等。磨料的系列与用途见表 3-6。

磨料的粗细是用粒度来表示的，它是指磨料的颗粒尺寸。根据磨料标准(GB/T2477—1983)规定，粒度用 41 个粒度代号表示，见表 3-7 所示。其表示方法有两种，基本尺寸大于 50μm 的颗粒，用筛网分的方法测定，粒度号就是磨粒所能通过的筛网在每英寸长度上的孔眼数。用这种方法表示的粒度号越大，磨粒就越细。

表 3-6　磨料的系列与用途

系列	磨料名称	代号	特　性	适用范围
氧化铝系	棕刚玉	A	棕褐色，硬度高，韧性大，价格便宜	粗或精研钢、铸铁、黄铜
	铬刚玉	WA	玫瑰红或紫红色，硬度比棕刚玉高，韧性比棕刚玉差	精研磨淬火钢、高速钢、高碳钢及薄壁零件
	单晶刚玉	PA	灰白色或浅土黄色，韧性比白刚玉好，磨削粗糙度值略大	研磨量具、仪表零件等
碳化物系	黑碳化硅	C	黑色、有光泽，硬度比白刚玉高，脆而锋利，导热和导电性能良好	研磨铸铁、黄铜、铝、耐火材料及非金属材料
	绿碳化硅	GC	绿色，硬度和脆性比黑碳化硅高，具有良好的导热性和导电性	研磨硬质合金、宝石、陶瓷、耐火材料及非金属材料
	碳化硼	BC	灰黑色，硬度仅次于金刚石，耐磨性好	精研磨和抛光硬质合金、人造宝石等硬质材料
金刚石系	人造金刚石	SD	无色透明或淡黄色、黑色，硬度高，比天然金刚石略脆，表面粗糙	粗、精研硬质合金、人造宝石、半导体等高硬度脆性材料
	天然金刚石	D	硬度最高，价格昂贵	
其他	氧化铁	—	红色至暗红色，比氧化铬软	精研磨或抛光钢、玻璃等材料
	氧化铬	—	深绿色	

表 3-7　磨料粒度

粒度号	磨料基本尺寸/μm	粒度号	磨料基本尺寸/μm	粒度号	磨料基本尺寸/μm	粒度号	磨料基本尺寸/μm
4	5600～4750	24	850～710	120	125～106	W10	10～7
5	4750～4000	30	710～600	150	106～90	W7	7～5
6	4000～3350	36	600～500	180	90～75	W5	5～3.5
7	3350～2800	40	500～425	220	75～63	W3.5	3.5～2.5
8	2800～2360	46	425～355	240	63～50	W2.5	2.5～1.5
10	2360～2000	54	355～300	W63	63～50	W1.5	1.5～1.0
12	2000～1700	60	300～250	W50	50～40	W1.0	1.0～0.5
14	1700～1400	70	250～212	W40	40～28	W0.5	0.5及更细
16	1400～1180	80	212～180	W28	28～20		
20	1180～1000	90	180～150	W20	20～14		
22	1000～850	100	150～125	W14	14～10		

尺寸很小的磨粒，呈微粉状，一般用显微镜测量的方法测定其粒度。粒度号"W"表示微粉，数字表示粒的实际尺寸。研磨所用的磨粒应根据研磨精度的高低按表 3-8 选用。

表 3-8 常用磨料的选择

号数	研磨加工类别	可达表面粗糙度 $R_a/\mu m$	号数	研磨加工类别	可达表面粗糙度 $R_a/\mu m$
100～W50	用于最初加工	0.4～0.2	W4～W7	用于半精研加工	0.2～0.1
W60～W40	用于粗研加工		W5 以下	用于精研加工	0.1 以下

(2)研磨剂　研磨剂是磨料与润滑剂的一种混合剂。常用的研磨剂有液体和固体(或膏状)两大类。

① 液体研磨剂：由研磨粉、硬脂酸、航空汽油、煤油等配制而成。其中，研磨粉主要起切削作用；硬脂酸溶于汽油中，可增加汽油的黏度，以降低磨料的沉淀速度，使磨粒更易均布。此外，在研磨时，硬脂酸还有冷却、润滑和促进氧化的作用；航空汽油主要起稀释作用，将团块状磨粒稀释开，以保证磨粒的切削性能；煤油主要起冷却润滑作用。

② 固体研磨剂：固体研磨剂是指研磨膏。常用的有抛光用研磨膏、研磨用研磨膏、研磨硬性材料(如硬质合金)用研磨膏三大类。一般选择多种无腐蚀性载体(如硬脂酸、硬脂、硬蜡、三乙醇胺、肥皂片、石蜡、凡士林、聚乙二醇硬脂酸酯、雪花膏等)加不同磨料来配制研磨膏。一般工件选用成品研磨膏。成品分为粗、中、细三种，须根据模具精度要求选用。使用时，加机油稀释即可。

5. 研磨方法

(1)平面研磨　对一般平面来说，其研磨方法如图 3-11 所示，正确处理好研磨的运动轨迹是提高研磨质量的重要条件。在平面研磨中，一般要求：①工件相对研具的运动，要尽量保证工件上各点的研磨行程长度相近；②工件运动轨迹均匀地遍及整个研具表面，以利于研具均匀磨损；③运动轨迹的曲率变化要小，以保证工件运动平稳；④工件上任一点的运动轨迹尽量避免过早出现周期性重复。图为常用的平面研磨运动轨迹。为了减少切削热，研磨一般在低压低速条件下进行。粗研时宜用压力 0.1～0.2MPa，精研压力一般采用 0.01～0.05MPa。粗研速度不应太快，手工粗研磨时，每分钟往复 40～60 次左右，精研磨每分钟 20～40 次。

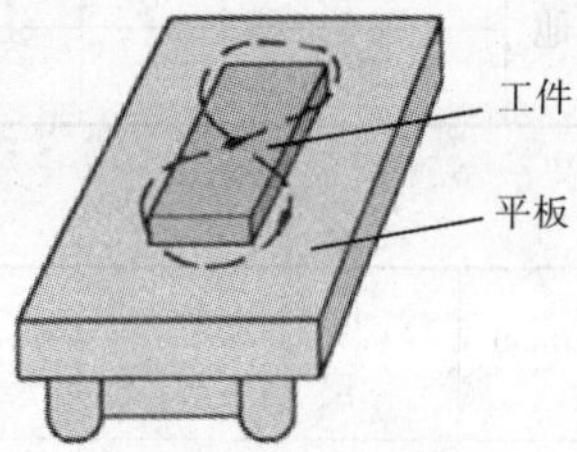

图 3-11　平面研磨

研磨窄平面时，为了防止产生倾斜和圆角，研磨时应用金属块做成"导靠"，采用直线运动轨迹。如工件数量较多，则应将几个工件夹在一起研磨，能有效防止倾斜。

(2)圆柱面研磨　圆柱面研磨一般是手工与机器配合进行研磨。外圆柱面的研磨如图 3-12 所示。工件由车床带动，上面均匀涂上研磨剂，用手推动研具，通过工件的旋转和研具在工件上沿轴线方向作往复运动进行研磨。一般工件的转速，在直径小于 80mm 时为 100r/min，直径大于 100mm 时为 50r/min。研具的往复移动速度，可根据工件在研磨时出现的网纹来控制。当出现 45°交叉网纹时，说明研具移动速度适宜。

内圆柱面的研磨见图 3-13 所示。将研磨棒装夹在车床卡盘内或钻床主轴上，然后把工件套在研磨棒上进行研磨。研磨棒的外径应比工件内径小 0.01mm～0.025mm，研磨棒的工作部分长度一般为工件长度的 1.5～2 倍。研磨时应调节好研磨棒和工件配合的松紧程度，以防止产生孔口拉毛或孔型不符合要求。研磨后，将工件清洗干净，冷却至室温进行测量。

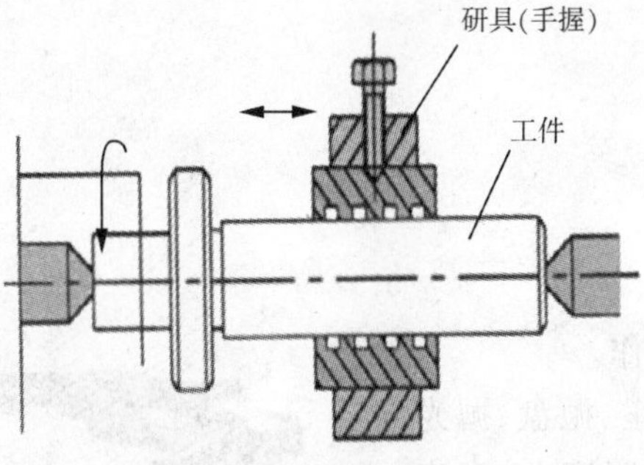

图 3-12　外圆柱面研磨

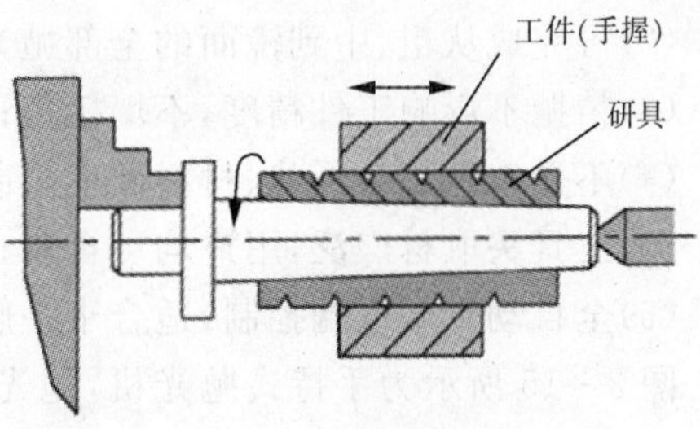

图 3-13　内圆柱面研磨

6. 研磨的操作要点

(1)同一研具只能使用同一粒度的磨料，注意进行均匀的研磨。

(2)研磨时要注意清洁，各类研磨剂要严格分开使用。更换磨料时，应将前道工序的研磨痕迹完全除去，要研磨到只能看见本次研磨痕迹为止。每次更换磨料粒度前，必须先将工件彻底清洗一遍，以避免较粗的磨料或污物被带到下一道工序。

(3)配对使用的圆柱面或圆锥面工件，可直接互研。

二、抛光

抛光是利用柔性抛光工具和磨料颗粒或其他抛光介质对工件表面进行的修饰加工。抛光不能提高工件的尺寸精度或几何形状精度，它是以得到光滑表面或镜面光泽为目的。

通过抛光，工件表面可以获得很高的表面质量，表面粗糙度值 R_a 可达 0.08μm。由于抛光是工件的最后一道精加工工序，要使工件达到所要求的表面质量及加工精度，加工余量应适当，具体可根据零件的尺寸精度而定，一般在 0.005～0.05mm 范围内选取，有时抛光余量就留在工件的公差范围内。

1. 抛光工具

表面抛光是模具制造过程的重要一环。现在采用一些抛光机设备，可以对一些复杂型腔、窄槽、夹缝等表面抛光。这些工具有超声波抛光机、电化学—机械修模抛光机、超音波抛光机等。这里以超声波抛光机和手持式抛光机为例加以说明。

利用超声波抛光的原理是：换能器将输入的超声波电信号转换成机械振动，经变幅杆放大后传至装在变幅杆端部的工具头上，带动工具头与工件之间的磨料悬浮液，高速冲击、抛磨及磨料悬浮液的空化作用等综合效应，使工件表面粗糙度值迅速降低，从而实现超声波抛光。所谓空化作用，是指当工具端面以很大的加速度离开工件表面时，加工间隙内形成负压和局部真空，在工作液体内形成很多气穴。当工具端面以很大的加速度接近工件表面时，气泡破裂，引起极强的液压

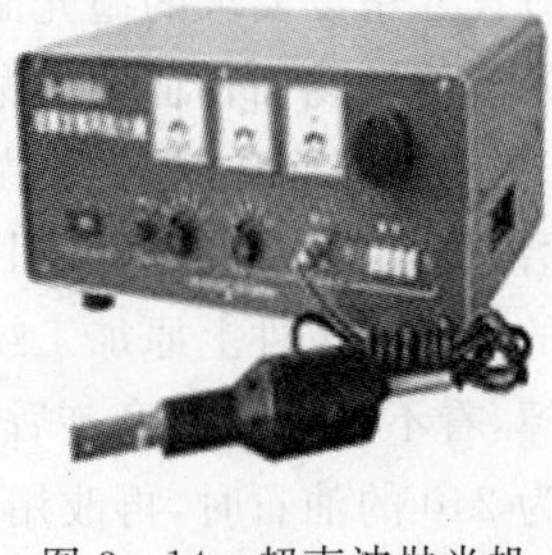

图 3-14　超声波抛光机

冲击波，在振动面和相对应的加工表面上引起气蚀。为了提高粗糙度为 R_a1.6μm 以上工件的抛光速度，采用超声波与专用的高频窄脉冲高峰值电流脉冲电源进行复合抛光，由超声波的冲击和电脉冲的腐蚀同时作用于工件表面，迅速降低其粗糙度值，对经车、铣、电火花及线切割等加工后的粗硬表面十分有效。图 3－14 所示为 S－888 系列超声波抛光机，其具有以下特点：

(1)工效高，约比手工抛光高 10 倍；

(2)可完成从粗、中到镜面的全部抛光过程；

(3)精抛不影响工件精度，不塌棱角；

(4)不受工件复杂形状、材料硬度限制；

(5)工具头取材广泛，用户均可自制；

(6)全自动带微电脑控制，适合于一般工人操作。

图 3－15 所示为手持式抛光机，抛光机由底座、抛盘、抛光轮、抛光罩及盖等基本元件组成。电动机固定在底座上，底座上的开关接通电源后，便可使用。

图 3－15　抛光机

抛光机操作的关键是要设法得到最大的抛光速率，以便尽快除去磨光时产生的损伤层。同时也要使抛光损伤层不会影响最终观察到的组织。前者要求使用较粗的磨料，以保证有较大的抛光速率来去除磨光的损伤层，但会使抛光损伤层也较深；后者要求使用最细的材料，使抛光损伤层较浅，但抛光速率低。为此，可以把抛光分为两个阶段进行：粗抛目的是去除磨光损伤层，这一阶段应具有最大的抛光速率，粗抛形成的表层损伤是次要的考虑，不过也应当尽可能小；其次是精抛(或称终抛)，其目的是去除粗抛产生的表层损伤，使抛光损伤减到最小。

常见抛光轮如图 3－16 所示。

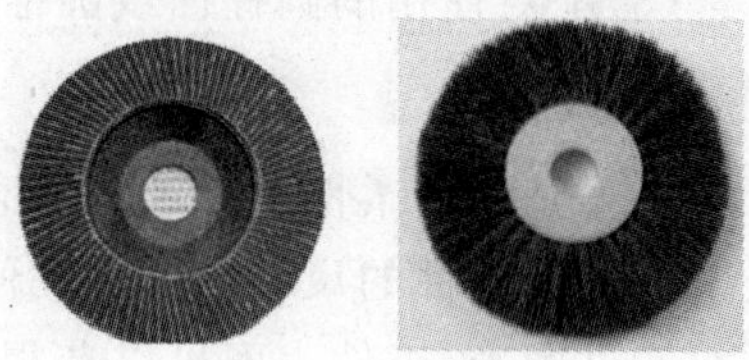

图 3－16　抛光轮

2. 模具的抛光

(1)抛光前应先了解被抛光工件的材料和硬度，因为材质不同会影响抛光质量。一般情况下，钢材的硬度越高，则越难进行研磨和抛光，但是较硬的材料可以得到较小的表面粗糙度值。因此，对模具钢材料可通过淬火或氮化处理来提高钢材的可抛光性(对于需要精抛光的材料，在淬火、氮化前应先预抛光，使其表面粗糙度值 R_a 达到 0.2～0.1μm，待热处理后再进行精抛光)。

(2)抛光前要将各抛光面预先整形修刮，使其表面粗糙度值 R_a 达到 3.2～1.6μm。对于有尺寸精度要求的抛光面，还需留有 0.1～0.5μm 的抛光余量。根据抛光面的形态，选用或制作与抛物面相适应的抛光工具，并对有碍抛光的部位采取保护措施。

(3)抛光操作时，先将抛光表面用煤油擦洗干净，然后选用 100～150 粒度号的油石进行打磨，也可用手工打磨或用角磨机装上相应的抛光轮进行打磨。若用手工打磨，应将油石打磨的方向与工件上原加工纹路方向垂直交叉进行，这样可以看清楚原加工的痕迹是否被打磨掉，看不见原加工痕迹后，则应清洗表面，更换更细一级的油石进行打磨。当更换到粒度号为 240 的油石时，再改用 280 号金相砂纸打磨。这时清洗要用脱脂棉蘸煤油轻轻擦拭。当金相砂纸更换到 500 号时，若需要继续打磨，则要用毡轮蘸研磨膏进行抛光了。

(4)在对模具零件进行精密抛光时，若用脱脂棉蘸煤油轻轻擦拭，则应注意擦拭的力度、方向和次数，不要来回往复擦拭，擦完后必须一次性更换新棉球。第一遍选用 W40 的研磨膏，然后分别更换 W20、W10、W5、W2.5、W1 研磨膏，逐级提高，直到符合加工精度要求为止。

3. 抛光主要缺陷问题及解决方法

抛光过程中产生的主要问题是所谓“过抛光”。由于抛光时间长，表面反而变粗糙了，并产生“橘皮状”或“针孔状”缺陷，这种现象一般在手工抛光时较少出现。

(1)“橘皮状”缺陷　抛光过程中，当压力过大，且时间过长时会出现这种情况，特别是较软的材料。其原因主要是由于抛光用力过大，导致金属材料表面产生微小塑性变形所致。可通过氮化或其他热处理方式来解决。

(2)“针孔状”缺陷　由于工件材质中含有杂质，在抛光过程中，这些杂质从金属组织中脱离下来，形成针孔状小坑。解决办法：避免用氧化铝抛光膏进行机抛。在适当的压力下作最短时间的抛光，或采用优质合金钢材。

思考题

1. 简述钳工划线的过程。
2. 孔的配钻方法有哪些？
3. 常用的研磨方法有哪些？
4. 抛光的主要缺陷问题有哪些？如何解决？

第四章 模具零件的机械加工

【内容提要】 本章介绍了模具零件的常规的车、铣、磨加工以及数控加工的基本知识。

【目标要求】 掌握车、铣、磨及数控加工工艺的适用范围及大致工艺过程。

第一节 车削加工

一、车削加工工艺

在车床上，工件作旋转运动，刀具作平面直线或曲线运动，完成零件切削加工的过程，称为车削加工。车削是最基本、最常见的切削加工方法，在生产中占有十分重要的地位。车削适于加工回转表面，如内外圆柱面、内外圆锥面、端面、沟槽、螺纹和回转成形面等，所用刀具主要是车刀。此外，还可以进行滚花、钻孔、铰孔等操作。车削加工一般能达到的精度为IT11～IT7，甚至可达IT6。表面粗糙度可达 R_a12.5～0.8μm。

模具零件中，像导柱、导套、圆凸模、圆凹模、模柄等，都要运用车削加工工艺。

1. 工件的装夹

较短的轴类零件，一般采用三爪自定心卡盘装夹，见图4－1所示。三爪卡盘有正反两副卡爪，有的只有一副，可正反使用。若工件直径过大，则应采用反爪装夹。较长的轴类工

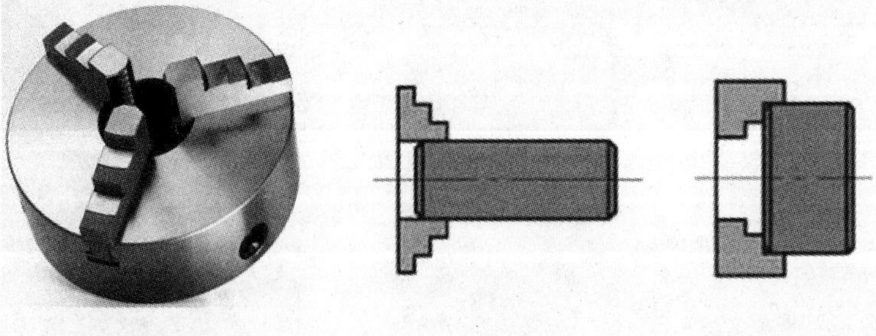

a)三爪卡盘　　b)正爪装夹　　c)反爪装夹

图4－1　三爪卡盘

件则要在尾端钻中心孔，利用后顶尖支撑，以提高工件刚性。此外，当工件较长时，也可以采用双顶尖装夹，如图4－2所示。这时在工件两端要打中心孔，工件以两中心孔为基准装夹在车床的前、后顶尖上，卡箍夹紧工件，拨盘通过卡箍带动工件转动。

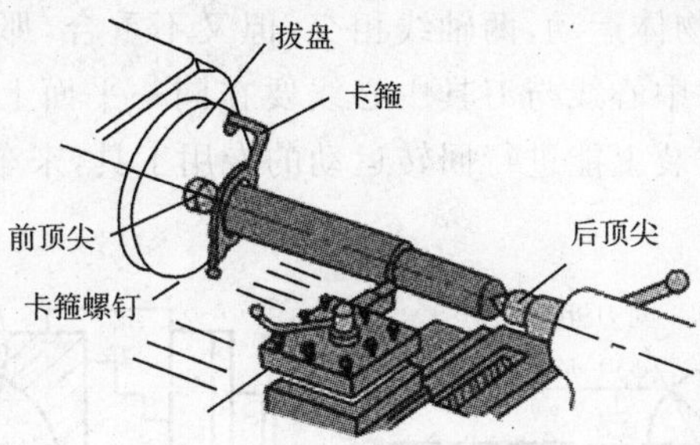

图 4-2　双顶尖装夹工件

用双顶尖装夹工件，装夹基准和设计基准统一，有利于保证各表面间较高的位置精度。但是当中心孔深度不准确时，不易保证轴向尺寸精度。同时，用卡箍传递转矩，不能在一次加工中加工完轴的全长。

加工细长轴时，为了防止工件受径向切削分力作用而产生弯曲变形，常用跟刀架或中心架作为辅助支撑，如图 4-3 所示，其中图 a 为中心架结构，图 b 为跟刀架结构。

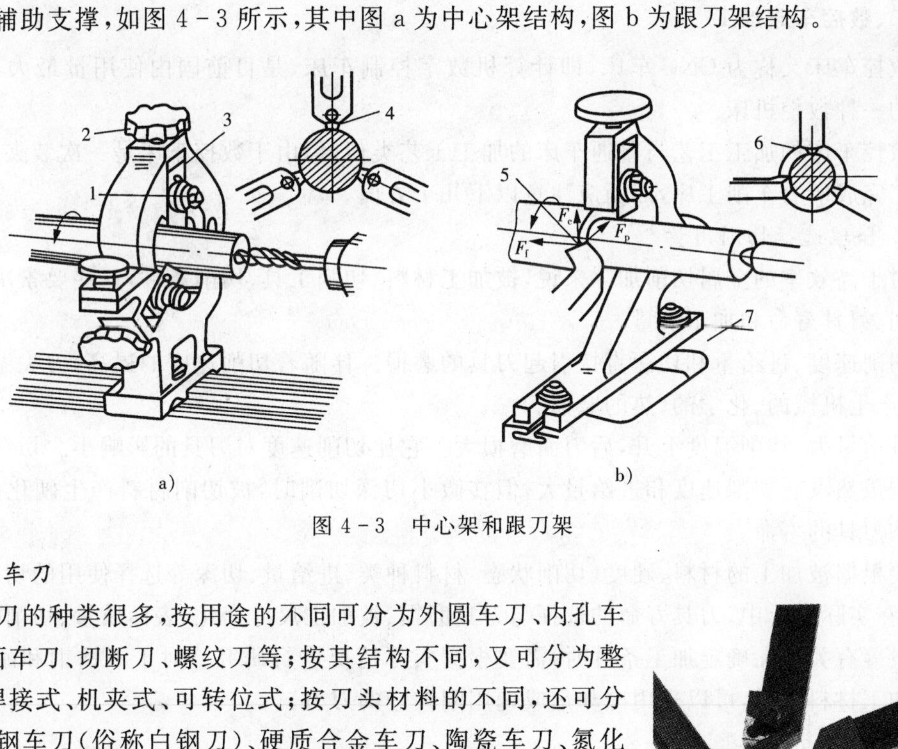

图 4-3　中心架和跟刀架

2. 车刀

车刀的种类很多，按用途的不同可分为外圆车刀、内孔车刀、端面车刀、切断刀、螺纹刀等；按其结构不同，又可分为整体式、焊接式、机夹式、可转位式；按刀头材料的不同，还可分为高速钢车刀（俗称白钢刀）、硬质合金车刀、陶瓷车刀、氮化硼刀具。陶瓷车刀是由氧化铝粉末，添加少量元素，再经由高温烧结而成，其硬度、抗热性、切削速度比碳化钨高，但是因为质脆，故不适用于非连续或重车削，只适合高速精削。立方氮化硼（CBN）是近年来推广的材料，硬度与耐磨性仅次于钻石，此刀具适用于加工坚硬、耐磨的铁族合金和镍基合金、钴基合金。图 4-4 所示为常见的一些车刀。

图 4-4　车刀

3. 加工工艺

这里以球面加工为例加以说明，如图 4-5 所示。在车床上加工球面的原理是：一个旋转的刀具沿着一个旋转的物体运动，两轴线相交，但又不重合，那么刀尖在物体上形成的轨迹为一球面。车削时，工件中心线与刀具中心线要在同一平面上。具体方法是将车床的小拖板拆卸下来，在拖板上安装上能进行回转运动的专用工具，来车削内、外圆弧和球面，可采用手动或自动车削。

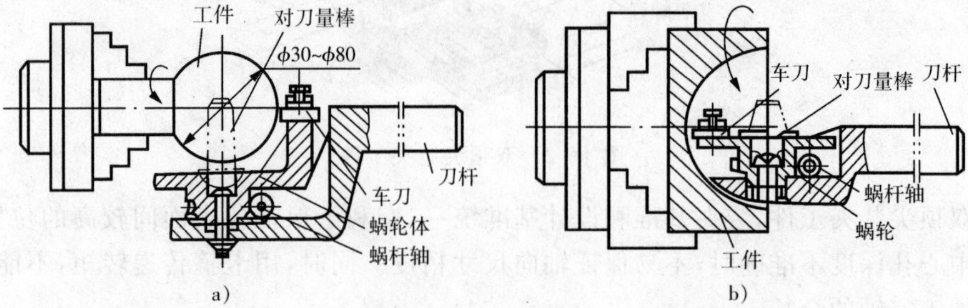

图 4-5　球面加工

二、数控车床加工

数控车床又称为 CNC 车床，即计算机数字控制车床，是目前国内使用量最大，覆盖面最广的一种数控机床。

数控车床的加工工艺与普通车床的加工工艺类似，但由于数控车床是一次装夹，连续自动加工完成所有车削工序，因而应注意以下几个方面。

1. 合理选择切削用量

对于高效率的金属切削加工来说，被加工材料、切削工具、切削条件，这些要素决定着加工时间、刀具寿命和加工质量。

切削速度、进给量和切深直接引起刀具的磨损。伴随着切削速度的提高，刀尖温度会上升，会产生机械的、化学的、热的磨损。

进给量大，切削温度上升，后刀面磨损大。它比切削速度对刀具的影响小。切深对刀具的影响虽然没有切削速度和进给量大，但在微小切深切削时，被切削材料产生硬化层，同样会影响刀具的寿命。

要根据被加工的材料、硬度、切削状态、材料种类、进给量、切深等选择使用的切削速度。然而，在实际作业中，刀具寿命的选择与刀具磨损、被加工尺寸变化、表面质量、切削噪声、加工热量等有关。在确定加工条件时，需要根据实际情况进行研究。对于不锈钢和耐热合金等难加工材料来说，可以采用冷却剂或选用刚性好的刀刃。

2. 合理选择刀具

(1)粗车时，要选强度高、耐用度好的刀具，以便满足粗车时大背吃刀量、大进给量的要求。

(2)精车时，要选精度高、耐用度好的刀具，以保证加工精度的要求。

(3)为减少换刀时间，方便对刀，应尽量采用机夹刀和机夹刀片。

3. 确定加工路线

加工路线是指数控机床加工过程中，刀具相对零件的运动轨迹和方向。

(1)应能保证加工精度和表面粗糙度要求。

(2)应尽量缩短加工路线，减少刀具空行程时间。

4. 加工路线与加工余量的联系

目前,在数控车床还未达到普及使用的条件下,一般应把毛坯上过多的余量,特别是含有锻、铸硬皮层的余量安排在普通车床上加工。如必须用数控车床加工时,则需注意程序的灵活安排。

三、数控车床的一般操作步骤

1. 刀具的装夹

在数控车床的刀架上安装刀具时要注意刀位号必须和数控程序中规定的刀号一致,将刀架移动到换刀时不会干涉或碰到工件的地方。刀杆不要伸出太长,以不超出刀体高度1.5倍为宜。通过在刀杆下面增减垫片调整刀尖高度,使刀尖和车床回转中心处于同一高度位置,可通过在尾架上安装顶尖作为回转中心的参照。紧固螺钉时注意刀杆下方不要悬空,以免在紧固刀杆时折断。

2. 车床回零操作

机床坐标系是用来确定工件坐标系的基本坐标系。机床坐标系的原点称为机床零点或机床原点。机床坐标系一般不作为编程坐标系(也即工件坐标系),仅作为工件坐标系的参考坐标系。

数控系统上电时并不知道机床零点。为了正确地在机床工作时建立机床坐标系,通常在每个坐标轴的行程范围内设置一个机床参考点(测量起点)。机床零点可以与机床参考点重合,也可以不重合,不重合时可以通过机床参数指定机床参考点到机床零点的距离。这样,当机床坐标轴回到参考点位置时,就知道了该坐标轴的零点位置;若机床所有的坐标轴都回到了参考点,此时数控机床就建立了机床坐标系,即机床回参考点的过程实质上是机床坐标系的建立过程。因此,在数控机床启动时,一般要进行自动或手动回参考点操作。由于回参考点操作能确定机床零点位置,习惯上也称为回零操作。

3. 数控车床的对刀方法

对刀就是使"对刀点"与"刀位点"重合的操作,该操作是加工前必须的步骤。所谓"对刀点"就是数控机床加工中刀具相对于工件运动的起点。由于加工程序也是从这一点开始执行,所以"对刀点"也可以称为加工起点。所谓"刀位点",是指刀具上用于确定刀具在机床坐标系中位置的特定点。例如:外圆车刀的刀位点一般为刀尖;平头立铣刀的刀位点为铣刀端面中心,如图4-6所示。

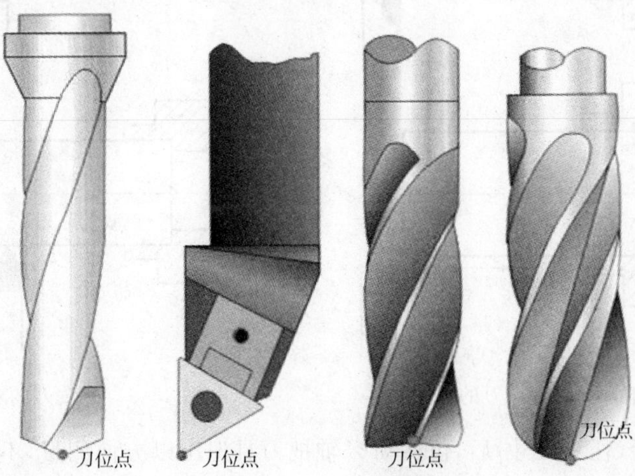

图4-6　刀位点

以 FANUC－TD 数控系统为例，对刀方法如下：

(1)将方式选择开关置于 JOG 位置；

(2)按[MENU OFFSET]进入参数设定页面，按软键[形状]进入图 4－7 界面；

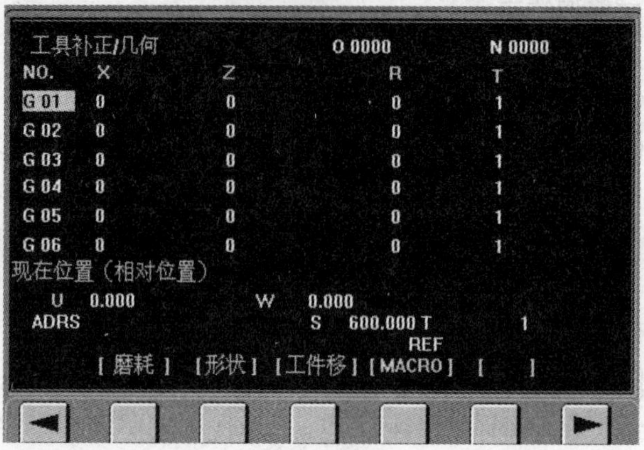

图 4－7 对刀界面

(3)按 CURSOR [↑] 或 [↓] 键选择要用的刀号；

(4)输入数值(如 MX 31.14，或 MZ 0)，按[INPUT]确认输入的数值。

示例如下，见图 4－8。

① 选择外圆车刀。粗车一端面后，在输入参数之前只移动 X 轴(可用手脉控制)，不要移动 Z 轴。Z 轴对刀输入：MZ 0 再按[INPUT]。

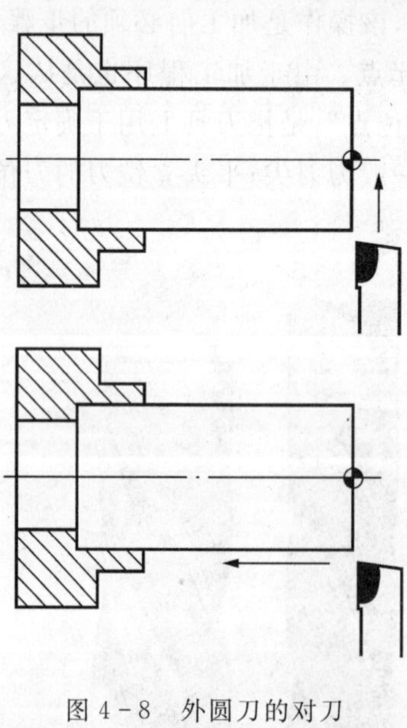

图 4－8 外圆刀的对刀

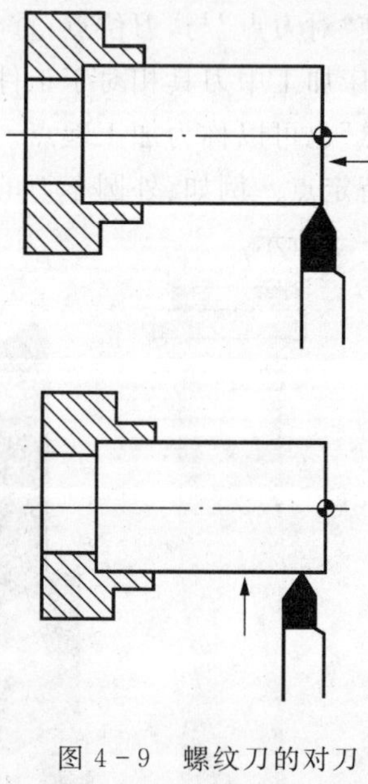

图 4－9 螺纹刀的对刀

② 车削一外径(任意尺寸)后，仅移动 Z 轴把刀具退出以方便测量，不可移动 X 轴。停主轴，量取所车削出来的直径尺寸。比如为：ϕ31.14，则 X 轴对刀输入：MX 31.14，再按[INPUT]。

第一把刀对好后，将刀具移开工件，以换刀时刀具不会干涉或碰到工件为原则。若刀架上安装多把刀具，则其余车刀对刀方法大致相同。

螺纹刀的对刀如图 4－9。

① 切换图 4－7 内的刀号与当前螺纹刀号对应。主轴不必转动。以目视将螺纹刀尖移到基准面上方 1～2mm 处，目视螺纹刀尖与基准面平齐即可，Z 轴对刀输入：MZ 0 再按INPUT；

② 启动主轴，刀尖轻微接触先前所车削的 φ31.14 的直径表面，X 轴对刀输入：MX 31.14，再按INPUT。

4. 数控车床的刀具补偿

(1)刀具位置补偿　在实际加工工件时，使用一把刀具一般不能满足工件的加工要求，通常要使用多把刀具进行加工。作为基准刀的 1 号刀刀尖点的进给轨迹如图 4－10 所示(图中各刀具无刀位偏差)。其他刀具的刀尖点相对于基准刀刀尖的偏移量(即刀位偏差)如图 4－11 所示(图中各刀具有刀位偏差)。在程序里使用 M06 指令使刀架转动，实现换刀，T 指令则使非基准刀刀尖点从偏离位置移动到基准刀的刀尖点位置(A 点)然后再按编程轨迹进给，如图 4－11 的实线所示。

刀具在加工过程中出现的磨损也要进行位置补偿。

(2)刀尖半径补偿　刀尖半径补偿的目的就是为了解决刀尖圆弧可能引起的加工误差。

由于刀尖半径的存在，刀尖圆弧的实际切削点与理想刀尖点不重合，如图 4－12。在车端面时，刀尖圆弧的实际切削点与理想刀尖点的 Z 坐标值相同；车外圆柱表面和内圆柱孔时，实际切削点与理想刀尖点的 X 坐标值相同。因此，车端面和内外圆柱表面时不需要对刀尖圆弧半径进行补偿。

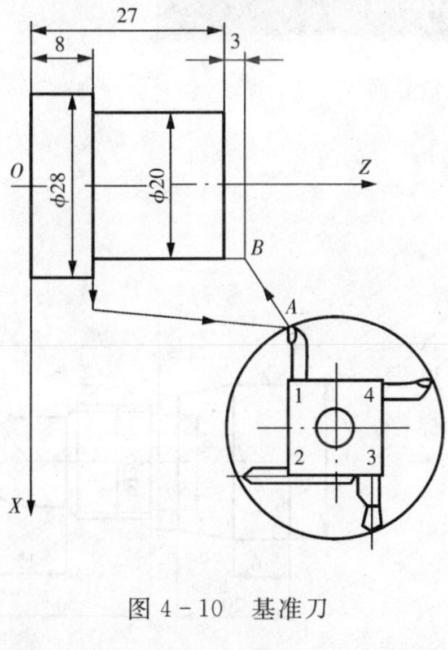

图 4－10　基准刀

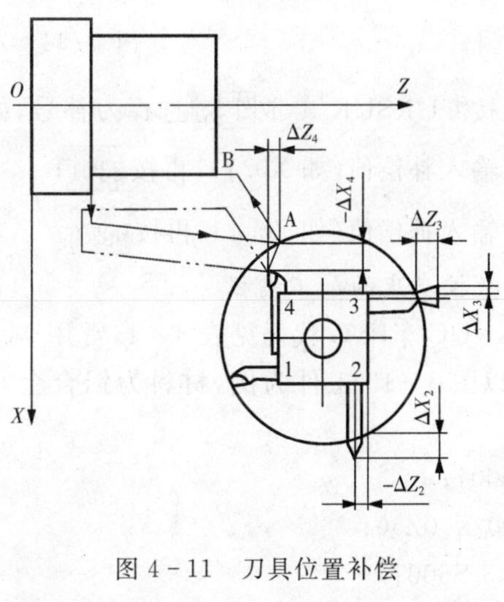

图 4－11　刀具位置补偿

当加工轨迹与机床轴线不平行(斜线或圆弧时)，则实际切削点与理想刀尖点之间在 X、Z 轴方向都存在位置偏差，如图 4－13 所示。以理想刀尖点 P 编程的进给轨迹为图中轮廓线，圆弧刀尖的实际切削点轨迹为图中斜线所示，会出现少切或过切现象，造成了加工误差。

刀尖圆弧半径 R 越大，加工误差越大。

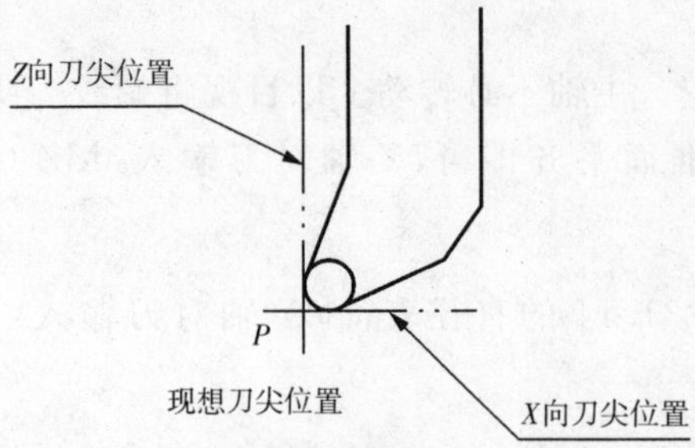

图 4－12　刀尖圆弧半径和理想刀尖点

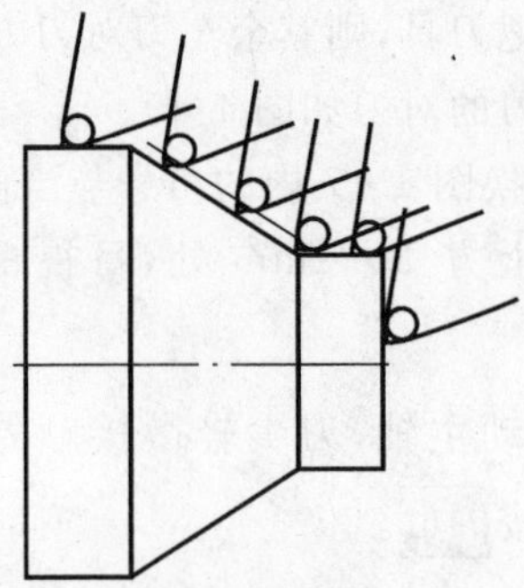

图 4－13　刀尖圆弧半径对加工精度的影响

(3)刀具补偿的设定　以 FANUC－TD 数控车系统为例加以说明：

① 将方式选择开关置于 JOG 位置；

② 按[MENU OFFSET]进入参数设定页面，按软键[磨耗]进入图 4－14；

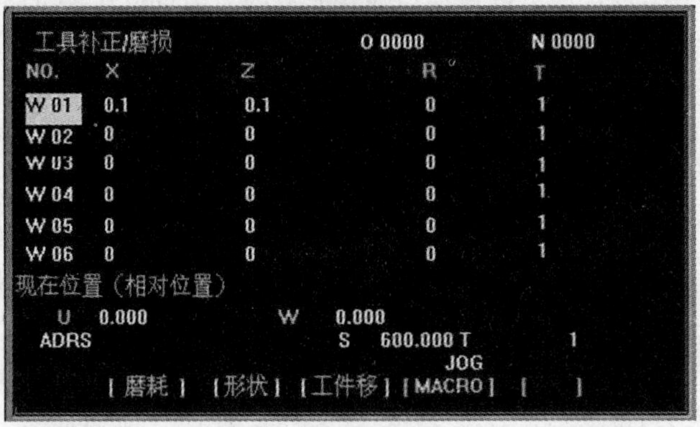

图 4－14　刀具补偿界面

③ 按 CURSUR [↑] 或 [↓] 键选择刀补号，如 W01；

④ 输入补偿值(如 X0.1)，再按[INPUT]；

⑤ 输入补偿值(如 Z0.1)，再按[INPUT]。

5. 数控车床的加工编程

FANUC 车床 G 代码见表 4－1，常用 M 指令见表 4－2。以图 4－15 工件为例，材料为铝合金，参考程序如下：

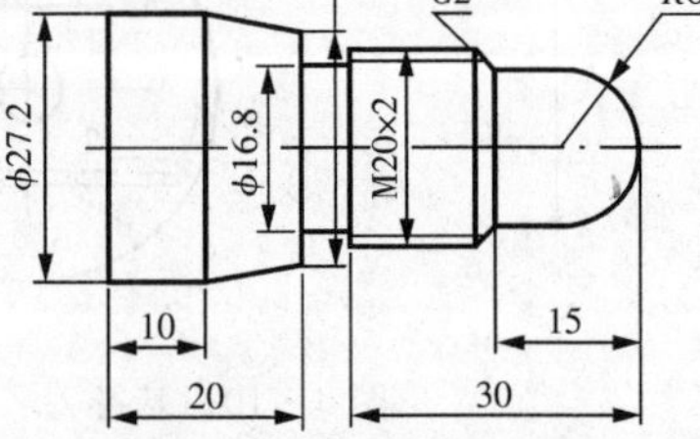

图 4－15　工件图

```
O0001;
G00 X50Z50;
M03 S600;
T0101;        (车外圆)
G00 X31Z1;
G71 U1R2;
```

```
G71 P10Q20U0.3W0.2F200;
N10 G00 X0;
G01 Z0;
G03 X16Z-8R8;
G01 Z-15;
    X20Z-17;
    Z-35;
    X24
    X27.2Z-45;
N20 Z-60;
G70 P10Q20F200;
G00 X50Z50;
T0202;      (车越程槽,车槽刀宽 4mm)
G00 X26Z-34;
G01 X16.8F60;
G04 P3;
G00 X26;
    Z-35;
G01 X16.8F60;
G04 P3;
G00 X50;
    Z50;
T0303;         (车螺纹)
G00 X20Z-12;
G92 X19.5Z-32.5F2;
    X19;
    X18.5;
    X18;
    X17.835;
G00 X50;
    Z50;
T0202;         (切断)
X29Z-59;
G01 X0F60;
G04 P2;
G00 X50;
    Z50;
M05;
M30;
```

程序代码说明

G71 复合车削循环(粗)

格式:

G71 U__R__

G71 P__Q__U__W__F__;

U:X 向每次切深(进刀量)

R:退刀量

P:循环起始段号

Q:循环终止段号

U:X 方向精加工量

W:Z 方向精加工量

F:进给量

G70 复合车削循环(精)

表 4-1　FANUC 车床 G 代码

G 代码	组	功　能	格式举例	备　注
※G00	01	定位(快速移动)	G00　X40.0Z56.0;	
G01		直线插补	G01　X40.0Z20.1F200;	
G02		圆弧插补(顺时针)	G02　X50.0Z30R25F200;	
G03		圆弧插补(逆时针)	G03　X50.0Z30R25F200;	
G04	00	暂停	G04　P3;	
G09		停于精确位置		
G21	06	公制输入		
G27	00	检查参考点返回		
G28		参考点返回		
G29		参考点返回		
G30		返回第二参考点		
G32	01	螺纹切削		
G50	00	主轴最高转速设定		
G52		设置局部坐标系		
G53		选择机床坐标系		
※G54	14	选择工件坐标系 1		
G55		选择工件坐标系 2		
G56		选择工件坐标系 3		
G57		选择工件坐标系 4		
G58		选择工件坐标系 5		
G59		选择工件坐标系 6		
G70	00	精加工循环	G70　P_Q_ F_;	
G71		内外径粗切循环	G71　U_R_;(U:X 向切深,R:退刀量) G71　P_Q_U_W_F_;	P、Q:循环起止段号
G72	00	台阶粗切循环	G72　W_R_;(W:Z 向切深) G72　P_Q_U_W_F_;	U、W:精加工量
G73		成形重复循环		
G74		Z 向进给钻削		
G75		X 向切槽		
G76		切螺纹循环		
※G80	10	固定循环取消		
G83		钻孔循环		

（续表）

G代码	组	功　能	格式举例	备　注
G90		单一固定循环	G90　X(U)_Z(W)_F_；	
G92	01	切螺纹循环	G92　X(U)_Z(W)_R_F_；	F:导程
G94		端面车削循环	G94　X(U)_Z(W)_F_	
G98	05	指定每分钟移动量	G98　F_	

注：(1)00组的G代码是非模态的，标有※的G代码是上电时的初始状态，对于G01和G00、G90和G91上电时的初始状态由参数决定；

(2)如果程序中出现了未列在上表中的G代码，CNC会显示10号报警。

表4-2　常用M指令

指　令	功　能	说　明	备　注
M00	程序停止	按循环启动按钮可继续执行程序	
M01	条件程序停止		
M02	程序结束		
M03	主轴正转		
M04	主轴反转		
M05	主轴停止		
M06	刀具交换		
M08	切削液开		
M09	切削液关		
M18	主轴定向解除		
M19	主轴定向		
M29	刚性攻丝		
M30	程序结束返回程序头		
M98	调用子程序		
M99	子程序结束返回		

三、淬硬零件的车削加工

通常淬硬钢零件的加工，磨削是最常使用的加工方法。由于模具零件的多样性，磨削加工有时有一定的局限性。随着工艺水平的提高，尤其是超硬刀具材料立方氮化硼(CBN)的使用，硬车削已经成为可能。在一定条件下用车削代替磨削加工，具有工艺灵活性大等一系列优点。

由于凸模和凹模淬火硬度一般都在HRC54～62范围内，因此通常在淬火前要先粗车成形，并在每个面留有一定的加工余量，然后待淬火后精车并抛光到尺寸。否则，假如淬火前不粗车成形，不仅淬火后难以加工，而且会把热处理淬硬层车去，从而降低零件的质量。

车削淬硬零件的要点是：

1. 合理选择刀具材料

由于模具零件淬火硬度一般都在 HRC54 以上，所以车削的刀具必须选用硬质合金材料。对于不同加工条件，可选用不同的硬质合金。对于切削均匀、振动小、无断续切削的情况，可选用钨钛类硬质合金材料，如 CA－P30、HT－P10、HW－P01 等；对于切削不均匀、时有振动和断续切削的情况，可选用钨钴类硬质合金材料，如 YG3、BN－K20 等。其中可适用各种淬硬零件的车削加工刀具硬质合金有 CC－M10、DP－M20 等。

2. 刀具的几何参数确定

刀具的刃磨角度，可根据零件的材料、硬度、刀具材料及切削条件来确定。当零件材料较硬，刀具材料硬而脆，切削条件较好时，为了增加刀具的强度，应将负前角和刃倾角适当加大，同时适当减小导角；相反，为减小切削抗力，易于进行切削，则应将负前角和刃倾角适当减小，同时适当加大导角。粗车时，为增加刀具强度，后角应取小一些；精车时为了易于车削并得到较高表面质量，后角应取大些。

3. 切削用量的选定

在切削淬硬的工件时，为了充分发挥硬质合金刀具的作用，使之既能提高劳动生产率，又能得到较高的刀具耐用度，必须正确选择切削用量。

(1)背吃刀深度　吃刀深度一般不应小于 0.1mm。若背吃刀深度太小，会加速刀具的磨损；背吃刀深度也不宜选取太深，这样会加大切削抗力，影响制件质量和精度。

(2)进给量的选择　主要是以刀具和机床能承受的切削力为准，一般选择走刀量为 0.1～0.4mm/r 为宜。

4. 加工时的注意事项

(1)当淬硬的零件加工表面有孔或缺口时，为了不产生断续切削，应在加工前镶入一个硬度相当的镶件。

(2)刀具刃磨时，通常先磨负前角和刃倾角，以增加刀具的抗冲击性，减小崩刃现象和裂纹；磨刀时应使硬质合金保持受压而不受拉，用力不可过大，以防止刀刃局部发热而产生裂纹。当零件表面粗糙度等级要求高时，须将刀尖磨出 $R2$～$R3$ 的圆角。

(3)加工复杂的零件时，由于是手动进刀，车出的零件表面不够平整和光洁，因此必须在车床上抛光。

(4)加工时，刀刃始终要保持锋利，中途尽量不要停车。刀具离开加工面时，应采取慢走刀，以减小刀具的冲击。

(5)加工时，刀杆伸出要短，以减小振动。

(6)切削时，加工速度不宜过快。切削速度太快，会影响刀具耐用度。

现在涂层技术的发展，可以在超硬刀具材料上涂覆减摩、隔热涂层。实验表明，在精硬车削时，涂覆 TiN 涂层后，刀具耐用度显著增加，加工后的工件表面粗糙度减小，残余应力降低。

第二节　铣削加工

一、普通铣削加工

铣削加工是模具成形表面的主要加工方法之一。铣削时，主运动为铣刀的快速旋转运动，进给运动为工件的缓慢直线进给。铣削主要用来加工平面、台阶、沟槽、成形表面等。铣削加工后的表面粗糙度可达 R_a 12.5～0.4μm，精度可达 IT8～IT10。

1. 铣削刀具

铣刀的种类很多（大部分已经标准化），按齿背形式分类，铣刀可分为尖齿铣刀和铲齿铣刀两大类。尖齿铣刀齿背经铣削而成，后刀面是简单平面，如图 4-16a 所示，用钝后重磨后刀面即可。该刀具应用很广泛，加工平面及沟槽的铣刀一般都设计成尖齿的。铲齿铣刀与尖齿铣刀的主要区别是有铲制而成的特殊形状的后刀面，如图 4-16b 所示，用钝后重磨前刀面。经铲制的后刀面可保证铣刀在其使用的全过程中廓形不变。现按铣刀的用途分述如下。

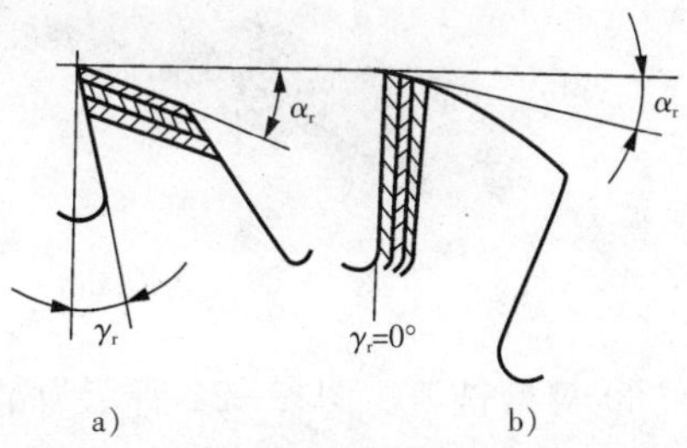

图 4-16　齿背形式

(1)加工平面用铣刀

① 圆柱形铣刀。圆柱形铣刀一般用在卧式铣床上，用周铣方式加工较窄的平面。圆柱形铣刀有两种类型：粗齿圆柱形铣刀具有齿数少、刀齿强度高、容屑空间大、重磨次数多等特点，适用于粗加工；细齿圆柱形铣刀齿数多、工作平稳，适于精加工。

② 面铣刀。高速钢面铣刀一般用于加工中等宽度的平面。标准铣刀直径范围为 ϕ80～ϕ250mm。硬质合金面铣刀的切削效率及加工质量均比高速钢铣刀高，故目前广泛使用硬质合金面铣刀加工平面。图 4-18 为可转位面铣刀。该铣刀将刀片直接装夹在刀体槽中。切削刃用钝后，将刀片转位或更换刀片即可继续使用。可转位铣刀与可转位车刀一样具有效率高、寿命长、使用方便、加工质量稳定等优点。这种铣刀是目前平面加工中应用最广泛的刀具之一。可转位面铣刀已形成系列标准，可查阅刀具标准等有关资料。

图 4-17　圆柱铣刀

图 4-18　面铣刀

图 4-19　三面刃铣刀

(2)加工沟槽用铣刀

① 三面刃铣刀。三面刃铣刀除圆周表面具有主切削刃外，两侧面也有副切削刃，从而改善了切削条件，提高了切削效率和减小表面粗糙度。它主要用于加工沟槽和台阶面。三面刃铣刀的刀齿结构可分为直齿、错齿和镶齿三种。图 4-19 所示为直齿三面刃铣刀。该刀易制造、易刃磨。但侧刃前角 $\gamma_0=0°$，切削条件较差。

② 立铣刀。立铣刀主要用在立式铣床上加工凹槽、台阶面，也可以利用靠模加工成形表

面。如图 4 - 20 所示，立铣刀圆周上的切削刃是主切削刃，端面上的切削刃是副切削刃，故切削时一般不宜沿铣刀轴线方向进给。为了提高副切削刃的强度，应在端刃前面上磨出棱边。

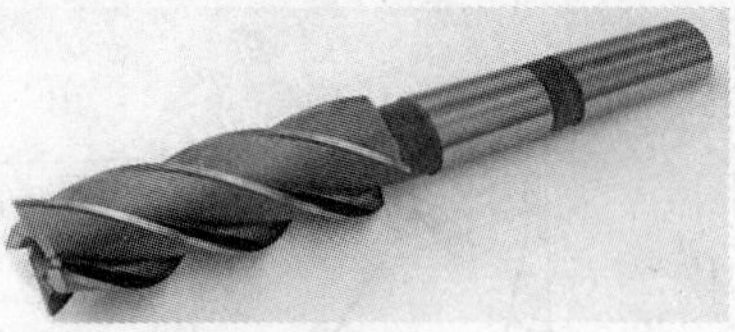

图 4 - 20　立铣刀

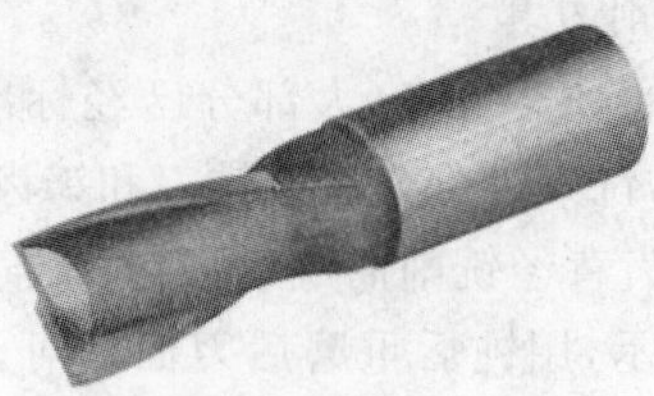

图 4 - 21　键槽铣刀

③ 键槽铣刀。图 4 - 21 所示为键槽铣刀，用于加工圆头封闭键槽。该铣刀外形似立铣刀，立铣刀有三个或三个以上的刀齿，而键槽铣刀仅有两个刀齿，端面铣削刃为主切削刃，强度较高；圆周切削刃是副切削刃。键槽铣刀的精度等级有 eB 和 dB 两种，通常分别加工 H9 和 N9 键槽。加工时，键槽铣刀沿刀具轴线作进给运动，故仅在靠近端面部分发生磨损。重磨时只需刃磨端面刃，所以重磨后刀具直径不变，加工精度高。

(3)模具铣刀

模具铣刀用于加工模具型腔或凸模成形表面。模具铣刀是由立铣刀演变而成的，如图 4 - 22 所示。模具铣刀按工作部分外形可分为圆锥形平头、圆柱形球头、圆锥形球头三种。硬质合金模具铣刀用途非常广泛，除可铣削各种模具型腔外，还可代替手用锉刀和砂轮磨头清理铸、锻、焊工件的毛边，以及对某些成形表面进行光整加工等。

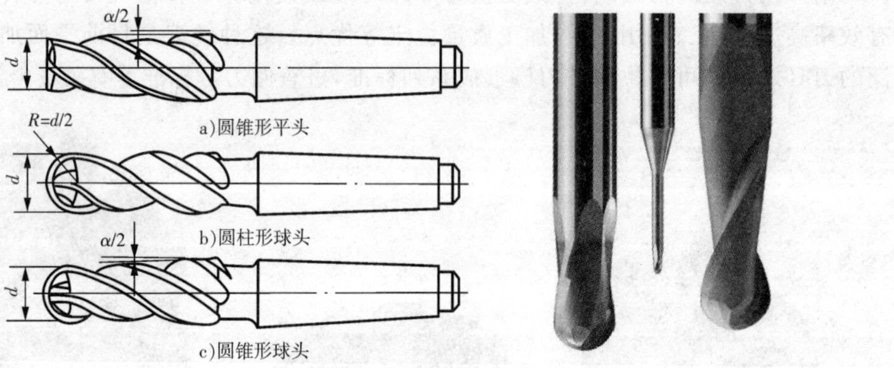

图 4 - 22　模具铣刀

2. 铣削夹具

在铣床上加工工件时，工件的装夹方法很多，有直接用压板装夹、平口虎钳装夹、分度头装夹、V 形铁装夹、专用夹具装夹等。这里介绍回转工作台的应用。

图 4 - 23　回转工作台

回转工作台是铣床的主要附件之一，如图 4 - 23 所示。工作台有 360°刻线，并有刻度值为 1′的刻度环和最小分辨值为 10″的游标环。回转工作台具有刹紧和分度蜗杆脱落机构。可用在铣床上进行分度钻孔或铣削、圆周切削、镗孔、锪平面等工作。

3. 铣削方式

(1)周铣和端铣　用圆柱铣刀进行铣削的方式叫做周铣;用面铣刀进行铣削的方式叫做端铣,如图 4 - 24 所示。与周铣相比,铣平面时端铣较为有利,因为:

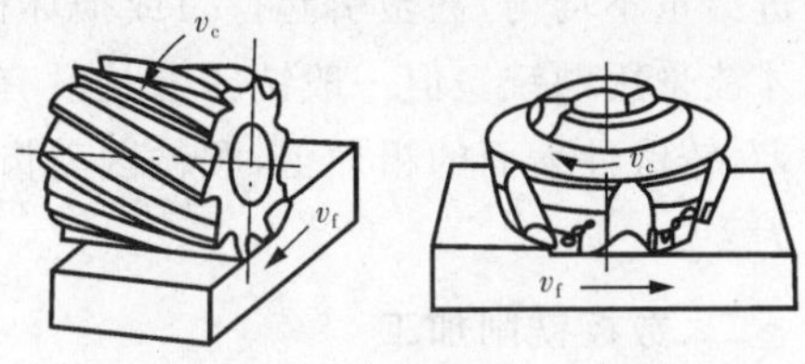

a)　　b)

图 4 - 24　周铣和端铣

① 端铣刀的副切削刃对已加工表面有修光作用,能使粗糙度值降低。周铣的工件表面则有波纹状残留痕迹。

② 同时参加切削的端铣刀齿数较多,切削力的变化程度较小,因此工作时振动较周铣为小。

③ 端铣刀的主切削刃刚接触工件时,切屑厚度不等于零,刀刃不易磨损。

④ 端铣刀的刀杆伸出较短,刚性好,刀杆不易变形,可用较大的切削用量。

由此可见,端铣加工的质量较好,生产率较高。所以铣削平面大多采用端铣。但是,周铣对加工各种形面的适应性较广,而有些形面(如成形面等)则不能用端铣。

(2)逆铣和顺铣　周铣有逆铣法和顺铣法之分,如图 4 - 25 所示。逆铣时,铣刀的旋转方向与工件的进给方向相反;顺铣时,铣刀的旋转方向与工件的进给方向相同。逆铣时,切屑的厚度从零开始渐增。实际上,铣刀的刀刃开始接触工件后,还将在表面滑行一段距离才真正切入金属。这就使得刀刃容易磨损,并增加加工表面的粗糙度。逆铣时,铣刀对工件有上抬的切削分力,这将影响工件安装在工作台上的稳固性。

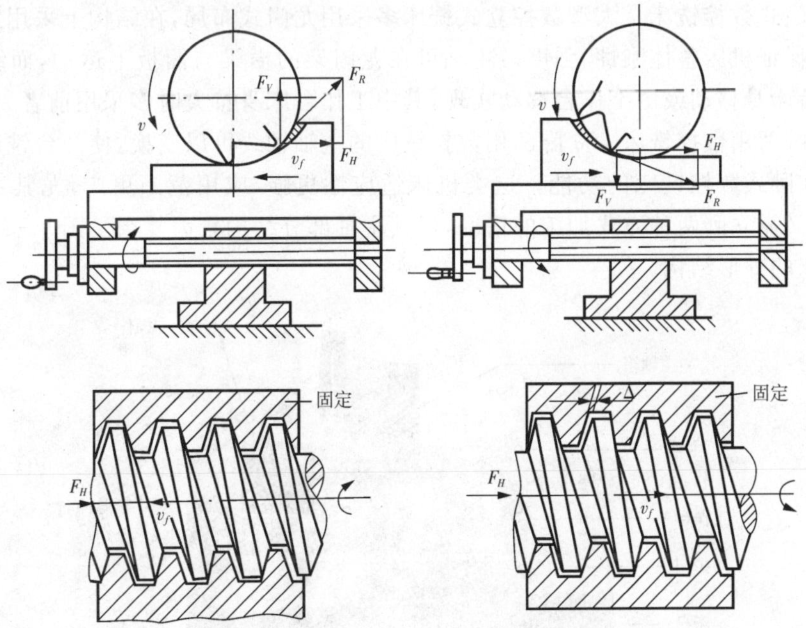

a)逆铣　　b)顺铣

图 4 - 25　逆铣和顺铣

顺铣则没有上述缺点。但是,顺铣时工件的进给会受工作台传动丝杠与螺母之间间隙的影响。因为铣削的水平分力与工件的进给方向相同,铣削力忽大忽小,就会使工作台窜动和进给量不均匀，甚至引起打刀或损坏机床。因此，必须在纵向进给丝杠处有消除间隙的装置才能采用顺铣。但一般铣床上是没有消除丝杠螺母间隙的装置，故只能采用逆铣法。另外，对铸锻件表面的粗加工，顺铣因刀齿首先接触黑皮，将加剧刀具的磨损，此时，也是以逆铣为妥。

二、数控铣削加工

数控铣床是一种用途十分广泛的机床，能够进行外形轮廓、孔、平面或曲面型腔以及三维复杂型面的铣削，如各种凸轮、模具等，若再添加圆工作台等附件（此时变为四坐标），则应用范围将更广，可用于加工螺旋桨、叶片等空间曲面零件。

1. 数控铣床分类

数控铣床种类很多，分类方法也很多，按主轴布置形式分类，有以下几种。

（1）立式数控铣床　立式数控铣床的主轴轴线与工作台面垂直，是数控铣床中最常见的一种布局形式。立式数控铣床一般为三坐标（X、Y、Z）联动，其各坐标的控制方式主要有以下两种：

① 工作台纵、横向移动并升降，主轴只完成主运动。目前小型数控铣床一般采用这种方式。

② 工作台纵、横向移动，主轴升降。一般运用在中型数控铣床中 。

（2）卧式数控铣床　卧式数控铣床的主轴轴线与工作台面平行，主要用来加工箱体类零件。一般配有数控回转工作台以实现四轴或五轴加工，从而扩大功能和加工范围。

（3）龙门式数控铣床　大型数控立式铣床多采用龙门式布局，在结构上采用对称的双立柱结构，以保证机床整体刚性、强度。主轴可在龙门架的横梁与溜板上运动，而纵向运动则由龙门架沿床身移动或由工作台移动实现，其中工作台床身特大时多采用前者。

（4）立卧两用数控铣床　立卧两用数控铣床的主轴轴线可以变换，使一台铣床具备立式数控铣床和卧式数控铣床的功能。这类机床适应性更强，应用范围更广，尤其适合于多品种、小批量又需立卧两种方式加工的情况，但其主轴部分结构较为复杂。图 4－26 所示为立式数控铣床的外形结构。

图 4－26　数控铣床

2. 立式数控铣床的坐标系、机床零点和机床参考点

机床坐标系是机床固有的坐标系，它的原点称为机床原点或机床零点。在机床经过设

计制造和调整后这个原点便被确定下来，它是固定的点。数控铣床的坐标系采用右手笛卡尔直角坐标系，如图 4-27 所示，规定如下(要求右手三指尽量互成直角)：

(1)工件固定，刀具相对工件运动。

(2)拇指为 X 向，食指为 Y 向，中指为 Z 向。

(3)Z 轴——机床主轴；X 轴——装夹平面内的水平向；Y 轴——由右手笛卡儿直角坐标系确定。

围绕 X、Y、Z 各轴的回转运动及其正方向 $+A$、$+C$、$+B$，分别用其正方向右手定则判定。直角坐标系 X、Y、Z 又称主坐标系或第一坐标系，如有第二组坐标系和第三组坐标系平行于 X、Y、Z，则分别指定为 U、V、W 和 P、Q、R。

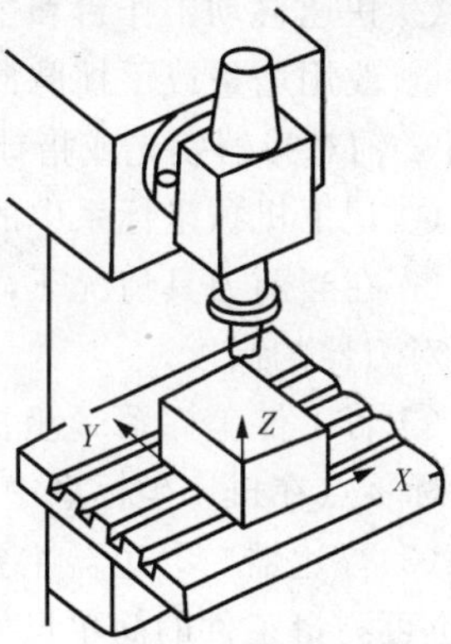

图 4-27 立式数控铣床坐标系

数控装置通电后通常要进行回参考点操作，以建立机床坐标系。参考点可以与机床零点重合，也可以不重合，通过参数来指定机床参考点到机床零点的距离。机床回到了参考点位置也就知道了该坐标轴的零点位置，找到所有坐标轴的参考点，CNC 就建立起了机床坐标系。

3. 数控铣床工艺装备的应用

(1)手摇脉冲发生器 也称电子手轮、手动脉波发生器、手脉、手轮、MPG、手持盒、手持单元等。用于数控机床中机械工作原点的设定、手动方式的微调、加工中的中断插入等动作。其中的波段开关用于轴和倍率的选择，脉冲发生器用于脉冲的发出，便于系统的采集。如图 4-28 所示。

(2)Z 轴对刀器 Z 轴对刀器主要用于确定工件坐标系原点在机床坐标系的 Z 轴坐标，或者说是确定刀具在机床坐标系中的高度。Z 轴对刀器有光电式(图 4-29)和指针式等类型。通过光电指示或指针，判断刀具与对刀器是否接触。对刀精度一般可达 100.0±0.0025mm，对刀器标定高度的重复精度一般为 0.001～0.002mm。对刀器带有磁性表座，可以牢固地附着在工件或夹具上。Z 轴对刀器高度一般为 50mm 或 100mm。

图 4-28 手摇脉冲发生器

图 4-29 光电式 Z 轴对刀器

Z 轴对刀器的使用方法如下：

① 刀具装在主轴上，将 Z 轴对刀器吸附在已装夹好的工件或夹具平面上。

② 快速移动工作台和主轴，让刀具端面靠近 Z 轴对刀器上表面。

③ 改用增量或手摇脉冲发生器微调操作，让刀具端面慢慢接触到 Z 轴对刀器上表面，直到 Z 轴对刀器发光或指针指示到零位。

④ 记下机械坐标系中的 Z 值数据。

⑤ 在当前刀具情况下，工件或夹具平面在机床坐标系中的 Z 坐标值为此数据值再减去 Z 轴对刀器的高度。

⑥ 若工件坐标系 Z 坐标零点设定在工件或夹具的对刀平面上，则此值即为工件坐标系 Z 坐标零点在机床坐标系中的位置，也就是 Z 坐标零点偏置值。

(3)寻边器　寻边器主要用于确定工件坐标系原点在机床坐标系中的 X、Y 零点偏置值，也可测量工件的简单尺寸。它有偏心式(图 4－30)、迴转式(图 4－31)和光电式(图 4－32)等类型。

偏心式、迴转式寻边器为机械式构造。机床主轴中心到被测表面的距离为测量圆柱的半径值。

光电式寻边器的测头一般为 10mm 的钢球，用弹簧拉紧在光电式寻边器的测杆上，碰到工件时可以退让，并将电路导通，发出光讯号。通过光电式寻边器的指示和机床坐标位置可得到被测表面的坐标位置。利用测头的对称性，还可以测量一些简单的尺寸。

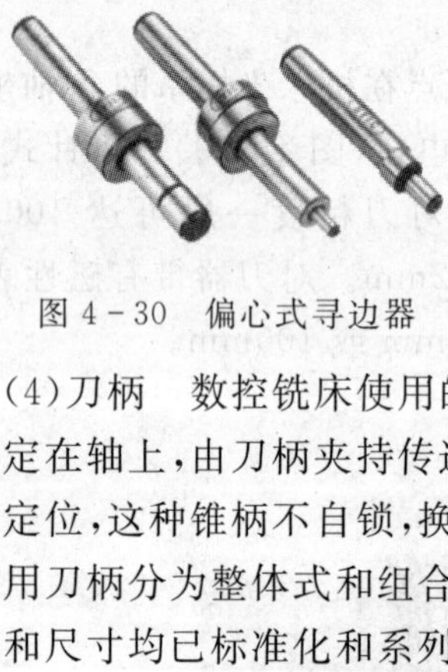

图 4－30　偏心式寻边器

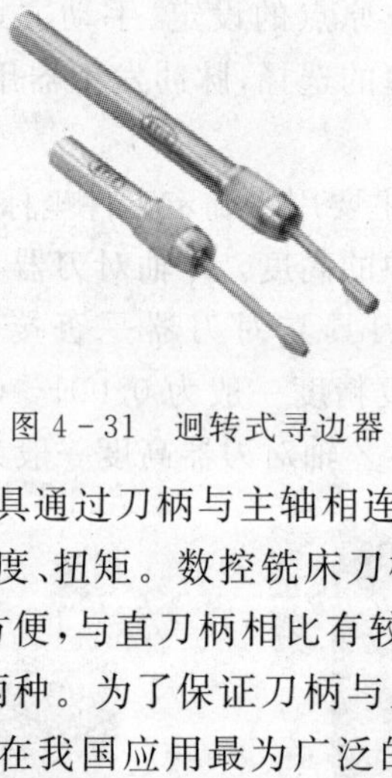

图 4－31　迴转式寻边器

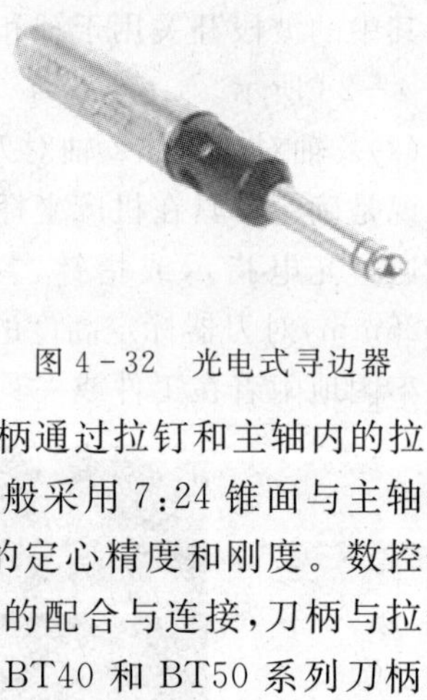

图 4－32　光电式寻边器

(4)刀柄　数控铣床使用的刀具通过刀柄与主轴相连，刀柄通过拉钉和主轴内的拉刀装置固定在轴上，由刀柄夹持传递速度、扭矩。数控铣床刀柄一般采用 7:24 锥面与主轴锥孔配合定位，这种锥柄不自锁，换刀方便，与直刀柄相比有较高的定心精度和刚度。数控铣床的通用刀柄分为整体式和组合式两种。为了保证刀柄与主轴的配合与连接，刀柄与拉钉的结构和尺寸均已标准化和系列化，在我国应用最为广泛的是 BT40 和 BT50 系列刀柄和拉钉，如图 4－33、图 4－34 所示。相同标准及规格的加工中心用刀柄也可以在数控铣床上使用，其主要区别是数控铣床所用的刀柄上没有供换刀机械手夹持的环形槽。

图 4－33　数控铣床的刀柄和拉钉

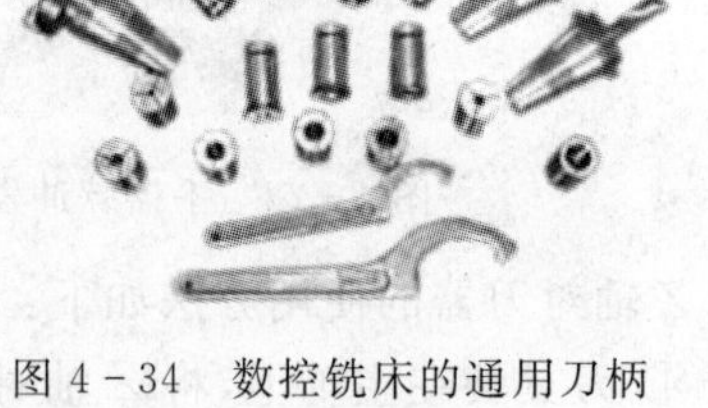

图 4－34　数控铣床的通用刀柄

4. 数控系统

数控系统很多，如法勒科（FANUC）、西门子（SINUMERIK）、三菱（MITSUBISHI）、广州数控（GSK）、华中世纪星（HNC）等，这里以 Sinumerik802C 为例加以介绍。

Sinumerik 具有集成式操作面板，分为三大区：LCD 显示区、NC 键盘区和机床控制面板区，如图 4－35。

图 4－35　Sinumerik802C 操作面板

（1）NC 键盘区各按键功能，见图 4－36，功能说明见表 4－3。

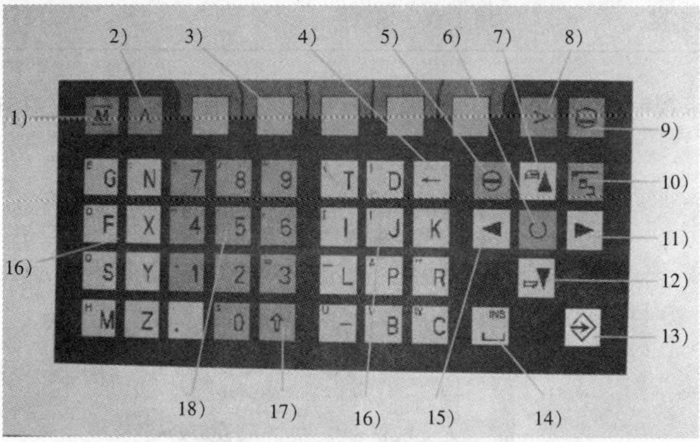

图 4－36　NC 键盘区

表 4－3　NC 键盘区各按键功能

序号	名　称	说　　明
1	加工显示键	按此键后，屏幕立即回到加工显示的画面，在此可以见到当前各轴的加工状态
2	返回键	返回到上一级菜单
3	软键	在不同的屏幕状态下，操作对应的软键，可以调用相应的画面
4	删除/退格键	在程序编辑画面时，按此键删除（退格）前一字符
5	报警应答键	报警出现时，按此键可以消除部分报警（取决于报警级别）

（续表）

序号	名　称	说　　明
6	选择/转换键	在设定参数时，按此键可以选择或转换参数
7	光标向上键/上档	向上翻页键
8	菜单扩展键	进入同一级的其他菜单画面
9	区域转换键	不管目前处于何画面，按此键后，都可以立即回到主画面
10	垂直菜单键	在某些特殊画面，按此键可以垂直显示可选项
11	光标向右键	光标向右
12	光标向下键/上档	向下翻页键
13	回车/输入键	按此键确认所输入的参数或者换行
14	空格键	在编辑程序时，按此键插入空格
15	光标向左键	光标向左
16	字符键	用于字符输入，上挡键可转换对应字符
17	上挡键	按数字键或字符键时，同时按此键，可以使该数字或字符的左上角字符生效
18	数字键	用于数字输入

（2）MCP 机床控制面板区域各按键及其显示功能说明，见图 4－37，功能说明见表4－4。

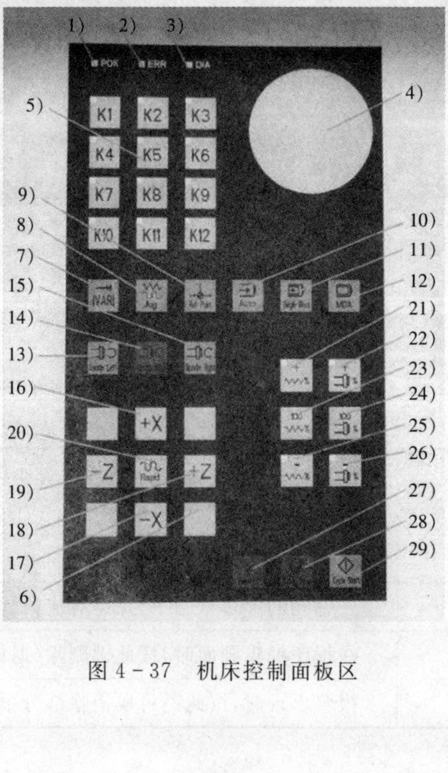

图 4－37　机床控制面板区

表 4-4　机床控制面板区域各按键功能

序号	名　称	说　　明
1	POK(绿灯)	电源上电。灯亮表示电源正常供电
2	ERR(红灯)	系统故障。灯亮表示 CNC 出现故障
3	DIA(黄灯)	诊断。该灯显示不同的诊断状态,正常时闪烁频率为 1∶1
4	急停开关	(选配)
5	K1～K12	用户自定义键(带 LED),如定义 K1:驱动器使能;K4:照明工作灯开等
6	用户定义键	(不带 LED)
		运行方式键
7	增量选择键	在 JOG 方式(手动运行方式)下,按此键可以进行增量方式的选择,范围为:1,10,100,1000
8	点动方式键	按此键切换到手动运行方式
9	参考点方式键	在此方式下运行回参考点
10	自动方式键	按此键切换到自动方式,按照加工程序自动运行
11	单段方式键	自动方式下复位后,可以按此键设定单段方式,程序按单段运行
12	MDA 方式键	在此方式下手动编写程序,然后自动执行,但不能加工由多个程序段描述的轮廓
		主轴键
13(15)	主轴正转键	主轴正(反)转
14	主轴停止键	主轴停止
		点动键
16(17)	X 轴点动正(负)向键	在手动运行方式下按此键,X 轴在正(负)方向点动
18(19)	Z 轴点动正(负)向键	在手动运行方式下按此键,Z 轴在正(负)方向点动
20	快速运行叠加键	在手动运行方式下,同时按此键和一个坐标轴点动键,坐标轴按照快速进给速度点动
21	进给轴倍率增加键	进给轴倍率大于 100%时 LED 亮;达到 120%时(最大)LED 闪烁
22	主轴倍率增加键	主轴倍率大于 100%时 LED 亮;达到 120%时(最大)LED 闪烁
23	进给轴倍率 100%键	按此键大于 MD14510〔13〕所设定的时间值(缺省为 1.5 秒)时,进给轴倍率直接变为 100%
24	主轴倍率 100%键	按此键大于 MD14510〔13〕所设定的时间值(缺省为 1.5 秒)时,主轴倍率直接变为 100%
25	进给轴倍率减少键	按此键大于 MD14510〔12〕所设定的时间值(缺省为 1.5 秒)时,进给轴倍率直接变为 0%。进给轴倍率在 0%～100%时进给轴倍率减少键 LED 亮,降为 0%时(最小)LED 闪烁

(续表)

序号	名 称	说 明
26	主轴倍率减少键	按此键大于 MD14510[12]所设定的时间值(缺省为 1.5 秒)时,主轴倍率直接变为 50%。主轴倍率在 50%～100%时主轴倍率减少键 LED 亮,降为 50%时(最小)LED 闪烁
27	复位键	按此键,系统复位,当前程序中断执行
28	程序停止键	按此键,当前执行的程序中断执行,系统停止运行
29	程序启动键	按此键,系统开始执行程序,进行加工

(3)屏幕,见图 4-38,具体说明见表 4-5。

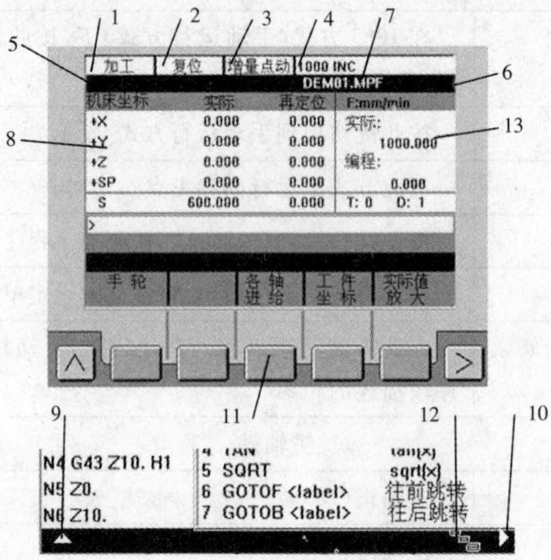

图 4-38 LCD 显示区

表 4-5 屏幕介绍

序号	名 称	说 明
1	当前操作区域	加工;参数;程序;通讯;诊断。(可以在主菜单上通过选择不同的软键进行操作)
2	程序状态	程序停止;程序运行;程序复位
3	运行方式	点动方式;自动方式;MDA 方式;增量方式
4	状态显示	程序段跳跃;空运行;快速修调;单段运行;程序停止;程序测试;步进增量
5	操作信息	显示机床坐标,进给速度等
6	程序名	显示当前执行的加工程序
7	报警显示行	当出现报警时,该行显示报警号
8	工作窗口	显示当前加工的一些信息

（续表）

序号	名　称	说　明
9	返回键	软键菜单中出现▲，表明存在上一级菜单，按下∧键后，不存储数据直接返回到上一级菜单
10	扩展键	出现▶时表明同级菜单中还有其他菜单功能，按下扩展键>后，可以选择这些功能
11	软键	在不同的屏幕状态下，操作对应软键，可以调用相应画面
12	垂直菜单	在某些特殊画面，表明有垂直可选项
13	进给轴速度	目前进给轴速度

第三节　磨削加工

一、磨削特点

磨削是在磨床上用砂轮作为切削刀具对工件进行切削加工的方法。磨削加工的特点是：

(1)由于砂轮磨粒本身具有很高的硬度和耐热性，因此磨削能加工硬度很高的材料，如淬硬钢、硬质合金等。

(2)磨削加工能经济地获得高的加工精度（IT6～IT5）和小的表面粗糙度值（$R_a=0.8\sim0.2\mu m$）。磨削是零件精加工的主要方法之一。

(3)由于剧烈的摩擦，使磨削区温度很高。这会造成工件产生应力和变形，甚至造成工件表面烧伤。因此磨削时必须注入大量冷却液，以降低磨削温度。冷却液还可起排屑和润滑作用。

(4)磨削时的径向力很大。这会造成机床—砂轮—工件系统的弹性退让，使实际切深小于名义切深。因此磨削将要完成时，应不进刀进行光磨，以消除误差。

(5)磨粒磨钝后，磨削力也随之增大，致使磨粒破碎或脱落，重新露出锋利的刃口，此特性称为“自锐性”。自锐性使磨削在一定时间内能正常进行，但超过一定工作时间后，应进行人工修整，以免磨削力增大引起振动、噪声及损伤工件表面质量。

二、砂轮

砂轮是磨削的切削工具，它由许多细小而坚硬的磨粒和结合剂黏结而成的多孔物体。磨粒直接担负着切削工作，必须锋利并具有高的硬度、耐热性和一定的韧性。把磨粒黏结在一起的黏结材料叫做结合剂。磨粒、结合剂之间有许多空隙，起着散热和容纳磨屑的作用。磨料、结合剂和空隙构成砂轮结构的三要素。

常用的磨料有氧化铝（又称刚玉）、碳化硅和超硬磨料三类。氧化铝类磨料硬度高、韧性好，适合磨削钢料。碳化硅类磨料硬度更高、更锋利、导热性好但较脆，适合磨削铸铁和硬质合金。

同样磨料的砂轮，由于其粗细不同，工件加工后的表面粗糙度和加工效率就不相同。磨粒粗大的用于粗磨，磨粒细小的适合精磨。磨料愈粗，粒度号愈小。

常用的结合剂是陶瓷结合剂，其次是树脂结合剂。结合剂选料不同，影响砂轮的耐蚀性、强度、耐热性和韧性等。

磨粒黏结越牢，就越不容易从砂轮上掉下来。砂轮表面的磨粒在外力作用下脱落的难易程度称为砂轮的硬度，容易脱落称为软，反之称为硬。砂轮的硬度与磨料的硬度是两个不同的概念，砂轮的硬度对磨削生产率和加工质量影响极大。一般情况下，工件材料越硬，砂轮的硬度应选得软些，使磨钝的磨粒及时脱落，以便露出有尖锐棱角的新磨粒，防止磨削温度过高而“烧伤”工件。工件材料越软，砂轮的硬度应选得硬些，以便充分发挥磨粒的作用。

砂轮组织表示砂轮结构的松紧程度，与磨料、结合剂和空隙三者的比例有关。磨粒在砂轮总体积中所占比例越大，则砂轮组织越致密，气孔越小。砂轮组织用组织号表示，组织号越大，则组织越疏松，砂轮越不易被磨屑堵塞，切削液和空气能带入磨削区域，可降低磨削区域的温度，减少工件因发热引起的变形或烧伤，故适应于磨削韧性大而硬度不高的工件以及薄板薄壁工件。

砂轮在高速条件下工作，为了保证安全，在安装前应进行检查，不应有裂纹等缺陷；为了使砂轮工作平稳，使用前应进行动平衡试验。

砂轮工作一定时间后，其表面空隙会被磨屑堵塞，磨料的锐角会磨钝，原有的几何形状会失真。因此必须用砂轮修整器进行修整以恢复切削能力和正确的几何形状。

三、平面磨削加工

1. 工件装夹

平面磨削时，对于铁磁性工件多利用电磁吸盘将工件吸住，这样装夹比较方便。当磨削尺寸较小零件时，由于工件与工作台的接触面积小，吸力弱，容易被磨削力弹出造成事故。所以当装夹这类工件时，需在工件四周或左右两端用挡铁挡住，以防工件移动。对于非铁磁性工件如铜、铝及其合金等用其他的夹具（如平口钳）装夹好后，装在工作台或电磁吸盘上进行磨削加工。

2. 磨削方法

磨削平面，一般以一个平面为定位基准，磨削另一个平面。如果两个平面都要求磨削时，可互为基准反复磨削。平面磨削方法有两种。一种是周磨法，用砂轮的圆周面磨削平面，砂轮与工件接触面积小，排屑和冷却条件好，工件发热量少，因此磨削易翘曲变形的薄片工件，能获得较好的加工质量，但磨削效率低，一般用于精磨。另一种是端磨法，用砂轮的端面进行磨削，由于砂轮轴伸出较短，而且主要是受轴向力，因而刚性较好，能采用较大的磨削用量。此外，因其接触面大，磨削效率高，但易发热，且冷却液难以浇到工件易发热位置，因而磨削精度较低，但生产率较高，一般用于粗磨和半精磨。

3. 平面磨削操作

以图 4－39 为例，该上模座上下表面有平行度和 $R_a1.6$ 的粗糙度要求，根据工艺，需要进行磨削加工。首先把台面与工件擦干净，测量工件厚度，放上工件，开启电磁吸盘吸住工件，推一下工件，以检查工件是否被吸住。开启液压系统，初步调整工作台行程大小与位置，工作台行程长度由工作台两侧的挡块控制，工作台的运动速度由节流阀来调节。然后对刀，对刀前砂轮底部应该高于工件表面，逐渐进刀，当擦着有火花产生时，即开冷却液，此时垂直进给手轮线刻度即为零位。然后调整好工作台与砂轮架的行程大小与位置。调整时运动速度应该低。

调整完后即可磨削。根据需要调整进给速度。磨削中可停机，以较精确的检查尺寸。磨削将近结束时，垂直进给量要小，甚至不进给进行光磨，以保证磨削精度。磨完后退磁取下工件。

操作时，人应站在机床右边，预防工件、砂轮碎片等飞出伤人。关机时，工作台应停在中心位置，砂轮架在工作台的后部，并擦拭干净。

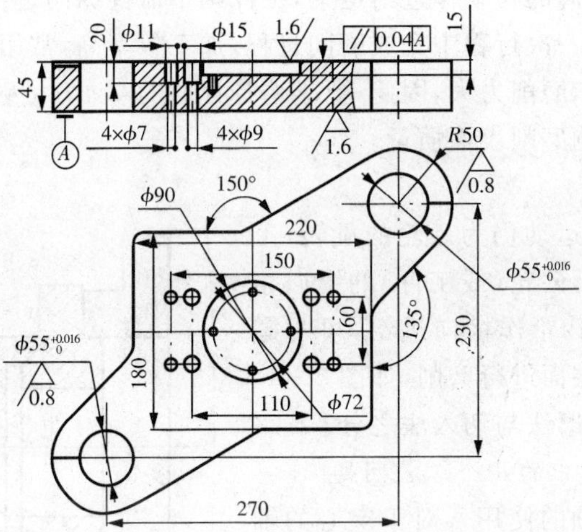

图 4－39　上模座

4. 铜、铝及其合金的磨削

铜、铝及其合金材料的硬度一般只有 HB40～60，主要表现为黏，工件表面粗糙度值难以降低，工件已磨表面容易被划伤，材料的热膨胀系数高，工件容易变形，加工精度不易掌握，磨削过程中在磨削热的作用下磨屑容易黏附砂轮，造成砂轮堵塞，磨削效率低。因此在磨削铜、铝及其合金时，首先要考虑减少砂轮堵塞，应选用导热系数大、脆性大的磨料和砂轮粒度粗、硬度较软且组织疏松、结合剂具有较高强度的砂轮，同时，按照表 4－6 选择磨削用量。

表 4－6　磨削铜、铝合金平面时磨削用量的选择

磨削工序	磨削深度(mm/行程)	砂轮速度(m/s)	光刀次数	工件速度(m/s)	磨削余量/mm	轴向进给量(mm/行程)
粗磨	25	15	3～5	0.01～0.02	—	—
半精磨	25	15	1～2	0.002～0.003	2～3	0.02
精磨	25	15	1～2	0.001～0.002	3～5	0.01～0.02

四、内圆和外圆磨削加工

1. 外圆磨削

外圆磨削是以砂轮旋转作主要运动，工件旋转、移动(或砂轮径向移动)作进给运动，对工件的外回转面进行的磨削加工。它能磨削圆柱面、圆锥面、轴肩端面、球面及特殊形状的外表面。外圆磨削可分为粗磨、精磨、细磨、超精密磨削和镜面磨削。按不同的进给方向，又有纵磨法和横磨法之分。

(1)纵磨法　采用纵磨法磨外圆时，以工件随工作台的纵向移动作进给运动，每次单行程或往复行程终了时，砂轮作周期性的横向切入进给，逐步磨出工件径向的全部余量。纵磨法每次的切入量少，磨削力小，散热条件好，且能以光磨的次数来提高工件的磨削精度和表面质量，是目前生产中使用最广泛的一种外圆磨削方法。

(2)横磨法　采用横磨法磨外圆时，砂轮宽度大于工件磨削表面宽度，以砂轮缓慢连续(或不连续)地沿工件径向的移动作进给运动，工件则不需要纵向进给，直到达到工件要求的尺寸为止。横磨法可在一次行程中完成磨削过程，加工效率高，常用于成形磨削。横磨法中砂轮与工件接触面积大，磨削力大，因此，要求磨床刚性好，动力足够；同时，磨削热集中，需要充分的冷却，以免影响磨削表面质量。

2. 内圆磨削

普通内圆磨削的主运动仍为砂轮的旋转，工件旋转为圆周进给运动，砂轮(或工件)的纵向移动为纵向进给。同时，砂轮作横向进给，可对零件的通孔、盲孔及孔口端面进行磨削，如图 4-40 所示。内圆磨削也有纵磨法与切入法之分。

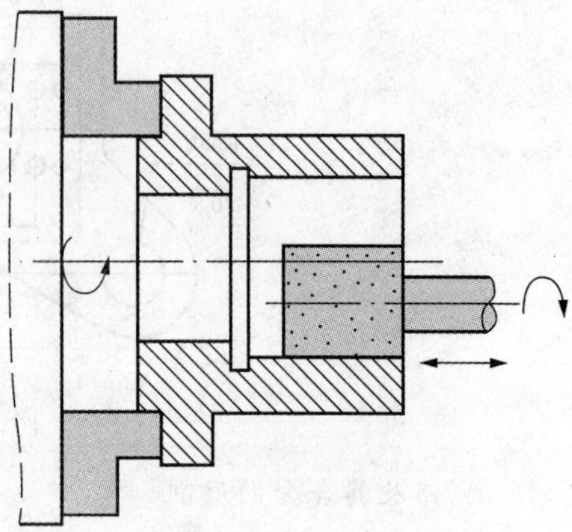

图 4-40　内圆磨削

3. 内外圆磨削加工中的几个工艺问题

(1)锥堵和锥堵心轴的使用　对于空心的轴类零件，当通孔加工后，原来的定位基准——顶尖孔已被破坏，此后必须重新建立定位基准。对于通孔直径较小的轴，可直接在孔口倒出宽度不大于 2mm 的 60°锥面，代替中心孔。而当通孔直径较大时，则不宜用倒角锥面代替，一般都采用锥堵或锥堵心轴的顶尖孔做为定位基准。如图 4-41 所示。

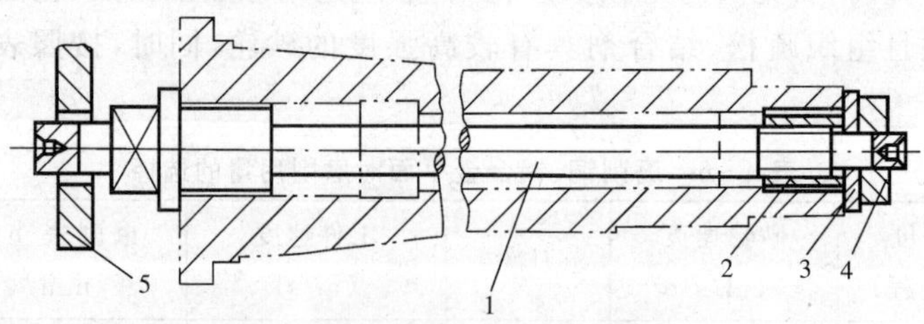

图 4-41　锥堵心轴

1—心轴　2—锥尖　3—垫圈　4—螺母　5—夹头

使用锥堵或锥堵心轴时应注意以下问题：

① 一般不宜中途更换或拆装，以免增加安装误差。

② 锥堵心轴要求两个锥面应同轴，否则拧紧螺母后会使工件变形。图 4-41 所示的锥堵心轴结构比较合理，其左端锥堵与拉杆心轴为一体，其锥面与顶尖孔的同轴度较好，而右

端有球面垫圈，拧紧螺母时，能保证左端锥堵与孔配合良好，使锥堵的锥面和工件的锥孔以及拉杆心轴上的顶尖孔有较好的同轴度。

(2)顶尖孔的修磨 因热处理、切削力、重力等影响，常常会损坏顶尖孔的精度，因此在热处理工序之后和磨削加工之前，对顶尖孔要进行修磨，以消除误差。常用的顶尖孔修磨方法有以下几种。

① 用铸铁顶尖研磨。可在车床或钻床上进行，研磨时加适量的研磨剂(W10 ～W12 氧化铝粉和机油调和而成)。用这种方法研磨的顶尖孔，其精度较高，但研磨时间较长，效率很低，除在个别情况下用来修整尺寸较大或精度要求特别高的顶尖孔外，一般很少采用。

② 将油石或橡胶砂轮夹在车床的卡盘上，用装在刀架上的金刚钻将它的前端修整成顶尖形状(60°圆锥体)，接着将工件定在油石或橡胶砂轮顶尖和车床后顶尖之间(图 4－42)，并加少量润滑油(柴油)，然后开动车床使油石或橡胶砂轮转动，进行研磨。研磨时用手把持工件并连续而缓慢地转动。这种研磨中心孔方法效率高，质量好，也简便易行。

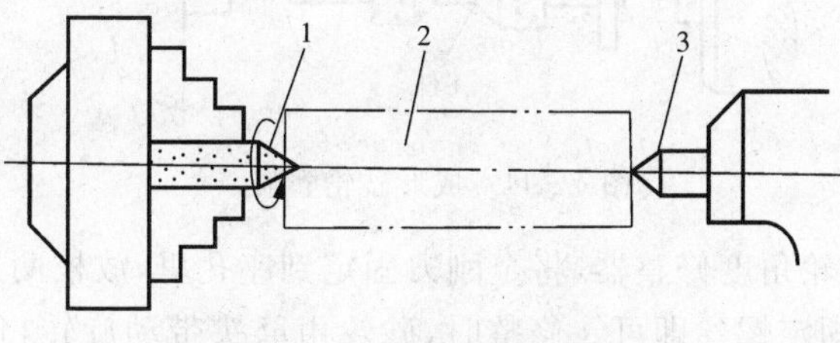

图 4－42 用油石研磨顶尖孔

1—油石顶尖 2—工件 3—后顶尖

③ 用硬质合金顶尖刮研。把硬质合金顶尖的 60°圆锥体修磨成角锥的形状，使圆锥面只留下 4～6 条均匀分布的刃带(图 4－43)，这些刃带具有微小的切削性能，可对顶尖孔的几何形状作微量的修整，又可以起挤光的作用。这种方法刮研的顶尖孔精度较高，表面粗糙度达 $R_a0.8\mu m$ 以下，并具有工具寿命较长、刮研效率比油石高的特点，所以一般主轴的顶尖孔可以用此法修研。

上述三种修磨顶尖孔的方法，可以联合应用。例如先用硬质合金顶尖刮研，再选用油石或橡胶砂轮顶尖研磨，这样效果会更好。

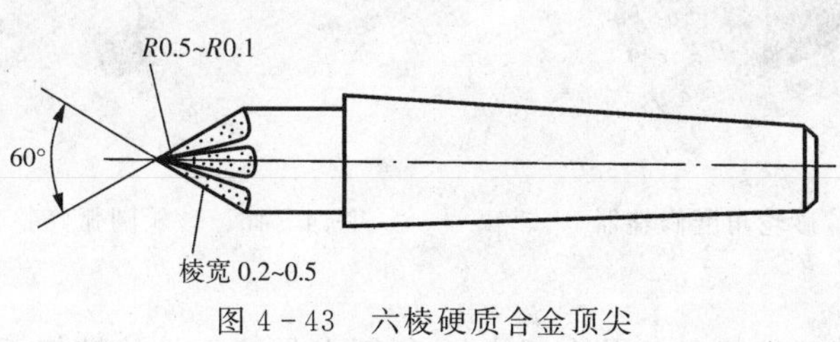

图 4－43 六棱硬质合金顶尖

五、成形磨削

对模具的凸、凹模等工作零件的成形面技术要求很高时，可采用成形磨削加工。成形磨削就是将零件的轮廓线分解成若干直线与圆弧，然后按照一定顺序逐断磨削，使之达到图样的技术要求。成形磨削具有高精度、高效率的优点，它可对淬硬后的凸模、拼装凹模等进行精加工，可以消除热处理变形对精度的影响，从而提高模具的制造精度，同时，成形磨削可以减少钳工工作量，提高生产效率。成形磨削的精度可达 IT5，表面粗糙度可达 $R_a0.1$。

成形磨削按加工原理可分为成形砂轮磨削法和夹具磨削法两类。

1. 成形砂轮磨削法

成形砂轮磨削法是利用砂轮修整工具，将砂轮修整成与工件形面相吻合的相反形面，然后用该砂轮磨削工件，获得所需的形状与尺寸，如图 4-44 所示。砂轮的修整主要是应用砂轮修整工具，通过车削或滚压对砂轮成形表面不同角度的直线和不同半径的圆弧进行修整。

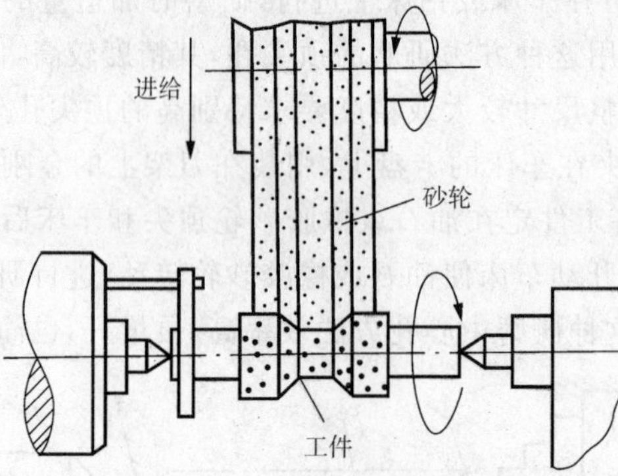

图 4-44 成形砂轮磨削

图 4-45 所示的砂轮角度修整器，将金刚刀固定到座孔里，放松两边螺丝即可自由调整高低到所需角度，而后固定螺丝即可。修整时，砂轮由磨头带动旋转，角度修整器上的金刚刀以倾斜砂轮轴线一定的角度来回往复移动，直至修整出所需锥面。

图 4-46 是应用较广的卧式修整砂轮圆弧的工具，适用于平面磨床和万能工具磨床。可修整各种角度和凹凸圆弧，并可透过视镜观察金刚刀尖修整砂轮表面接触之情形，可精确的修整细小圆弧和角度。

图 4-45 砂轮角度修整器

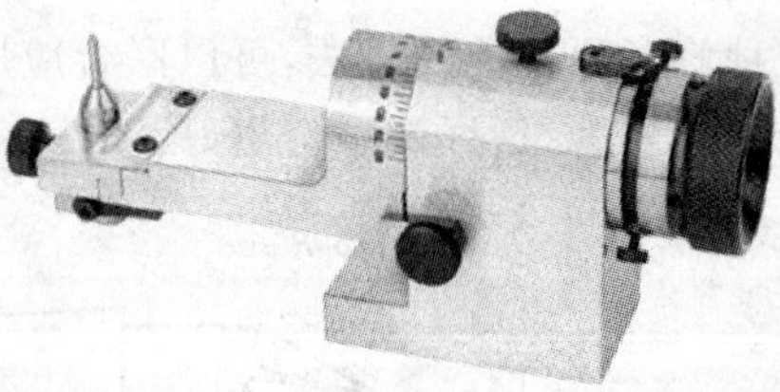

图 4-46 砂轮圆弧修整工具

2. 夹具磨削法

夹具磨削法是将工件装在专用的夹具上，利用夹具使工件的被加工面处于所要求的空间位置上，或者使工件在加工过程中获得所需的进给运动从而磨削出模具零件的成形表面。加工平面或斜面可用正弦精密平口钳和正弦精密磁力台；加工具有一个回转中心的工件可用正弦分中夹具。

正弦精密平口钳如图 4-47 所示，正弦精密磁力台如图 4-48 所示。在底座与正弦圆柱间垫入块规可使夹具倾斜，以带动工件倾斜指定的角度。两者对工件的固定方式不同：前者是利用钳口夹持，工件应具有较大的刚性，后者则利用磁性吸合，工件必须是能磁化的材料。

图 4-47 正弦精密平口钳

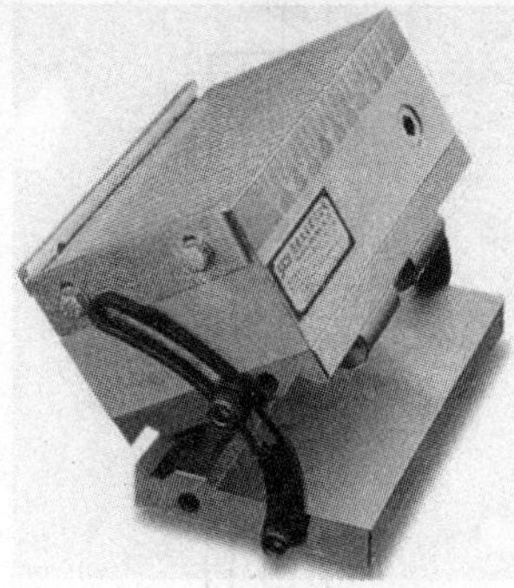

图 4-48 正弦精密磁力台

图 4-49 所示为正弦分中夹具，主要用于磨削凸模、型芯等具有同一回转中心的不同圆弧面、平面及等分槽等。安装工件时根据工件的长短调节支架的位置，使支架在底座的 T 型槽内移动，调好位置后用螺钉锁紧，同时旋转手轮，使后顶尖移动，以调节顶尖与工件的松紧。工件用鸡心夹头和前顶尖连接，转动蜗杆 14 上的手轮（未画出），使主轴 9、工件和装在主轴后端的分度盘一起转动，实现工件圆周进给运动。安装在主轴后端的分度盘上有四个正弦圆柱 13，均布在同一分布圆上。

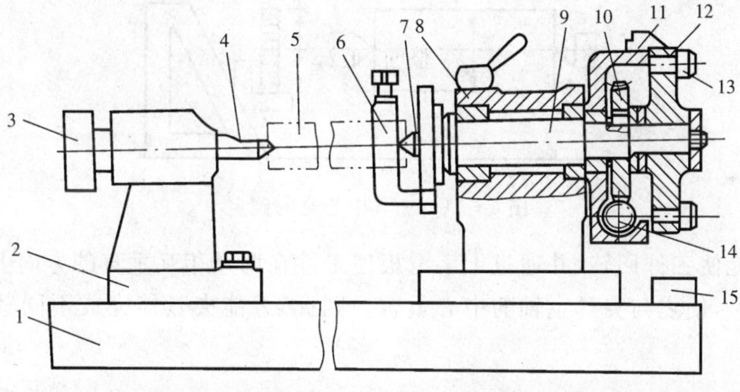

图 4-49 正弦分中夹具

1—底座 2—支架 3—手轮 4—后顶尖 5—工件 6—鸡心夹头 7—前顶尖 8—前顶座 9—主轴 10—蜗轮 11—零位指针 12—分度盘 13—正弦圆柱 14—蜗杆 15—量块垫板

用正弦分中夹具磨削工件时，加工表面尺寸的测量一般采用比较法。图 4-50 所示为测量调整器，量块座能沿着三角架上的 T 型槽上下移动。磨削前一般将量块支承面 B 位置调到低于夹具回转中心线 50mm 处。调整时在夹具的两顶尖之间装上一根直径为 d 的标准圆柱，在量块座基准面上安放一组（$50+d/2$）的量块，用百分表测量。调整量块座的位置，使量块上平面与标准圆柱面最高点等高后，将量块座固定。假如工件的磨削尺寸为 d_1，只要在量块座上安放（$50+d_1/2$）的量块，边磨削边比较测量，当被测工件表面和量块上平面百分表读数相同时，表示工件已磨削到尺寸，如图 4-51 所示。

图 4-52 所示的万能夹具，是由正弦分中夹具发展起来的更为完善的成形夹具，可以在平面磨床或万能工具磨床上使用。工件装夹在转盘 1 上，中滑板可在滑板座上移动，小滑板 2 可在中滑板上移动，这两个移动方向精确垂直。转动丝杠 5、6，可调整工件的上下和左右位置，而分度部分可用来控制工件的转动角度。

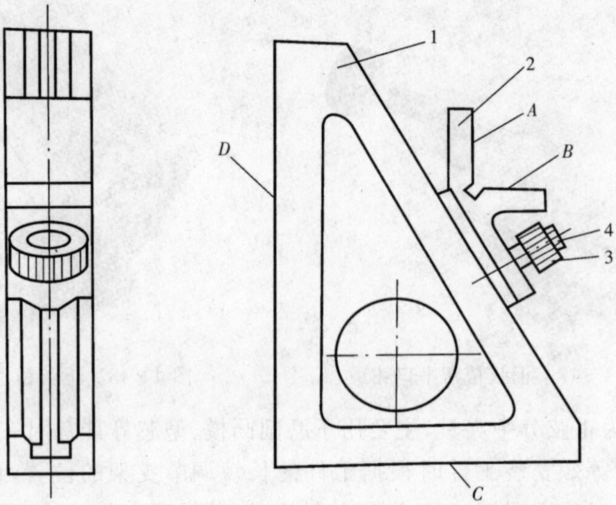

图 4－50　测量调整器

1－三角架　2－量块座　3－固定螺母　4－螺钉

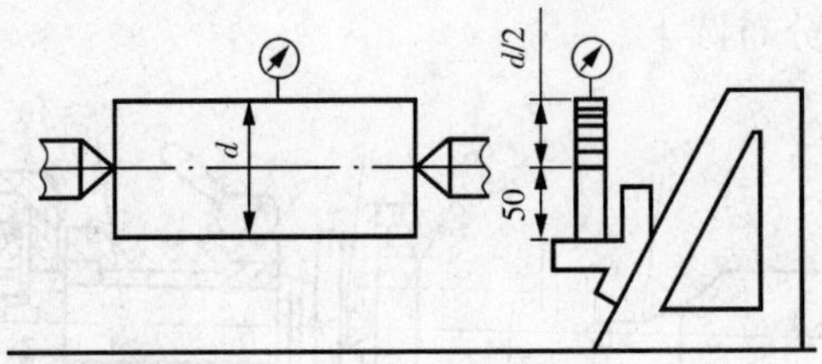

图 4－51　夹具中心高的确定

万能夹具能使工件回转，并通过十字滑板使工件在两个相互垂直的方向上移动，以调整工件的回转中心，使之与夹具主轴的中心重合。因此，万能夹具能完成不同轴线的凸、凹圆柱面的磨削。

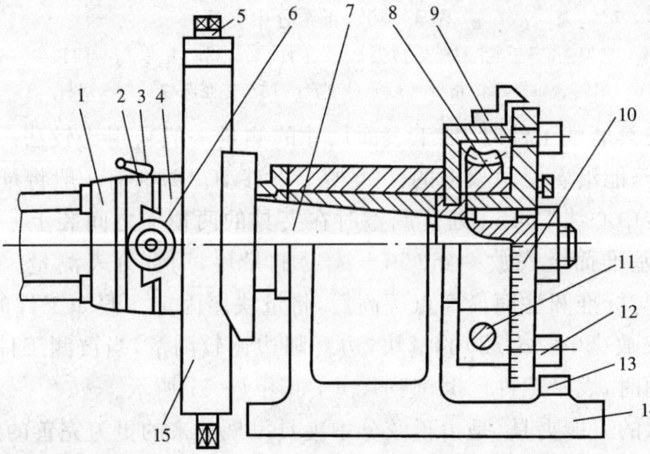

图 4－52　万能夹具

1－转盘　2－小滑板　3－手柄　4－中滑板　5－丝杠　6－丝杠　7－主轴　8－蜗轮　9－游标　10－正弦分度盘　11－蜗杆　12－正弦圆柱　13－量块垫板　14－夹具体　15－滑板座

思考题

1. 车削淬硬零件的要点有哪些？
2. 逆铣法和顺铣法各有什么特点？
3. 成形磨削有哪些方法？各有什么特点？

第五章 模具零件的特种加工

【内容提要】 本章主要介绍了电火花加工的工作原理、加工特点以及电火花加工的工艺过程;数控电火花线切割机床和数控电火花成形机床的结构组成和操作方法,并以实例说明了电火花线切割和电火花成形的具体方法。

【目标要求】 掌握数控电火花线切割和数控电火花成形加工的工作原理及加工特点;熟悉数控电火花线切割机床和数控电火花成形机床的结构组成、适用范围及主要用途;正确选择数控电火花的加工方法,对零件进行数控电火花加工。

第一节 电火花成形加工

一、电火花成形加工的基本原理

电火花成形加工基于电火花腐蚀原理,是在工具电极(+或-)与工件电极(-或+)相互靠近时(不可以接触),极间形成脉冲性火花放电,在电火花通道中产生瞬时高温,使金属局部熔化甚至气化,从而实现对工件进行加工,以达到获得一定形状、尺寸和表面粗糙度要求为目的的加工方法。电火花成形加工的基本原理见图 5-1 所示。

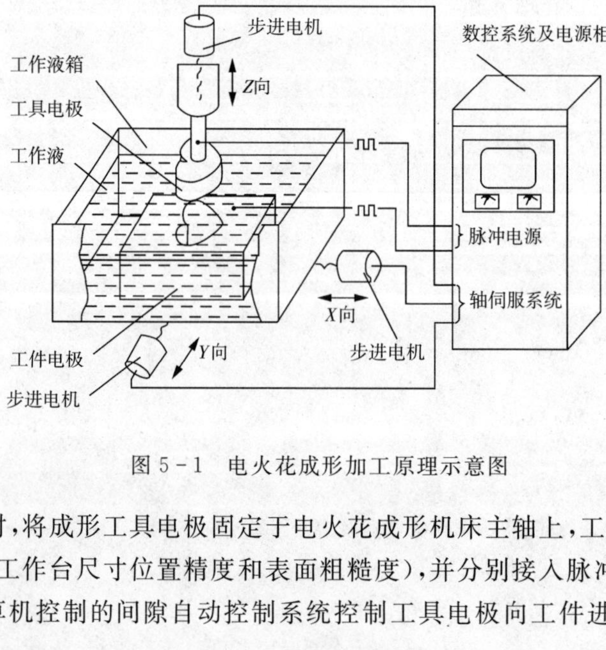

图 5-1 电火花成形加工原理示意图

电火花加工时,将成形工具电极固定于电火花成形机床主轴上,工件固定在机床工作台的过渡板上(保护工作台尺寸位置精度和表面粗糙度),并分别接入脉冲电源的两极,浸入工作液中。通过计算机控制的间隙自动控制系统控制工具电极向工件进给,两个电极在放电前具较高的电压。当两电极接近到一定距离时，在两电极上施加的脉冲电压将在两极之间最接近处，将缓冲保护介质击穿，随即发生火花放电。伴随击穿的一瞬间，两极之间的电阻急剧下降，两极之间的电压也随之急剧变低，火花通道在维持短暂的时间后立即熄灭，以保持成形电极有“冷极”特性，使通道能量作用于极小范围。通道能量的存在，可使电极局部被腐蚀。在放电的间隙通道内瞬时集中了大量的热能，温度常高达 10000℃以上，使放电点工作表面局部微量的金属材料立刻熔化、爆炸并抛到工作液中。气化的金属被工作液冷却成固体的金属微粒，并被工作液带走。同时在工件表面上留下一个微小的凹坑痕迹，放电短暂停歇，两电极间工作液恢复绝缘状态。接着，下一个脉冲电压又在两电极的另一处将缓冲保护介质击穿，产生火花放电，重复上述过程。这样，虽然每个脉冲放电蚀除的金属量极少，但因每秒钟有上万次脉冲放电作用，就能蚀除较多的金属，且工作液不断带走加工后的电蚀金属残渣，逐渐形成加工型腔。

为了保证工具电极与工件之间有恒定的放电间隙，必须做到在蚀除工件金属的同时，工具电极不断向工件作进给运动。同时，为了防止产生积碳现象，工具电极在不断地向工件进给的同时也需要反复地退出。周而复始，最后才能加工出与工具电极相一致的形状来。因此，通过改变工具电极的形状和改变工具电极与工件之间的相对运动方式，就能加工出各种复杂的曲面。

为了在加工过程中既可以满足脉冲电压不断击穿缓冲保护液，产生火花放电，又可以适应在火花通道熄灭后缓冲保护液消除电离以及排出蚀除的金属残渣，必须做好以下几点：

第一，维持工具电极和工件之间合理的距离。若两电极距离过大，则脉冲电压不能击穿缓冲保护液，自然也不能产生火花放电；若两电极距离过小，导致两电极产生短路，则在两电极间不能有脉冲能量积蓄，也就不可能实现电蚀加工效果。

第二，输送到两电极间的脉冲能量密度应足够大。在火花通道形成后，脉冲电压变化不大，因此，通道的电流密度可以代表放电通道能量密度。当能量密度足够大时，才可以使被加工材料局部熔化或气化，从而在被加工材料表面形成一个腐蚀痕，实现电火花加工。因而通道必须有较大的电流密度。

第三，放电通道必须具有足够大的峰值电流，这样通道就可以在脉冲期间得到维持。脉冲放电需重复多次进行，并且多次脉冲放电在时间上和空间上是分散的。时间上相邻的两个脉冲不在同一点上形成通道，在某一定时间范围内脉冲放电集中发生在这一区域，而在另一段时间内，脉冲放电应转移到另一区域。只有这样，才能避免积碳现象，从而避免发生电弧和局部烧伤。

第四，脉冲放电后的电蚀产物能及时排放至放电间隙之外，使重复放电顺利进行。在电火花加工的生产实际中，上述过程通过两个途径完成。一方面，火花放电以及电蚀过程本身具备将蚀除产物排离的固有特性；另一方面，蚀除物以外的其余放电产物也可以促进蚀除产物的排离。

第五，先后两次脉冲放电之间，要有足够的停歇时间使极间介电液充分消电离，恢复其介电性能，以保证每次放电不在同一点重复进行，避免发生局部烧伤现象。

从大量的实验资料来看，每次电火花蚀除的微观过程都是电场力、磁力、热力、电化学和胶体化学等综合作用的过程，这一过程可分为以下三个彼此独立又互相关联的连续阶段。

(1)电离——击穿形成放电通道；

(2)放电——热蚀阶段；

(3)介质抛出——消电离阶段。

电火花成形加工机理如图 5-2 所示。

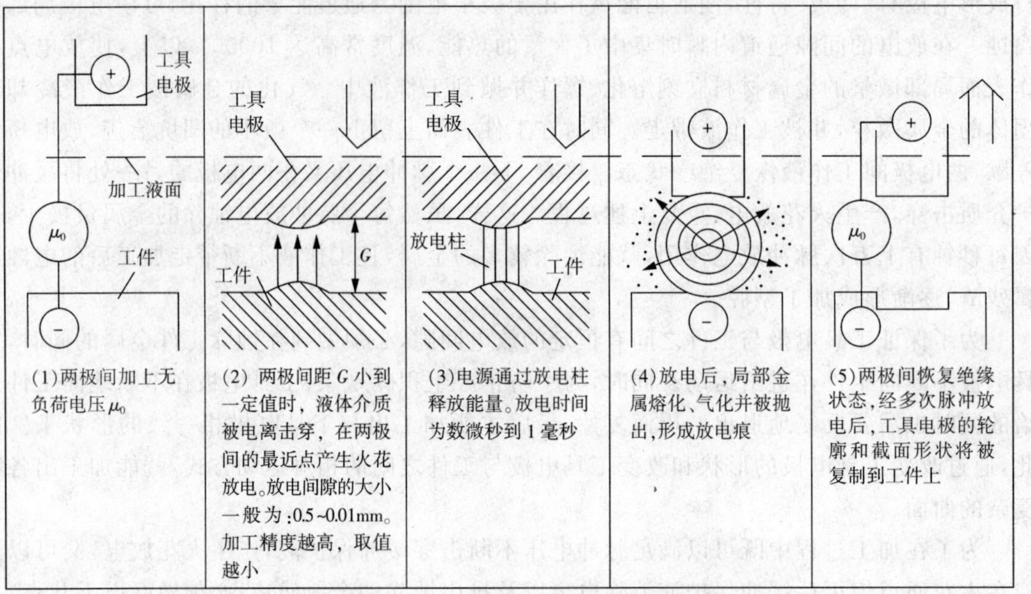

图 5-2　电火花成形加工机理

二、电火花成形加工的特点

电火花成形加工是利用成形电极，在与工件之间形成脉冲放电蚀除导电材料的过程中，逐步沉入工件内进行加工，因而除了需要工件材料导电外，对被加工材料几乎没有任何限制，完全适用于高熔点、高硬度、高脆性、高塑性和高纯度的新材料加工。由于脉冲放电的能量密度高，不受热处理状况影响；并且脉冲放电持续时间极短，放电时产生的热量传导扩散范围小，材料受热影响范围小；同时工具电极材料不需要比工件材料硬，因此，工具电极制造容易；放电加工时，工具电极与工件材料不接触，两者之间的力学变形几乎不存在。归纳起来，电火花成形加工具有如下特点：

(1)由于脉冲放电的能量密度高，使其便于加工用普通的机械加工难以加工或无法加工的特殊材料和复杂形状的零件，并不受材料及热处理状况的影响。

(2)工具电极与工件材料不接触，两者之间的宏观作用力极小。工具电极不需要比加工材料硬，即可以以“柔”克“刚”，故电极制造更容易。而且也有利于包括小孔、窄槽在内的各种复杂精密零件的加工，并能在淬火后进行。

(3)由于是直接利用火花放电蚀除工件材料，加工时几乎没有大的作用力，因此易于实现加工过程的自动控制及实现无人化操作。

(4)由于火花放电时工件与电极均会被蚀除，因此电极的损耗对加工形状及尺寸精度的影响比切削加工时刀具的影响要大。

(5)脉冲放电的持续时间短，放电时所产生的热量传播范围小，工件表面的热影响区较小。

(6)脉冲参数可在一个较大范围内调节，故可以在同一台机床上连续进行粗、中、精及精微加工。精加工时的精度能控制，其误差小于±0.01mm，表面粗糙度 R_a0.63～1.25μm。精微加工时精度可达 0.002～0.004mm，表面粗糙度 R_a0.04～0.16μm 。

三、影响电火花加工的因素

1. 极性效应对电蚀量的影响(工件可为"＋"也可为"－")

在电火花加工时，相同材料(如用钢电极加工钢)两电极的被腐蚀量是不同的。其中一个电极比另一个电极的蚀除量大，这种现象叫做极性效应。如果两电极材料不同，则极性效应更加明显。在生产中，将工件接脉冲电源正极(工具电极接脉冲电源负极)的加工称为正极性加工，反之称为负极性加工。

在实际加工中，极性效应受到电极及电极材料、加工介质、电源种类、单个脉冲能量等多种因素的影响，其中主要原因是脉冲宽度。整个作用过程是比较复杂的。在电场的作用下，放电通道中的电子奔向正极，正离子奔向负极。在窄脉冲宽度加工时，由于电子惯性小，运动灵活，大量的电子奔向正极，并轰击正极表面，使正极表面迅速熔化和气化；而正离子惯性大，运动缓慢，只有一小部分能够到达负极表面，大量的正离子不能到达，因此电子的轰击作用大于正离子的轰击作用，正极的电蚀量大于负极的电蚀量，这时应采用正极性加工。

在宽脉冲宽度加工时，质量和惯性都大的正离子将有足够的时间到达负极表面。由于正离子的质量大，它对负极表面的轰击破坏作用要比电子强，同时到达负极的正离子又会牵制电子的运动，故负极的电蚀量将大于正极，这时应采用负极性加工。

在实际加工中，要充分利用极性效应，正确选择极性，最大限度地提高工件的蚀除量，降低工具电极的损耗。

一般快速粗加工时工件接"－"极，慢速精加工时工件接"＋"极。

2. 影响加工精度的主要因素

电加工精度包括尺寸精度和仿形精度(或形状精度)。影响精度的因素很多，这里重点探讨与电火花加工工艺有关的因素。

(1)放电间隙　电火花加工中，工具电极与工件间存在着放电间隙，因此工件的尺寸、形状与工具并不一致。如果加工过程中放电间隙为常数，根据工件加工表面的尺寸、形状可以预先对工具尺寸、形状进行修正。但放电间隙是随电参数、电极材料、工作液的绝缘性能等因素变化而变化的，从而影响了加工精度。

间隙大小对形状精度也有影响，间隙越大，则复制精度越差，特别是对复杂形状的加工表面。如电极为尖角时，由于放电间隙的等距离，工件则为圆角。因此，为了减少加工尺寸误差，应该采用较小的放电间隙，另外还必须尽可能使加工过程稳定。放电间隙在精加工时一般为 0.01～0.1mm，粗加工时可达 0.5mm 以上(单边)。

(2)加工斜度　电火花加工时，由于工具电极下面部分加工时间长，损耗大，因此电极变小，而入口处由于电蚀产物的存在，易发生因电蚀产物的介入而再次进行的非正常放电(即"二次放电")，从而产生加工斜度。

(3)工具电极的损耗　在电火花加工中，随着加工深度的不断增加，工具电极进入放电区域的时间是从端部向上逐渐减少的。实际上，工件侧壁主要是靠工具电极底部端面的周边加工出来的。因此，电极的损耗也必然从端面底部向上逐渐减少，从而形成了损耗锥度，工具电极的损耗锥度反映到工件上就是加工斜度。

(4)液体介质是产生放电的基本条件　对工作介质的要求：

在放电结束后迅速恢复间隙的绝缘状态(消电离)；具有较好的流动性，将电蚀产物抛出和排除；较好的导热性能，使工作位置快速冷却；较好的经济性。

(5)电规准　电规准是指电火花加工时选用的电加工用量、电加工参数，主要有以下参数：

① 高压脉冲峰值电流 B_p。

② 低压脉冲峰值电流 A_p。放电初始两极之间的电流与被加工工件的面积有关，放电面积越大，低压脉冲峰值电流越大。

③ 脉冲放电时间 P_A。脉冲放电时间简称脉宽。它是加到工具和工件上放电间隙两端的电压脉冲的持续时间，单位为 μs。为了防止电弧烧伤，电火花加工只能用断断续续的脉冲电压进行加工。粗加工可用较大的脉冲宽 $P_A > 100\mu s$，精加工时用较小的脉宽 $P_A < 50\mu s$。

④ 脉冲放电间隔 P_B。脉冲放电间隔简称脉间，也称脉冲停歇时间，单位 μs 。它是两个电压脉冲之间的间隔时间。间隔时间过短，放电间隙来不及消电离和恢复绝缘，容易产生电弧放电，烧伤工具和工件。脉间过长，将降低加工生产率。加工面积、加工深度较大时，脉间也稍大。中粗加工时，脉冲放电时间越长，越有利于降低工具电极的相对损耗。在电火花加工的实用过程中，粗加工采用长脉冲放电时间(脉冲宽度增加)和高脉冲放电电流，既可以提高加工速度，又能保持较小的电极损耗。精加工时，为了保持较低的表面粗糙度值，应该进行小能量加工，所以必须减少脉冲放电时间。但这不仅加大了工具电极的相对损耗，也大幅度降低了加工速度。主要电参数与工艺指标的关系如下表 5－1 所示。

表 5－1　电参数对工艺指标影响

工艺指标 电参数	加工速度	电极损耗	表面粗糙度值	其他参数
高峰值电流 B_p 提高	增加	增加	增加(表面越差)	加工间隙增加
低峰值电流 A_p 提高	稍有增加	增加	增加	加工间隙增加
脉冲宽度 P_A 提高	增加	减小	增加	加工间隙增加
脉冲间隙 P_B 提高	减小	增加	影响不大	加工稳定性增加
间隙空载电压 G_p 提高	减小	影响不大	增加	加工间隙增加
介质清洁度提高	中粗加工减小，精加工增加	影响不大	影响不大	加工稳定性增加

四、电火花成形加工的工艺过程

1. 电火花成形加工的应用

可以加工各种高硬度、高强度、高韧性、高脆性的导电材料，并且常用于模具的制造过程中。电火花成形加工可以广泛应用于：

(1)加工各种小型冲裁模、锻模、压铸模、塑料模、玻璃模、粉末冶金模型腔。

(2)加工微小孔、窄缝、畸形孔。

(3)切割各种硬质合金及在硬质合金上加工螺纹孔。

(4)型腔空间立体旋转模具。

(5)磨削平面和圆面。

(6)其他:如强化金属表面,从重要工件中取出折断的工具等。

2. 电火花成形常用的加工方法

电火花成形加工过程中,必须综合考虑机床特性、零件材质、零件的复杂程度等因素对加工的影响,针对不同的加工对象,其工艺过程有一定差异。电火花成形加工主要包括穿孔加工和型腔加工两大类。

冲模加工是电火花穿孔加工的典型应用。一副冲模的主要零件是冲头和凹模。冲头可用成形磨削等一系列机械加工方法加工。凹模用传统的机械加工方法来加工比较困难,而采用电火花加工则很容易达到目的。它不仅可以得到均匀的配合间隙和所需的落料精度,而且对复杂的凹模,可以不用镶拼结构,从而大大节约设计和制造工时,提高了凹模的强度。对一些配合精度、表面粗糙度、刃口斜度等要求高的冲模,一般都采用电火花穿孔加工。电火花加工一般按图 5-3 所示的步骤进行。

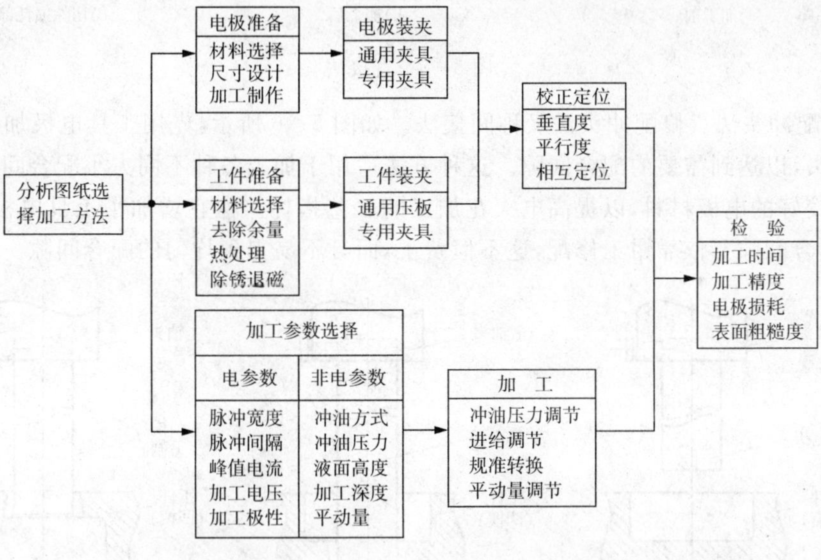

图 5-3　电火花成形加工的步骤

(1)进行工艺分析,确定加工方法

对零件图进行分析,了解工件的结构特点、材料,明确加工要求。然后,根据加工对象、精度及表面粗糙度等要求和机床功能选择加工方法。

衡量一副冲模质量好坏的主要技术指标是:冲头和凹模的配合间隙、尺寸精度、表面粗糙度、刃口高度 h、刃口斜度 β 和落料角度 α,如图 5-4 所示。达到配合间隙要求的途径有三种:

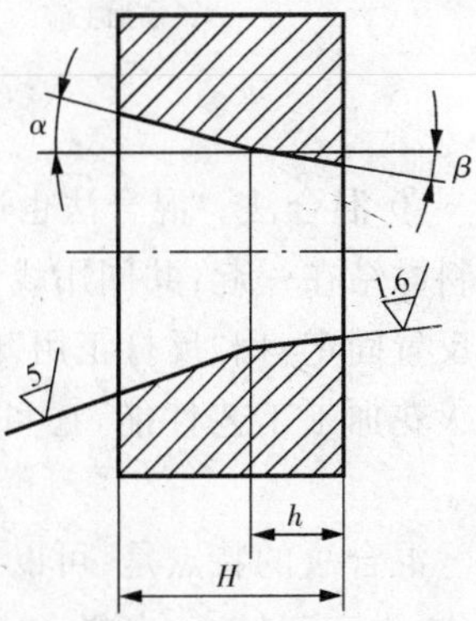

图 5-4　凹模

① 直接配合法。如图 5-5 所示,直接用冲头作工具电极,或者将制造工具电极用的毛坯和冲头黏结或焊接在一起

后，同时加工出冲头和工具电极。然后用后者加工凹模，而通过调节加工参数来保证放电间隙和要求的凸、凹模配合间隙一致。这种方法的优点是简化了工具电极的制造，可得到均匀的配合间隙。但由于在一定的表面粗糙度要求（如 R_a1.6～0.8μm）条件下放电间隙的调节范围较小，这种方法只适用于部分冲模。另外，由于工具电极要和冲头一起成形磨削，因而限制了工具电极材料的选用范围。

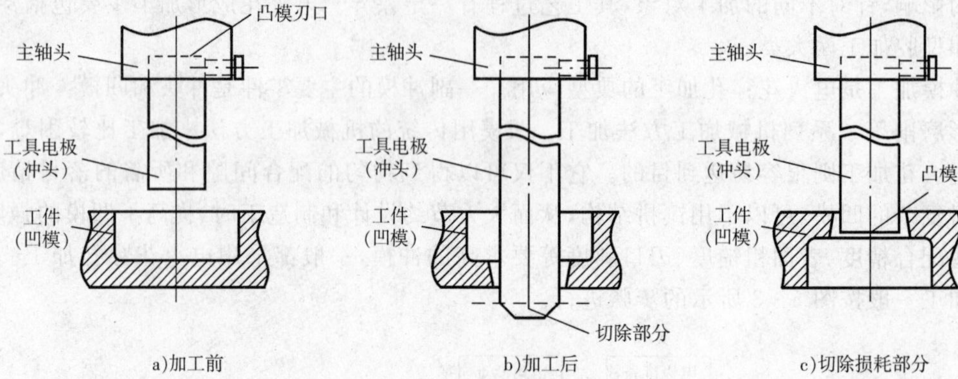

图 5-5　直接法

② 修配冲头法。修配冲头法又称间接法。如图 5-6 所示，先用工具电极加工凹模，然后配作冲头，以达到需要的配合间隙。这种方法适用于加工各种不同大小配合间隙的模具，可以选用较好的电极材料，以提高电火花加工的工艺指标。但它增加了工具电极的制造工时，而且配合间隙要依靠钳工修配，这不但费工，而且不易得到均匀的配合间隙。

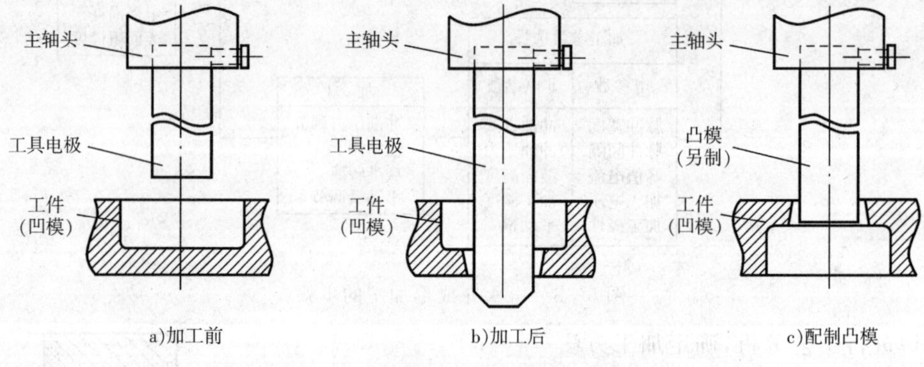

图 5-6　间接法

③ 混合法。混合法也适用于加工冲模，是指将电火花加工性能良好的电极材料与冲头材料黏结在一起，共同用线切割或磨削成形，然后用电火花性能好的一端作为加工端，将工件反置固定，用“反打正用”的方法进行加工。这种方法不仅可以充分发挥加工端材料好的电火花加工工艺性能，还可以达到与直接法相同的加工效果。混合法的加工原理见图 5-7。

混合法的特点是：可以自由选择电极材料，电加工性能好；无须另外制作电极；无须修配工作，生产率较高；电极一定要黏结在冲头的非刃口端。

工具电极先按冲头尺寸制造，然后根据配合间隙的要求，对照选定规准的放电间隙适当

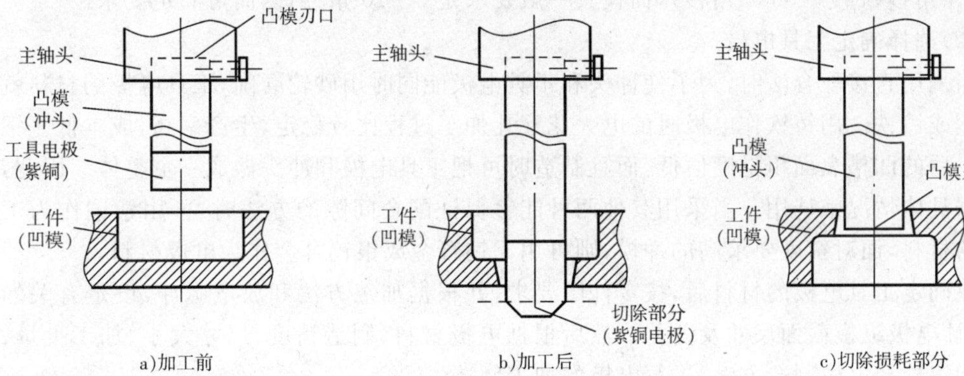

图 5－7　混合法

修配工具电极尺寸，使电火花加工后的凹模能与冲头相配合。

④ 阶梯工具电极加工法。阶梯工具电极加工法在冷冲模具电火花成形加工中极为普遍，其应用方面有两种：一是无预孔或加工余量较大时，可以将工具电极制作为阶梯状，将工具电极分为两段，即缩小了尺寸的粗加工段和保持凸模尺寸的精加工段。粗加工时，采用工具电极相对损耗小、加工速度高的电规准加工，粗加工段加工完成后只剩下较小的加工余量。精加工段即凸模段，可采用类似于直接法的方法进行加工，以达到凸凹模配合的技术要求。阶梯工具电极加工法的加工原理见图 5－8。二是在加工小间隙、无间隙的冷冲模具时，配合间隙小于最小的电火花加工放电间隙，用凸模作为精加工段是不能实现加工的。则可将凸模加长后，再加工或腐蚀成阶梯状，使阶梯的精加工段与凸模有均匀的尺寸差，通过加工规准对放电间隙尺寸的控制，使加工后工件符合凸凹模配合的技术要求。

除此以外，还可根据模具或工件不同的尺寸特点和技术要求，采用双阶梯或多阶梯工具电极。阶梯形的工具电极可以由直柄形的工具电极用“王水”酸洗、腐蚀而成。机床操作人员应根据模具工件的技术要求和电火花加工的工艺常识，灵活运用阶梯工具电极的技术，充分发挥穿孔电火花加工工艺的潜力，不断完善其工艺技术。

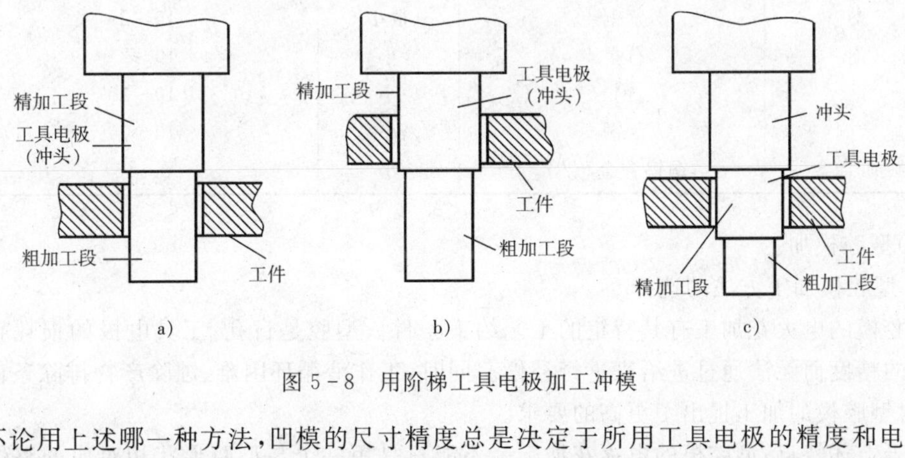

图 5－8　用阶梯工具电极加工冲模

不论用上述哪一种方法，凹模的尺寸精度总是决定于所用工具电极的精度和电火花加工放电间隙，而放电间隙的大小和均匀性则决定于电规准和其他工艺参数的影响。

刃口斜度 β 可利用精加工时的“二次放电”形成。当前对自然形成的斜度一般可以控制在 2～4 角秒(1 度＝3600 角秒)，而模具一般要求是 5～10 角秒，因而可满足要求。

(2)选择确定工具电极

当采用直接配合法时，为了使冲头和工具电极能同时用砂轮磨削，工具电极的材料就只能用钢或铸铁。用铸铁作电极时的电火花穿孔加工过程比较稳定，生产率高，成本低。钢电极加工后的凹槽表面粗糙度值低，而且制造时可把工具电极和冲头做成一个整体。因此，应当根据具体情况来选用。当采用其他两种能够保证配合间隙的方法时，可用紫铜作为工具电极的材料，而对精度要求高的冲模，则可用铜钨合金或银钨合金作为电极材料。

在确定工具电极的材料后，按零件图要求，并根据加工方法和放电脉冲，设定有关的参数，设计电极纵横截面尺寸及公差。然后根据电极材料、制造精度、尺寸大小、加工批量、生产周期等选择电极制造方法，进行电极的加工制造。

工具电极的尺寸精度和表面粗糙度一般要比凹模高一级，精度一般不低于 IT7 级，粗糙度不低于 $R_a0.8\mu m$，平直度和平行度在 100mm 内不超过 0.01mm。设计工具电极时，要考虑到它与主轴连接后，保证其重心在主轴中心线上。这一点很重要，尤其是对于较重的电极，否则附加的偏心距易使电极轴线偏斜，影响模具的加工精度。

(3)电规准的确定与转换

在选择确定了加工方法之后，要根据加工的表面粗糙度及精度要求确定放电脉冲的相关参数。电规准对工艺指标的影响很大。电规准主要根据工艺试验和生产实践经验来确定。由于冲模的尺寸精度和粗糙度要求高，配合间隙小，一般都采用单个能量小的窄脉冲加工。但还可细分粗、精两种规准，每一种又可分为几挡。粗规准加工的任务是蚀除大量材料后留最少的精加工余量。对它的要求是生产率高，工具电极损耗小，转换精规准之前的粗糙度不低于 $R_a6.3\mu m$。精规准是最终保证模具所要求的配合间隙、表面粗糙度、刃口斜度等质量指标的，同时应尽可能提高生产率。采用粗规准和精规准的正确配合，可以较好地解决电火花加工的质量和生产率间的矛盾。可以按表 5-2 选择放电脉冲参数。

表 5-2　常用电极材料、电极损耗及最大允许电流密度

被加工材料	推荐电极材料及极性	电极损耗	最大电流密度(A/cm^2)
钢	紫铜＋	很小	15～25
钢	石墨＋	小	10～25
钢	钢－	小	10～20
紫铜	紫铜＋	小	10～25
硬质合金	铜钨合金－/＋	小	8～15

(4)型腔模加工

① 型腔模加工方法的选择

型腔模的电火花加工有其特定的工艺约束条件。型腔是盲孔，工具电极的损耗直接影响型腔的精度而无法通过进给来进行补偿。同时，工作液循环困难、蚀除产物排除条件差等原因，对型腔模的加工提出了更高的要求。

由于上述特点，型腔模的电火花加工就不能只是用一个与型腔形状相对应的整体成形电极沿着型腔的深度方向通过进给来进行加工。当前常用的型腔模电火花加工方法有以下几种：

a. 单电极平动加工法。是指采用同一个工具电极完成模具型腔的粗、中及精加工。对普通的电火花机床，在加工过程中先用无损耗或低损耗电规准进行粗加工，然后采用平动头使工具电极做圆周平移运动，按照粗、中、精的顺序逐级改变电规准，进行侧面平动修整加工。在加工过程中，借助平动头逐渐加大工具电极的偏心量，可以补偿前后两个加工电规准之间放电间隙的差值，这样就可完成整个型腔的加工。近年来，在平面平动头的基础上，还出现了立体平动头，它可以同时在 X、Y、Z 三个坐标方向作微量的运动，使型腔的侧面和底面粗糙度同时降低。图 5-9 是单工具电极直接成形法的工作原理。

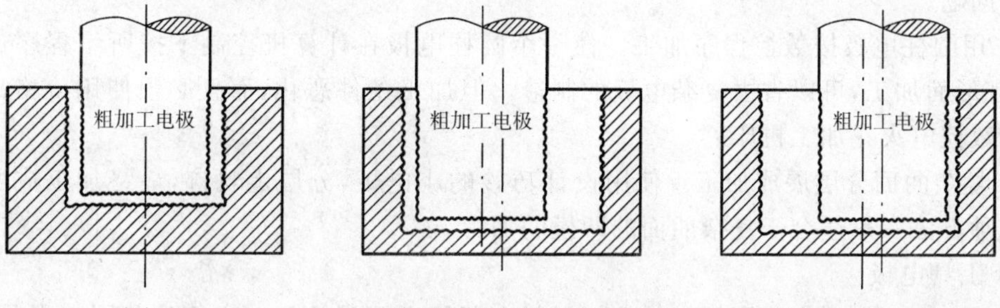

图 5-9　单工具电极直接成形法

b. 多次更换电极法。对早期的非数控电火花机床，为了加工出高质量的工件，常采用多电极更换法。即用多个形状相同但尺寸各异的电极依次加工一个型腔。图 5-10 是多次更换电极法成形的工作原理。

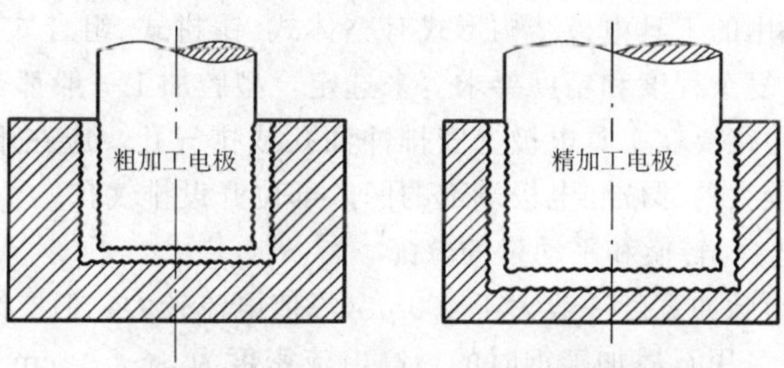

图 5-10　多电极更换法

多电极更换法是指根据一个型腔在粗、中、精加工中放电间隙各不相同的特点，采用几个不同尺寸的工具电极完成一个型腔的粗、中、精加工。在加工时首先用粗加工电极蚀除大量金属，然后更换电极进行中、精加工；对于加工精度高的型腔，往往需要较多的电极来精修型腔。在加工过程中，粗加工用的工具电极尺寸必须按粗加工规准的放电间隙值和中、精加工所需的加工余量相应地缩小或放大。而更换电极的数量应根据型腔的精度要求而定。由于每次加工中因电极损耗、二次放电造成的侧壁斜度以及棱角过大等加工误差都在更换电极后的下一次加工时被去除了，因此型腔的加工精度取决于最后一个电极的加工结果。而最后精加工时由于余量小、加工规准弱、工具电极的损耗量小，故可以达到很高的加工精度。

这种加工法的优点是仿形精度高，尤其适用于尖角、窄缝多的型腔模加工。它的缺点是需要制造多个电极，并且要求各个电极在形状和尺寸上都有很高的一致性，对电极的重复制造精度要求很高。另外,在加工过程中,电极的依次更换需要有一定的重复定位精度,对工具电极和主轴的制造要求就提高了。

c. 分解电极法。它是根据型腔的几何形状把工具电极分解成主电极和副电极,先用主电极加工出型腔的主要部分,再用副电极加工尖角、窄槽等部位。这样,在加工型腔的尖角、窄槽等细小部位时,可选用较小的加工规准,而在加工型腔的主要部分时,则可用较大的加工规准。这不仅有利于提高生产率和得到较好的型腔表面质量,而且既简化电极制造工艺又便于修整电极。但是,在应用这种加工方法时,必须要很好地解决型腔各部位间的相对位置精度问题。

d. 用圆柱电极按数控程序加工。使一个圆柱电极在计算机控制下按所编程序进行运动,实现形面加工,可以省去复杂电极的制造。但加工条件恶化,而且必须使用价格昂贵的多坐标数控电火花加工机床。

e. 复杂曲面分层展成加工。使用设计巧妙的小电极,分层走轨迹,最终加工成所需型腔。这种方法一般适合于复杂曲面的凹模的加工。

② 工具电极

目前在型腔加工中应用较多的电极材料有紫铜和石墨两种。它们的共同特点是:损耗小、生产效率高、加工稳定性好。两者相比,紫铜电极的尺寸精度较好,不会崩刃塌角,能制成薄片和其他复杂的形状,加工过程中不易拉弧烧伤,工件的表面粗糙度值低。石墨电极易于成形和修整,重量比较轻,但加工表面粗糙度不如紫铜电极好,而且精加工时的损耗较大。铜钨、银钨电极的抗损耗性能非常好,但材料价格很贵,故仅在加工高精度的型腔模时才采用。

在型腔加工中常用的工具电极结构形式有整体式、镶拼式、组合式等几种,要根据工件上型腔的数量、尺寸、复杂程度和精度要求等来选定。型腔加工一般都是盲孔加工,排气、排屑都比较困难,因此往往要在工具电极上安排冲油孔或排气孔。应在难于排屑的部位安排冲油孔,在加工面积较大的部位和电极端部的凹入部位开设排气孔。

③ 加工规准的选择、转换和平动量的分配

在粗规准加工中,脉冲宽度一般大于 400 μs,峰值电流较大。但要注意加工电流和加工面积之间的配合关系。用石墨加工钢时的最高电流密度为 3～5A/cm^2,用紫铜加工钢时可稍大些,一般不超过 10A/cm^2。中规准加工时的脉冲宽度为 20～400μs,峰值电流较小。精规准加工通常是指表面粗糙度在 R_a1.6μm 以上的加工。精规准加工时的去除量很小,一般不超过 0.1～0.2mm。这时所取的脉冲宽度小于 10～20μs,电流峰值很小。

在加工过程中,当加工表面刚好达到本挡规准应具有的粗糙度时,应及时转换规准。这样既能达到不断修光的目的,又可使每挡的金属蚀除量最小,从而得到尽可能高的加工速度和较低的电极损耗。

当采用单电极加工时,中规准加工的平动量为总平动量的 75%～80%,而只留很少余量用精规准进行修光。

五、电火花成形加工设备

1. 电火花加工机床简介

电火花成形机床是通用的电火花加工机床,可进行电火花穿孔加工及电火花型腔加工,在模具加工领域有着广泛的应用。我国国标规定,电火花成形机床的标注方法均用 D71 加上机床工作台面宽度的 1/10 表示。例如 D7132 中，D 表示电加工成形机床(若该机床为数控电加工机床，则在 D 后加 K，即 DK)；71 表示电火花成形机床；32 表示机床工作台的宽度为 320mm。除中国大陆外，电火花加工机床的型号没有采用统一标准，由各个生产企业自行确定，如日本沙迪克(Sodick)公司生产的 A3R、A10R，瑞士夏米尔(Charmilles)技术公司的 ROBOFORM20/30/35，台湾乔懋机电工业股份有限公司的 JM322/430，北京阿奇工业电子有限公司的 SF100 等。

电火花加工机床按其大小可分为小型(D7125 以下)、中型(D7125—D7163)和大型(D7163 以上)；按数控程度分为非数控、单轴数控和三轴数控。随着科学技术的进步，国外已经大批生产三坐标数控电火花机床，以及带有工具电极库、能按程序自动更换电极的电火花加工中心，我国的大部分电加工机床厂现在也正开始研制生产三坐标数控电火花加工机床。

电火花成形机床除一般的机床本体外，还有高频脉冲电源和工作介质的循环过滤两大装置。由于电火花成形机床的结构各异，在此主要以苏州新火花 SPZ250/60A 型电火花成形机床为例来说明电火花机床的结构与工作过程。

2. 电火花成形机床的结构

图 5－11 是电火花成形机床。

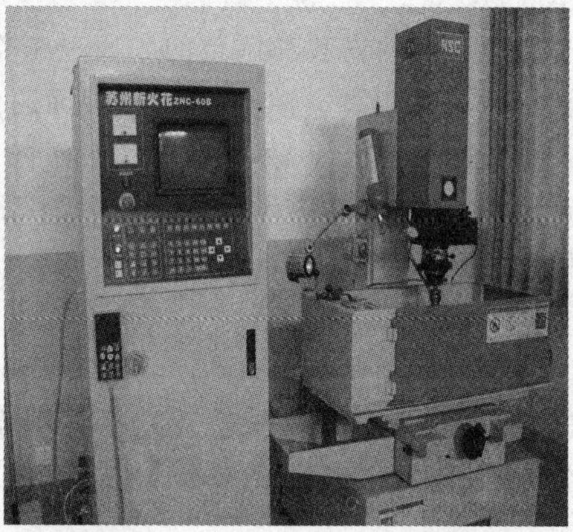

图 5－11　电火花成形机床

电火花成形加工机床主要由机床主体、脉冲电源、伺服控制系统、工作液循环过滤系统及机床附件等构成。

脉冲电源及伺服进给系统主要由电源箱体、电源变压器、控制电路、功率输出电路及电气系统等组成。任务主要是向主机工具电极与工件输出脉冲能量，进行稳定的放电加工并且实现自动控制。

工作液循环过滤系统主要由储油箱、过滤泵、控制阀及各种管道等组成。任务主要是向主机加工液槽提供足够的加工液，实现工具电极与工件的正常放电加工。

机床附件的品种很多，常用的附件有可调节的工具电极夹头、平动头、油杯、永磁吸盘及光栅磁尺等。其主要作用是为了装夹工具电极、压装工件、辅助主机实现各种加工功能。

(1)机床的传动系统

SPZ250/60A 型电火花成形机床的传动系统主要包括两个部分，如图 5－12 所示。

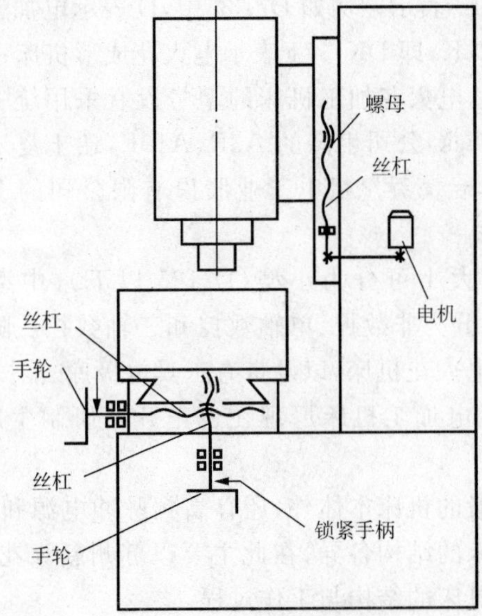

图 5-12　电火花成形机床的传动系统

① 工作台的纵横向移动

工作台的纵横向移动是用于工件的安装和调整的。通过工作台的移动，可使固定在工作台上的工件调整到与主轴头相应的相对位置，保证加工表面的位置尺寸。

工作台在纵横移动前应先松开锁紧手柄，再分别转动工作台上的手柄，通过纵横向丝杠以及与之相啮合的丝杠螺母使纵横向拖板移动。丝杠螺距为 5mm，刻度盘圆周为 100 等分，因此每转动 1 格刻度，拖板移动 0.05mm。

② 主轴头座的升降

主轴头的升降采用机动的方式，调节电极与工件之间的上下距离，电机通过一对链轮和传动丝杠螺母带动主轴头座上下移动。其行程由限位开关控制，主轴头座锁紧由弹簧来实现。移动时要通过液压电磁阀控制松压油缸运动，压缩弹簧。松开压板后才能启动电机转动。

(2)机床结构

① 床身与立柱。床身与立柱为机床的基础件。工作台的纵横拖板及导轨安装于床身上。床身与立柱间用螺栓紧密连接成为一个整体，而主轴头座则安装在立柱的导轨上。

因为主轴头本身及加工中安装在主轴上的电极的自重将引起立柱的前倾，同时，在放电加工时电极作频繁的上下运动，使立柱产生强迫振动，这些都要求床身和立柱必须具有足够的刚度，以尽量减少床身与立柱的变形，这样才能保证电极和工件在加工过程中的相对位置不发生变化，才能保证加工精度。

② 主轴头。主轴头是电火花成形机床的关键部件。要求主轴头能满足以下几点要求：

a. 保证稳定加工，维持最佳放电间隙，充分发挥脉冲电源的能力。

b. 放电加工过程中，发生暂时的短路或拉弧时，主轴能迅速抬起，中断电弧。

c. 为满足精密加工的要求，需保证主轴移动的直线性。

d. 主轴应有足够的刚度，保证因电极上分布不均匀的工作液喷射力所形成的侧面位移最小。同时要求能够承受大电极安装而不损害其防扭机构。

e. 主轴应具有均匀的进给而无爬行的运动,在侧向力和偏载力的作用下仍能保持原有的精度和灵敏度。

在放电加工过程中,主轴头连同安装在它上面的工具电极一起,在机床伺服系统的驱动下作伺服进给运动,使放电加工过程连续、稳定地进行。

主轴采用直线滚珠导轨,由直流伺服电机通过两对齿轮传动滚珠丝杠,带动主轴拖板作上下移动。同时,直流伺服电机本身具有刹车装置,以防止主轴部分在重力的作用下向下滑落。在主轴头罩壳的前面装有标尺,可以粗略定位,在下面有百分表,可粗看加工深度。

(3)工作台

工作台由台面、上拖板、下拖板等构成。工作台上装有导轨,工作台与拖板间是绝缘的,可以保证加工中的人身安全。

(4)工作油箱

工作油箱固定在工作台的拖板上面,是一个带门的空箱结构。松开搭襻可将油箱前门打开,以便进行工件的安装与拆卸等操作。油箱前门与箱体间有耐油橡胶,以防止油箱体与油箱前门间漏油。工作油箱的左面有挡板,可用来控制工作液面的高度,在加工完成后,可提起挡板,使工作液快速回流到油箱。

(5)工作液循环过滤系统

电火花成形加工一般是在液体介质中进行的。一般地,电火花成形加工机床采用煤油、机油等作工作液。粗加工时采用的脉冲能量大,加工间隙也较大,爆炸排屑能力强,可选黏度大的机油,且机油的燃点要高,大能量加工时着火的可能性小;而在中、精加工时放电间隙小,排屑较困难,故一般均选用黏度小、流动性好、渗透性好的煤油。电火花成形加工过程中工作液介质所起的作用如下:

① 绝缘作用:"电极对"之间必须有绝缘介质(至少应具有一定的绝缘电阻),产生火花击穿和脉冲放电,而工作液应容易在较小的电极间隙下击穿。

② 压缩放电通道的作用:工作液有助于压缩放电通道,使通道能量更加集中,不仅能提高加工精度,而且也能提高电蚀能力。

③ 高压作用:在脉冲放电作用下,由于工作液的急剧蒸发和惯性作用,产生局部高压,既有利于把熔化的金属微粒从加工区域中排除,并防止两个电极金属相互迁移,还可强迫把溶解在液体金属中的气态电蚀产物重新分解出来,进而使一部分熔化态的金属额外地被抛离出去。

④ 冷却作用:工作液可以冷却受热的电极,防止放电产生的热扩散到不必要的地方去,有助于保证表面质量和提高电蚀能力。

⑤ 消电离作用:工作液有助于减少放电后所残留的离子和避免因弧光放电而烧蚀工具电极。

工作液循环过滤系统的作用是:

① 通过过滤使工作液始终保持清洁而具有良好的绝缘性能。因为工作液中炭黑和微小金属颗粒的含量增加,将使工作液成为具有一定电阻的导电液体,很容易形成电弧。

② 根据加工对象的要求,采取适当的强迫循环方式,从加工区域把电蚀产物和热量排走。工作液循环的方式很多,主要有如下几种:

a. 非强迫循环式。工作液只是自下而上的简单循环,用清洁的工作液来替换脏的工作液。这种方法的特点是电蚀产物不能被强迫排除，一般粗、中规准加工时可采用。

b. 强迫冲油式。该方法是将清洁的工作液强迫冲入放电间隙，工作液连同电蚀产物一起从电极侧面间隙中被排出，如图 5－13a 所示。这种方法排屑力强，但电蚀产物通过已加工区，排出时容易形成二次放电，形成大的间隙和斜度。此外，强迫冲油对自动调节控制系统有严重的干扰。过强的冲油会造成加工不稳定。进入加工区域的工作液不得带有气泡，以防止产生“放炮”现象的产生。

c. 强迫抽油式。将工作液连同电蚀产物经过电极的间隙和工件的待加工面被吸出，如图 5－13b 所示。这种排屑方式可得到较高的加工精度，但排屑力较强迫冲油方式要小。强迫抽油不能用于粗加工，因为强迫电蚀产物经加工区域抽出是非常困难的。

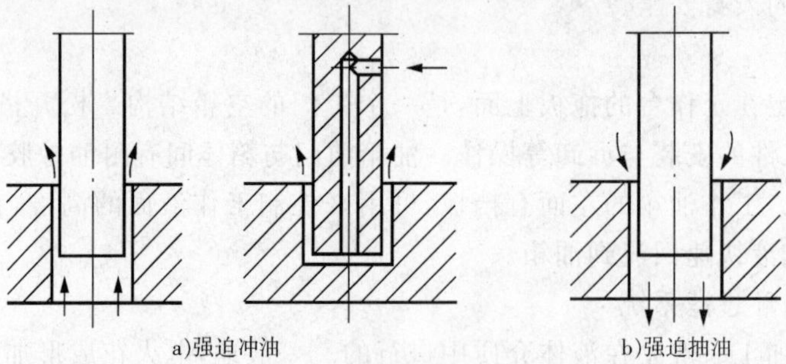

a)强迫冲油　　b)强迫抽油

图 5－13　强迫冲油和强迫抽油

为了不使工作液越用越脏，影响加工性能，必须加以净化或过滤。其具体方法有：

① 自然沉淀法。速度太慢，周期太长，只用于单件小用量加工。

② 介质过滤法。常用黄沙、木屑、棉纱头、过滤纸、硅藻土、活性炭等为过滤介质，各有优缺点，但对中小型工件、加工用量不大时，一般都能满足过滤要求，可就地取材，因地制宜。其中过滤纸效率较高，性能较好，已有专用纸过滤装置生产。

③ 此外还有高压静电过滤、离心过滤等，技术比较复杂，成本较高，采用较少。

(6)机床控制电器

机床控制电器的电路由液压泵和工作液泵控制、主轴头座手动控制、主轴手动伺服控制、脉动冲油、电极平动、安全保护控制和机床电器等电路部分组成。

(7)电火花成形机床的数控系统

图 5－14 是 SPZ250/60A 电火花成形机床数控系统的控制面板图。

图 5－14　SPZ250/60A 电火花成形机床数控系统

系统由显示屏、电流表、指示灯、控制键、紧急停止和计时等控制区组成。

① 控制键区

功能键 F1～F8，控制屏幕软键。

F1：手动放电设定。

F2：自动放电设定。

F3：程序编辑。

F4:位置归零。

F5:位置设定。

F6:找中心点。

F8:系统机械参数设定。

F9:放电计数归零。

F10:放电参数自动匹配。

↑ ↓ ← →:移动游标指定轴向。

② 指示灯区

 加工深度到位指示(内部灯亮)。

 正负电极碰撞报警(内部灯亮)。

 液温超过设定值,停止放电(内部灯亮)。

 积碳严重,停止放电(内部灯亮)。

③ 急停控制区

 紧急急停按钮。

④ 手控操作单元各键　如图 5-15。

图 5-15　手控操作单元

 电极测垂直开关。放电时 OFF,测电极时 ON。

自动对刀,正负极接触会报警。

 储液槽液面控制。OFF 时液面由系统设定控制,ON(指示灯亮)时无液面控制。

 无人值守开关。ON(指示灯亮)时放电加工深度完成,伺服主轴抬头升到顶端。

按 ON 加放电缓冲液,按 OFF 停止加液。

按 ON 放电操作,放电计时开始,遇设定参数超值时自动停,按 OFF 停止放电。

 校正电极。当此显示灯亮时,正负极接触不会报警。

 定时定量冲液喷嘴开关。

Z 轴锁定,灯亮为锁定。

关显示器屏幕。

积碳灵敏度开关。

调节 Z 轴灵敏度。

手动进电极。

手动退电极。

(8)主要机床附件

电火花成形机床如果配备有良好的附件,可使机床的操作简化方便、加工精度和效率提高,并可扩大机床的加工范围。

平动头主要用于型腔的加工。使用平动头目的是使电极产生一个平面平移运动。电极上的每一点都围绕其原始位置作圆周运动,如图 5-16 所示。平动头的运动半径可以在加工中不断加大,以补偿粗、精加工放电间隙的差,同时达到修光侧面的目的。

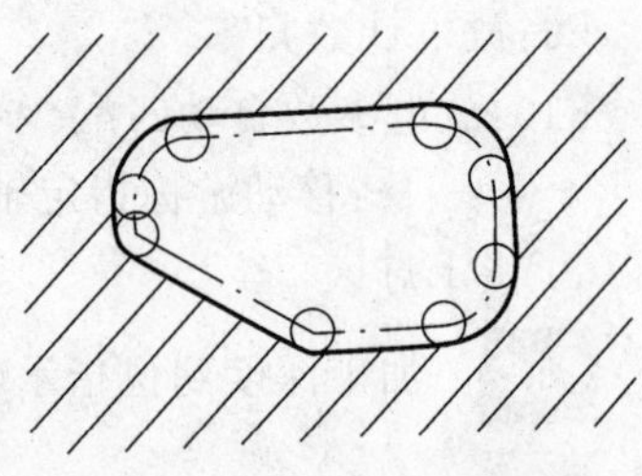

图 5-16 平动头的运动轨迹

油杯也是机床附件之一。油杯固定在工作台面上,加工工件装夹在油杯上。可利用油杯对工件进行冲油和抽油。电火花成形机床的油杯结构大同小异,一般如图 5-17 所示,由外套 3、内套 2、面板 1 及管接头 4 等组成。

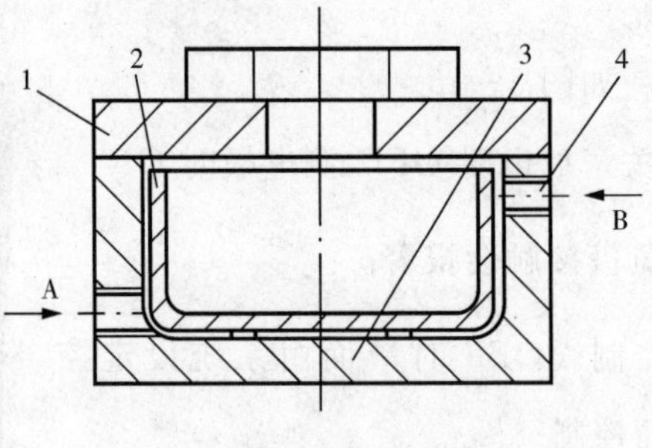

图 5-17 油杯

1—面板 2—内套 3—外套 4—管接头

需要对工件冲油时,净化油从孔 A 压入(此时将孔 B 关闭),从内外套的四周间隙及面板 1 下的孔中冲到加工区域。作抽油时,污油经面板 1 上的孔和内外套四周间隙由孔 A 抽出。为了防止加工区域的油被抽完而引起“放炮”现象的产生,可将孔 B 稍微打开以输入补充油。

(9)电火花成形机床的伺服系统

伺服系统也叫随动系统,是指以某一特定控制量的状态为目标,根据控制量的当前状态与理想状态间的差值自动对系统的输出进行调整,使实际值不断趋于理想值而实现稳定加工的目的。

在电火花加工过程中,工件和工具电极间的放电间隙是发挥电火花机床的加工效能、维持放电稳定和保证加工质量的重要参数。为此,需要通过伺服系统来控制主轴的上升与下降。当放电间隙偏大时,工具电极下降,反之,使工具电极抬升。稳定加工过程中,工具电极的升降处于一种动态的平衡状态,并随着放电腐蚀的进行不断使工具电极做“校正”进给运动,最终完成零件的成形加工。

伺服系统一般有电液伺服系统、电气伺服系统和液压伺服系统。电火花成形机床的伺服系统常采用前两种形式。

六、电火花成形电极

1. 电火花成形电极的加工

电火花成形电极常用导电良好、熔点较高、易加工的耐电蚀材料，如紫铜、石墨、铜、钢、铜钨合金和钼等。紫铜特别容易常规加工，尤其适合制作薄的电极和空管电极，同时还具有低损耗、组织细密的特点，但熔点低，不耐长时间大电流。石墨熔点高，高温强度好，热变形小，易加工，但脆性大，易掉渣脱块。加工电极时应注意石墨压层烧结方向与电极加压方向一致，否则容易造成断极或崩落。钢电极即所谓"钢打钢"，加工性能一般，损耗稍大，但成本低且对于单件模具生产来讲，使用过的电极还可以当配体模具使用，非常经济。铜钨合金和钼易加工，热变形小且损耗低，但价格高。在电火花成形加工过程中，工具电极也有损耗，但大大小于工件金属的蚀除量，如果电参数选择适合，甚至可以做到接近于无损耗。推荐的常用电极材料、电极损耗及最大允许电流密度如表 5-2 所示。

电极的制造周期和成本占电火花成形加工模具总制造成本的 50% 以上。电极的制造方法有：

(1)采用传统的金属切削加工和钳工制作。该方法周期长、成本高、精度低，现在已经很少有企业采用。

(2)三维型腔简单电极数控电火花仿铣。这种方法适用于简单小型腔的电极加工。

(3)数控铣或数控雕铣、机铣。这种方法制造周期及成本适中，被广泛采用。

(4)现代快速电极制造。该方法制造周期短、制造精度高，但要求企业一次性设备投入很高。随着现代工业的发展，这种方式将是一种趋势。

现代快速电极制造流程如下图 5-18 所示：

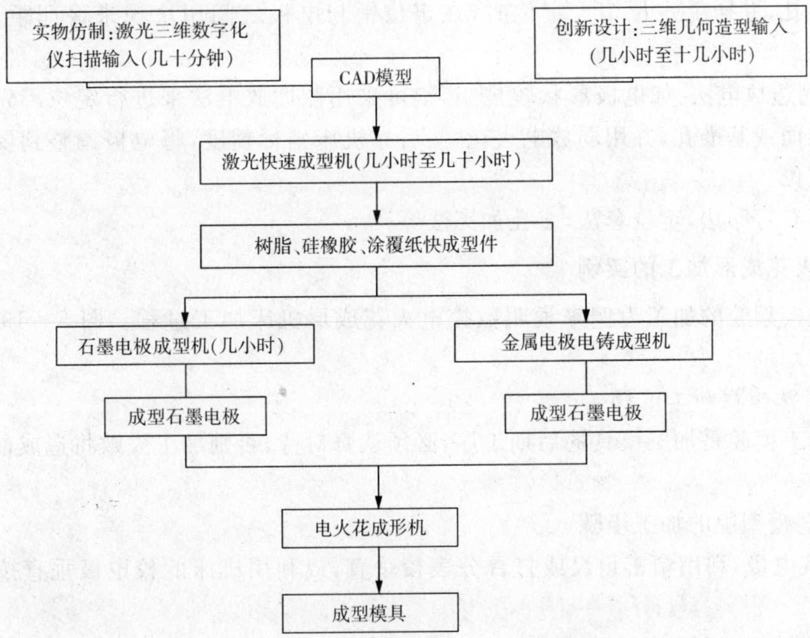

图 5-18　现代快速电极制造流程

2. 电火花成形电极和工件定位的方法

目前电火花成形电极和工件的常用定位方法有十子线法、轮廓线法、样板定位法、刀刃尺法、用找正显微镜进行定位、轮表法等，下面就工件定位的方法做简单介绍。

(1)十子线法：使电极的 XY 两向与工件相应位置的十子线用角尺目测定位。

(2)轮廓线法：在工件上精画出电极外形轮廓线，用角尺或目测定位。将电极的周边对准工件的轮廓线，即可定位。

这两种方法简单易行，但定位精度不高，一般应用于粗加工。当工件的定位要求较高时，应根据情况，选用下列方法来进行定位。

(3)以工件定位面为基准，移动工作台，打表或垫块规，利用机床精密坐标来定位。

(4)用找正显微镜找正基准孔或基准面(附带对线器)既方便又精确。

(5)样板定位法：先用线切割加工出精密样板，将样板与工件用销子固定，然后调整工作台与样板孔滑配。它适用于形面复杂又无可靠基准，且精度要求高的工件定位。

(6)当情况许可时，可在电极上做出基准孔，与工件上的基准孔用销子固定，定位后拔掉销子即可。当电极不许做孔时，亦可在电极上连接校正销(或黏或夹)来进行定位。

(7) 刀刃尺法：当加工某些端面形状的模具时(如一些弯曲模)，其电极和工件的外形尺寸往往已经一致。这时机床只要从端面撞刀，用直角刀刃尺靠近工件和电极进行定位。只要电极稍突出零件，主轴的伺服系统立即会上升，可以实现对工件的精确定位。一般来说这种方法定位的找正精度可在 0.02mm 之内。

(8) 轮表法：用杠杆千分表装在主轴的表夹上，旋转主轴可找正工件上的基准孔(或基准圆)与主轴同心，以达到定位的目的。这种方法主要适用于孔或外圆过大，而显微镜找正比较困难的工件。

(9) 块规、基准销定位法：若电极侧面有直臂平面时，可在模块的 X、Y 方向上作出若干个工艺基准孔，并插上定位销。定位时，在定位销与电极之间用块规来保证距离，以实现定位。

(10) 侧边放电法：如电极形状较规矩，则可采用侧边放电法来进行定位。先将电极侧面靠近基准面或基准孔，并用弱放电火花，然后靠机床坐标精度，将电极调整到要求的位置即可实现定位。

此外还有打印法，定位套法，多孔加工法等。

七、电火花成形加工的实例

以注塑模型腔的加工为例来说明数控电火花成形机床加工过程。图 5－19 是注塑模型腔。

1. 塑料注塑模加工过程

由于加工模腔是加工模具的后期工序，必须认真对待，否则加工失败将造成前道工序工作上的浪费。

(1)注塑模型腔的加工步骤

① 安装电极，利用精密角尺或打百分表校垂直，或利用机床的校电极垂直按钮进行简单校垂直。

② 将凹模板预固定在工作台过渡板上。

③ 用精密角尺靠凹模板定位基准，用块规叠加所得尺寸作为定位尺寸，数个块规叠加插

入电极与精密角尺之间，并调整 X、Y 位置或轻击凹模板侧面，使插靠的块规松紧合适，否则注塑成型后会出现偏料现象(塑件一边厚一边薄)，对准后紧固工作件，也可以利用百分表找正。

④ X、Y、Z 参数置零。选择适当的电参数，用成形电极加工到需要的尺寸，深度超出 0.01mm～0.02mm。

⑤ 用平面磨床磨去超出的深度，保证凹模腔上沿塌边被磨去。

(2)模具加工报废的预防

① 选择合适的放电参数。

② 注意测量电极损耗带来的尺寸误差。由于电极的损耗会造成加工深度和尺寸的不足，及时进行加工补偿可以补救。

③ 防止型腔底角产生波纹和上口塌边，防止型腔表面因“积碳”产生黑斑，注意改善冲液条件和冲液方式，注意抬电极的时间，调整放电间隙。

④ 防止加工过程中气体积累过多发生冲气“放炮”，引起工件或电极震动位移，造成尺寸变化，注意抬电极和采取有利排气措施。

⑤ 防止加工过程产生拉电弧现象，如出现拉电弧现象，马上调整放电参数。

2. 加工举例

(1)加工零件(如图所示)

采用紫铜制作电极，电极部分 $\phi28\times40$，夹持部分 $\phi12\times15$。工件采用 45 钢，热处理 40～45HRC，平磨上下两面至 R_a 0.8μm。

(2)工艺分析

① 如图所示的型腔，孔要求对中心，表面粗糙度值 R_a 0.8μm。

② 以采用单轴数控电火花成形机床加工，分步序一次完成。

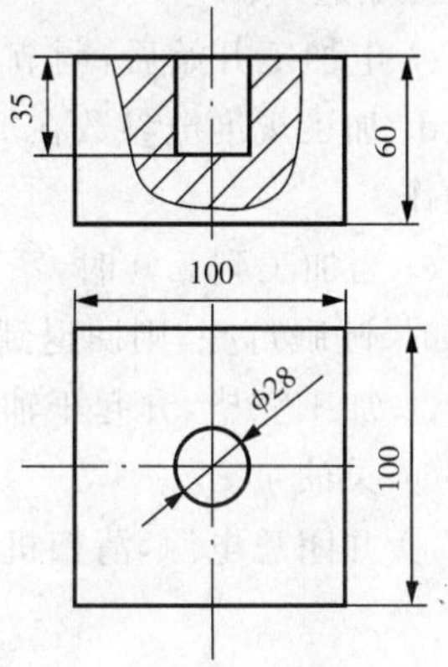

图 5-19 注塑模型腔

③ 电参数设置如表 5-3 所示：

表 5-3 零件加工参数

电参数	T_{on} (脉宽)	T_{off} (脉间)	LOW VOLF (低压功率)	HIGN VOLF (高压功率)	UP HIGH (抬刀高度)	UP TIME (抬刀时间)	F DOWN HIGH (快速下落高度)	CARBON PROOF (防积碳)	GAP (间隙电压)	峰值电流
粗加工	300	150	9	1	3	4	1	9	4	9～10A
中加工	200	120	6	1	2	2	1	9	6	5～6A
精加工	80	200	4	1	1	2	1	9	8	1～2A

(3)操作步骤

① 开启总电源。给接触器控制电源通电，松开急停按钮。

② 按启动按钮。系统进行自检，指示灯全亮。

③ 将电极装夹在主轴头上。注意装夹电极、工件时，机床手控盒面板一定要置于对刀状态，以防触电。

④ 校正电极并调节主轴行程至合适位置。机床手控盒面板置于拉表状态拉表找正电极，调节电极夹头上的调节螺钉，分别调节电极两个方向的倾斜和电极旋转以找正电极。

⑤ 找正加工基准面和加工坐标。将工件装夹在工作台上，拉表找正工件，找正电极加工位置。

⑥ 设置电加工规准和各个电参数如下。

PAGE—页面：0—9 任选；STEP—步序：从第 4 步序开始设置加工深度，4－7 步序加工段粗加工深度为 1.0，2.0，3.0，4.5；8 步序中加工深度为 4.8；8 步序精加工深度为 5.0，共 6 个步序；设置电加工参数：在各步序设置深度时同时设置各步序的粗加工、中加工、精加工参数。

⑦ 启动油泵设置液位到合适位置。

⑧ 放电加工，按如下步骤进行：

a. 按下 AUTO(自动)→SLEEP(睡眠)→(加工)键，为自动加工；只按下加工键为非自动加工，主轴到深度不停止加工，需人工控制深度。

b. 按下加工键后可按快下键让主轴快速接近工件，当快接近工件时，放开快下键，以伺服值开始进给。

c. 电加工开始后，调节伺服值使间隙电压合适，放电稳定。

d. 加工规准电参数在加工过程中可视加工情况进行修改，但须在指导教师的指导下进行操作。

e. 当加工到 5.0 时，系统自动切断加工电压，主轴回退；到位后，转到对刀状态，报警蜂鸣，如果睡眠灯亮，则回退到位后关机。

⑨ 加工完毕，升起正轴 ，按下急停按钮。

⑩ 关油泵。

⑪ 并闭总电源，清扫机床卫生。

第二节　数控电火花线切割加工

一、数控电火花线切割加工原理和特点

1. 数控电火花线切割的加工原理

电火花线切割加工是通过电极丝和工件之间脉冲放电进行加工的。如图 5－20 电极丝接脉冲电源的负极，工件接脉冲电源的正极。切割时电极丝在轴向以一定的速度相对工件移动，并与工件保持一定的放电间隙，当电极丝与工件之间的间隙小到一定程度时，本来绝缘的工作液被击穿，产生脉冲火花放电，瞬时的局部高温(在放电通道的中心瞬时温度可高达 10000℃以上)，使工件金属熔化、气化，并由工作液带走。每来一个电脉冲时，要保证在电极丝和工件之间产生的是火花放电而不是电弧放电。应具备必要的条件首先必须是两个电脉冲之间有足够的间隙时间使放电间隙中的介质消电离，使放电通道中的带电粒子复合为中性粒子，恢复本次放电通道处间隙中介质的绝缘强度，以免总在同一处发生放电而导致电弧放电。

为了保证火花放电时电极丝(一般用钼丝)不被烧断，必须向放电间隙注入大量工作液，以使电极丝得到充分冷却，同时电极丝必须作高速轴向运动，以避免火花放电总在电极丝的局部位置而被烧断。高速运动的电极丝，有利于不断往放电间隙中带入新的工作液，同时也

有利于把电蚀产物从间隙中带出去。

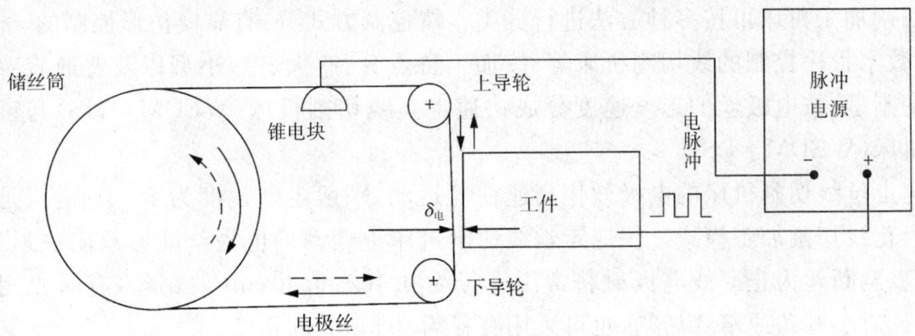

图 5-20　电火花线切割原理图

2. 电火花线切割加工的特点

电火花线切割加工与电火花成形加工比较，具有以下特点：

(1)共同点

① 二者的加工原理相同，都是通过电火花放电产生的热能来熔解去除金属的，所以二者可加工材料的难易与材料的硬度无关，加工中不存在显著的机械切削力。

② 二者的加工机理、生产率、表面粗糙度等工艺规律基本相似，可以加工硬质合金等一切导电材料。

③ 最小角部半径有限制。电火花加工中最小角部半径为加工间隙，线切割加工中最小角部半径为电极丝的半径加上加工间隙。

(2)不同点

① 从加工原理来看，电火花加工是将电极形状复制到工件上的一种工艺方法。在实际中可以加工通孔（穿孔加工）和盲孔（成形加工）；而线切割加工是利用移动的细金属导线（铜丝或钼丝）做电极，对工件进行脉冲火花放电、切割成形的一种工艺方法。

② 从产品形状角度看，电火花加工必须先用数控加工等方法加工出与产品形状相似的电极；线切割加工中产品的形状是通过工作台按给定的控制程序移动而合成的，只对工件进行轮廓图形加工，余料仍可利用。

③ 从电极角度看，电火花加工必须制作成形用的电极（一般用铜、石墨等材料制作而成）；线切割加工用移动的细金属导线（铜丝或钼丝）做电极。

④ 从电极损耗角度看，电火花加工中电极相对静止，易损耗，故通常采用多个电极加工；而线切割加工中由于电极丝连续移动，使新的电极丝不断地补充和替换在电蚀加工区受到损耗的电极丝，避免了电极损耗对加工精度的影响。

⑤ 从应用角度看，电火花加工可以加工通孔、盲孔，特别适宜加工形状复杂的塑料模具等零件的型腔以及刻文字、花纹等；而线切割加工只能加工通孔，能方便地加工出小孔、形状复杂的窄缝及各种形状复杂的零件。

二、数控电火花线切割加工机床

1. 数控电火花线切割机床简介

(1)分类

电火花线切割机床是采用细金属丝作为工具电极，沿着给定的轨迹运动，对工件进行脉冲放电而实现切割加工的。

线切割加工机床可按多种方法进行分类。按控制方式分：有靠模仿形控制的、光电跟踪控制的、数字程序控制的线切割机床等；按加工特点分：有大、中、小型以及普通直壁切割型与锥度切割型；按电极丝的走丝速度分成快速走丝线切割机床（WEDM－HS）与慢速走丝线切割机床（WEDM－LS）。

快速走丝线切割机床的电极丝作高速往复运动，一般走丝速度为 8～10m/s，是我国独创的电火花线切割加工模式。快速走丝线切割机床上运动的电极丝能够双向往返运行，重复使用，直至断丝为止。线电极材料常用直径为 0.10～0.30mm 的钼丝（有时也用钨丝或钨钼丝）。对小圆角或窄缝切割，也可采用直径为 0.6mm 的钼丝。

工作液通常采用乳化液。快速走丝线切割机床结构简单、价格便宜、生产率高，但由于运行速度快，工作时机床震动较大。钼丝和导轮的损耗快，加工精度和表面粗糙度不如慢速走丝线切割机床，其加工精度一般为 0.01～0.02mm，表面粗糙度 R_a 为 1.25～2.5μm。

慢走丝机床主要由日本、瑞士等国生产，目前国内有少数企业引进国外先进技术与外企合作生产慢走丝机床。慢速走丝线切割机床走丝速度低于 0.2m/s。常用黄铜丝（有时也采用紫铜、钨、钼和各种合金的涂覆线）作为电极丝，铜丝直径通常为 0.10～0.35mm。电极丝仅从一个方向通过加工间隙，不重复使用，避免了因电极丝的损耗而降低加工精度。同时由于走丝速度慢，机床及电极丝的震动小，因此加工过程平稳，加工精度高，可达 0.005mm，表面粗糙度 $R_a \leqslant 0.32\mu m$。

慢速走丝线切割机床的工作液一般采用去离子水、煤油等，生产率较高。

(2)型号

国标规定的数控电火花线切割机床的型号，如 DK7725 的基本含义为：D 为机床的类别代号，表示是电加工机床；K 为机床的特性代号，表示是数控机床；第一个 7 为组代号，表示是电火花加工机床，第二个 7 为系代号（快走丝线切割机床为 7，慢走丝线切割机床为 6）；25 为基本参数代号，表示工作台横向行程为 250mm。

有关数控电火花线切割机床的主要技术参数，国家已颁布的《电火花线切割机床参数》(GB 7925－87)标准。表 5－4 为数控电火花线切割机床的主要技术参数。

表 5－4　电火花线切割机床技术参数　(mm)

工作台	横向行程	100		125		160		200		250		320		400		500		630	
	纵向行程	125	160	160	200	200	250	250	320	320	400	400	500	500	630	630	800	800	1000
	最大承载重量/kg	10	15	20	25	40	50	60	80	120	160	200	250	320	500	500	630	960	1200
工件尺寸	最大宽度	125		160		200		250		320		400		500		630		800	
	最大长度	200	250	250	320	320	400	400	500	500	630	630	800	800	1000	1000	1250	1250	1600
	最大切割厚度	40、60、80、100、120、180、200、250、300、350、400、450、500、550、600																	
最大切割锥度		0°、3°、6°、9°、12°、15°、18°（18°以上，每挡间隔增加 6°）																	

数控电火花线切割机床的主要技术参数包括：工作台行程（纵向行程和横向行程）、最大切割厚度、加工表面粗糙度、加工精度、切割速度以及数控系统的控制功能等。表 5-5 为 DK77 系列数控电火花线切割机床的主要型号及技术参数。

表 5-5 DK77 系列数控电火花线切割机床的主要型号及技术参数

机床型号	DK7716	DK7720	DK7725	DK7732	DK7740	DK7750	DK7763	DK77120
工作台行程/mm	200×160	250×200	320×250	500×320	500×400	800×500	800×600	2000×1200
最大切割厚度/mm	100	200	140	300(可调)	400(可调)	300	150	500(可调)
加工表面粗糙度 R_a /μm	2.5	2.5	2.5	2.5	6.3～3.2	2.5	2.5	
加工精度/mm	0.01	0.015	0.012	0.015	0.025	0.01	0.02	
切割速度/(mm^2/min)	70	80	80	100	120	120	120	
加工锥度	3°～60°(各厂家的型号不同)							
控制方式	各种型号均有单板机(或单片机)或微机控制							

注：各厂家生产的机床的切割速度有所不同。

2. 数控线切割机床的结构组成

线切割机床主要由机械系统、工作液系统、电气系统、计算机控制系统等部分组成。线切割机床机械系统由工作台、储丝走丝机构、丝架导轮机构、床身四部分组成。

(1)工作台主要由拖板、导轨、丝杠运动副、齿轮传动机构组成。如图 5-21 所示。工作台上面是用来装夹被加工工件的，而工作台的 X 轴和 Y 轴则由数控控制台发出进给信号，分别控制步进电机来驱动，进行预定的加工。步进电机必须准确地按控制台发来的信号带动工作台的 X 轴和 Y 轴。工作台的精度直接影响到工件的加工精度。

为了使工作台阻力小、运动灵活，一般都采用滚动导轨结构。有的机床采用交叉滚柱代替滚珠。

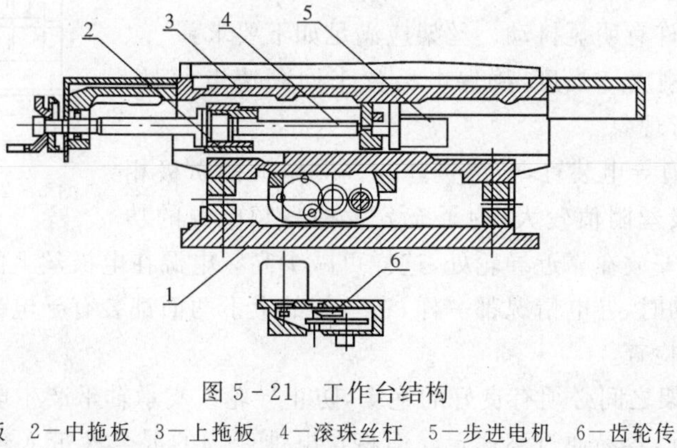

图 5-21 工作台结构

1—下拖板 2—中拖板 3—上拖板 4—滚珠丝杠 5—步进电机 6—齿轮传动机构

(2)储丝走丝机构 由储丝筒组合件、拖板、齿轮副、丝杠副、换向装置和绝缘件等组成，如图 5-22 所示。走丝机构的功用，一方面使电极丝来回快速走丝，另一方面把电极丝整齐地来回排绕在储丝筒上。走丝机构有如下特点：

① 储丝筒组合件旋转时，其径向跳动小于 0.02mm，否则可能引起电极丝抖动，出现断丝。

② 为了保证储丝筒上整齐排绕电极丝，不出现叠丝现象，在储丝筒组合件转动时，必须让储丝筒作相应的轴向位移，且轴向位移应平稳轻便。

③ 储丝筒组合件由三相四极交流马达通过弹性联轴节直接带动，保证电极丝走速为 8～10m/s。采用弹性联轴节可以减缓因走丝换向带给储丝筒的冲击。

④ 为了循环使用电极丝，必须要让储丝筒能自动正反向转换。由于同时具有储丝筒拖板的轴向移动，因此可在任意位置安装换向开关。这样，当储丝筒拖板往某一方向移动到压下换向开关时，机床电器线路将会使走丝电机自动反转，同时储丝筒开始反方向走丝，储丝筒拖板也相应地换向往回移动，直到碰到另一端的换向开关后再正转换向。如此反复，即可达到循环走丝的目的。当然，换向开关应可调节距离，以适应不同长度电极丝量的要求。换向开关的位置应调节到保证换向时，储丝筒上余下的排丝还有一定长度，否则会将丝拉断。

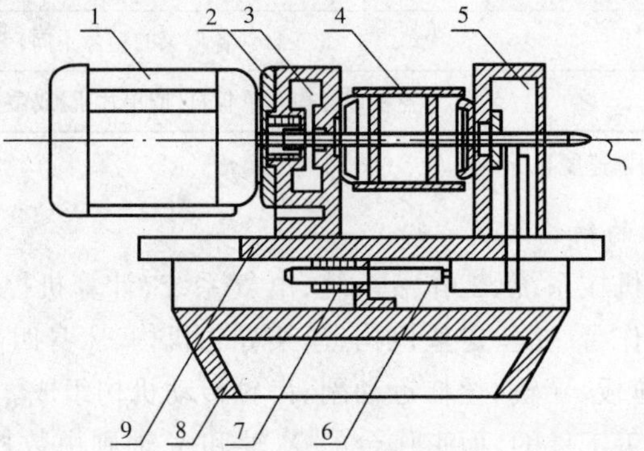

图 5-22 储丝筒组合件

1—电动机 2—联轴器 3—支架 4—储丝筒 5—支架 6—丝杠 7 螺母 8—底座 9—拖板

(3)丝架采用单柱支撑、双臂悬梁结构，如图 5-23 所示。丝架的功用是在电极丝按给定线速度运动时，对电极丝起支撑作用，并使电极丝工作部分始终与工作台平面保持一定的几何角度，且不允许有明显抖动。丝架应满足如下要求：

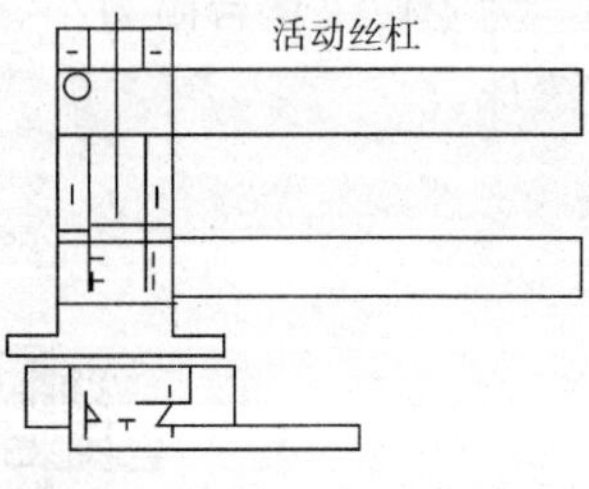

图 5-23 丝架结构示意图

① 有足够的刚度和强度，确保电极丝来回高速走丝时，丝架头部没有变形现象。

② 丝架上装有导电装置，使电极丝与高频电源的负极相接。并且由于电极丝阻值较大，为了充分发挥高频电源的功率，应把导电装置安放在靠近导轮处，这样可减少高频电源在电极丝上的功率损耗。为了保证电极丝上下移动时，导电情况都一样，在丝架的上下两面都装有导电装置。导电体是易损件，使用中应经常检查。

③ 导轮与丝架之间必须有良好的绝缘，防止导轮或支承轴承产生电蚀现象。由于工作液喷嘴在导轮附近，容易通过高速走丝而将含电蚀产物的混合液带入轴承座内加速轴承的磨损，因此轴承座应密封良好。对采用离心作用将液体甩出而辅助密封的导轮结构，在操作时，应先开走丝电机，再开工作液马达，停机时应先关工作液，再关走丝电机。

④ 上下导轮的轴线应平行，否则会使上下导轮产生单边磨损。走丝示意图如图 5-24 所示。

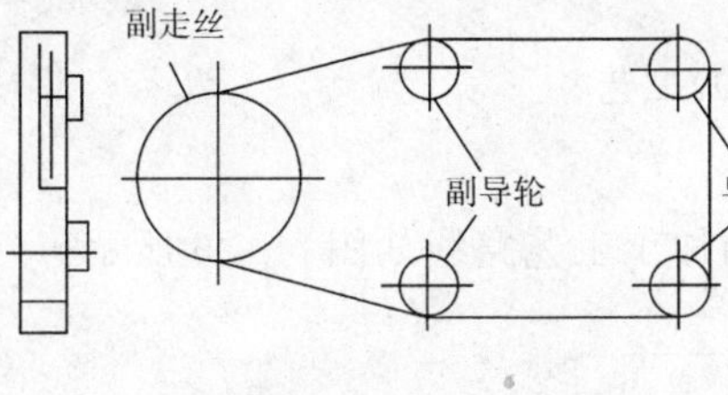

图 5-24 走丝示意图

(4)工作液系统由包括工作液箱、泵、阀、管道、过滤网和喷嘴等零部件组成。

电火花线切割对工作液的要求是:要有一定的绝缘性能、较好的消电离能力和灭弧能力,渗透性好、生产率高、稳定性好、对电极丝寿命的影响小,同时还应有较好的洗涤性能、防腐蚀性能、润滑性能、对人体无害、价格便宜、使用安全等。最早采用煤油,由于煤油介电性能好、加工效率较低,现已很少采用。对快速走丝机床,因走丝速度快,能自动排除短路现象,广泛采用介电强度较低的乳化油水溶液。慢走丝机床大多采用去离子水。

由于线切割切缝很窄,顺利地排除电蚀产物是非常重要的问题。工作液的循环与过滤装置是不可缺少的部分,其作用是连续、充分地向加工区供给清洁的工作液,及时从加工区域中排除电蚀产物,对电极丝和工作液进行冷却,以保持脉冲放电过程能稳定而顺利地进行。

(5)电气系统主要由电气控制部分、直流电源和高频脉冲电源三部分组成。

(6)计算机控制系统有加工和管理两个功能。图 5-25 是控制系统简单结构组成。

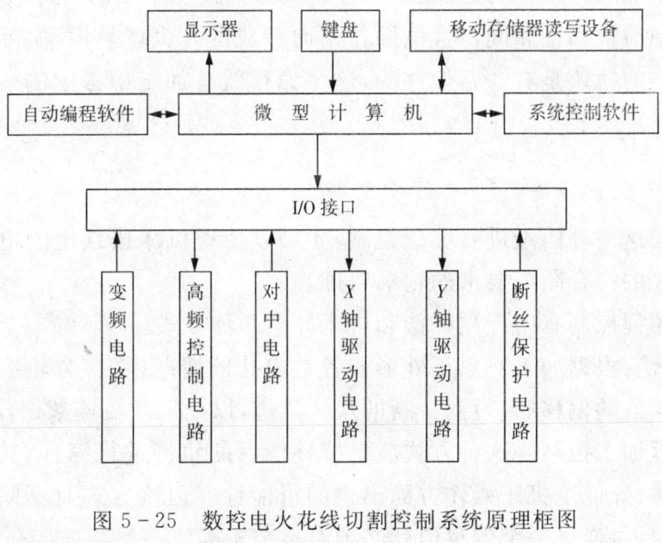

图 5-25 数控电火花线切割控制系统原理框图

控制系统是进行线切割加工的重要环节。控制系统的稳定性、可靠性、控制精度、自动化程度都直接影响加工工艺指标和工人的劳动强度。

线切割轨迹控制系统的作用是在电火花切割加工过程中,按加工形状和尺寸要求自动控制电极丝相对工件的运动轨迹和进给速度,来实现对工件的加工。当控制系统使电极丝相对于工件按一定轨迹运动时,同时还应该实现进给速度的自动控制,它是根据放电间隙大小与放电状态自动控制的,使进给速度与工件材料的蚀除速度相平衡,以维持正常的稳定切割加工。

三、数控电火花线切割加工工艺

1. 线切割加工工艺路线

数控电火花线切割机床的加工工艺路线如图 5－26 所示。

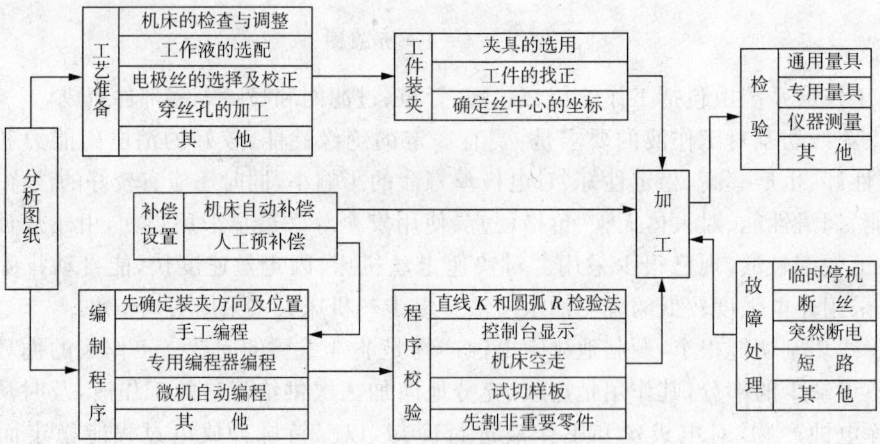

图 5－26 数控电火花线切割机床的加工工艺路线

2. 线切割加工的线径补偿问题

在数控线切割加工中，由于数控装置所控制的是电极丝中心的行走轨迹，而实际加工轮廓却是由丝径外围与被切金属间产生电蚀作用而形成的。也就是说，实际加工得到的轮廓轨迹和电极丝中心的轨迹是有一定偏移的，这一偏移就是加工中考虑的线径补偿量。其值通常为

$$f = \text{丝半径} + \text{单边放电间隙}(+\text{精加工余量})$$

只有预先根据这一补偿量进行编程控制，才可以使得机床按预定的电极丝中心轨迹行走时得到相应偏移的符合图纸要求的轮廓轨迹。

线径补偿的编程控制有编程预补偿和机床补偿两种方式。

(1)编程预补偿：根据加工对象是外形或者是内孔的情况，将整个轮廓轨迹向外或向内均匀地作线径补偿值的偏移后，得到一新的尺寸轨迹，以此尺寸轨迹数据作为电极丝中心的轨迹直接进行编程加工控制。这种方式就是按补偿后的轨迹进行编程，其优势就是不需要再在机床上加偏移，降低了机床操作方面出错的可能性。但该方式对不同偏移值要求的加工对象的适用性差，每变更一个偏移值就必须对整个轮廓轨迹重新进行补偿编程计算，并且还需要重新将程序输入到数控装置中，因此工作量非常大。

(2)机床补偿：直接按整个实际轮廓轨迹尺寸数据进行编程，通过在程序中嵌入有关线径补偿的值，以及在加工机床上进行有关补偿的设定来实施。尽管涉及的环节较多，但这种方式对有不同偏移值要求的加工对象的适应性强。若要变更一个偏移值，只需改变补偿量的大小的设定，对整个轮廓轨迹重新补偿计算的工作则由机床数控装置自动进行，更改过程简单方便。

线径补偿在程序中及机床操作上的应用实质上并不是因高、低速走丝而有所不同，而主要是依据机床所采用的数控装置的类型决定。但由于高、低速走丝机床的发展有着明显的倾向性，因此以此来区分也具有一定的代表性。当然，随着计算机数控技术的高速发展，现在也有一些技术更为先进的控制系统，用计算机自动编程后无需控制介质即可直接控制机床加工，其操作使用更为方便。

3. 电火花线切割在模具加工中的应用

线切割加工是利用移动的细金属导线（铜丝或钼丝）做电极，对工件进行脉冲火花放电，从而切割成形的一种工艺方法。线切割加工中产品的形状是通过工作台按给定的控制程序移动而合成的，只对工件进行轮廓图形加工。如图 5－27 所示。所以，线切割加工只能加工通孔和外形轮廓，能方便地加工出小孔、形状复杂的孔和窄缝以及各种外形复杂的零件如图 5－28 所示。

在模具加工中，线切割广泛应用于冲模的凸模和凹模加工，以及塑料模的型芯加工。

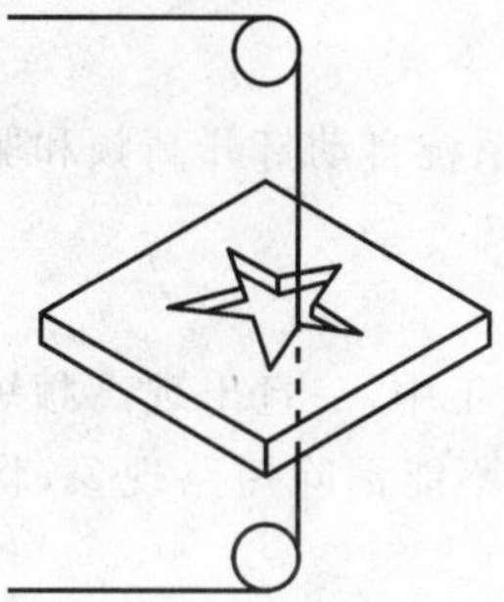

图 5－27　线切割加工示意图

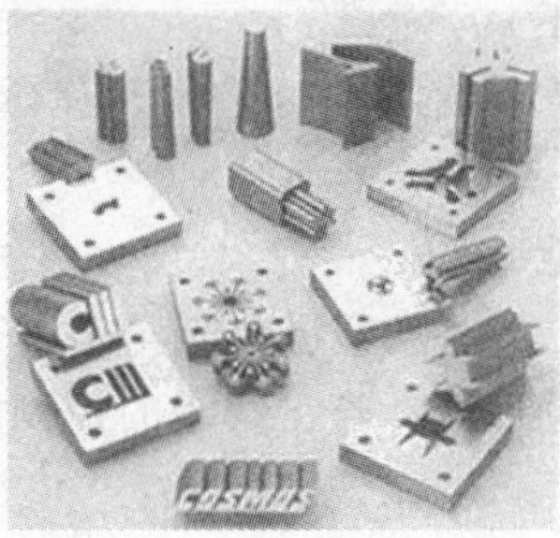

图 5－28　线切割加工的工件图

四、数控电火花线切割应用实例

下面以苏州新火花机床有限公司生产的 DK7732 数控线切割机床为例，详细介绍 YH 操作系统的使用。

1. YH 系统功能简介

系统启动后，自动进入 YH 系统界面。如图 5－29 所示。

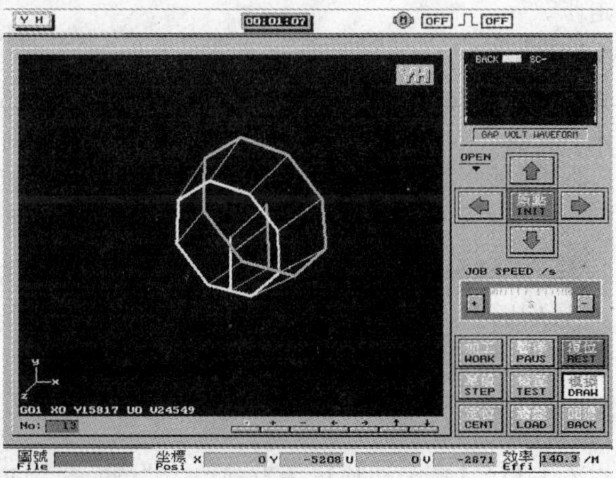

图 5－29　YH 控制屏幕

(1)加工代码读入

将存有加工代码文件的存储盘插入,用光标点取【读盘】钮(或‘L’键),选择代码制式后,屏幕将出现磁盘上存贮的全部代码文件名的数据窗。用光标指向需读取的文件名,然后用光标点取该数据窗左上角的【■】(撤消)钮,系统自动读入选定的代码文件,并快速绘出图形。

(2)模拟检查

模拟检查功能可检验代码及插补的正确性。

(3)加工

工件安装完毕,程序准备就绪后(已模拟无误),可进入加工。按下【加工】钮(或“W”键),系统自动打开高频和驱动电源,开始插补加工。加工状态下,屏幕下方显示当前插补的 $X-Y$,$U-V$ 绝对坐标值,显示窗口绘出加工工件的二/三维插补轨迹。

大厚度工件的切割:切割大厚度工件时,由于排屑困难,会造成加工不稳。此时,可以降低(限制)机床的最大速度,使得加工较为平稳。

(4)单段加工

工件、程序准备就绪,按下【单段】钮(或“S”键),系统自动打开高频和驱动电源,开始插补加工。

(5)回退功能

系统具有自动/手动回退功能。在加工或单段加工中,一旦出现高频短路情况,系统停止插补,然后自动回退。若在设定的控制时间内,仍不能消除短路现象,将自动切断高频,停机。

(6)自动定位(中心、端面)

系统可依据屏幕设定,自动定中心及 $\pm x$、$\pm y$ 四个端面。

(7)检查功能

按下检查钮,系统以单步插补方式运行。若电机状态为“ON”,将控制机床相应的动作。此方式下可检查系统插补及机床的功能是否正常。

(8)机床拖板点动控制

屏幕右侧中部有上、下、左、右向四个箭标(点动)按钮,光标点取这四个按钮可以控制机床拖板作点动或定长走步。

(9)图形显示的缩放及移动

在图形显示窗下方有九个小按钮(图 5-30 所示)。可根据需要选用这些功能,调整在显示窗口中图形的大小及位置。

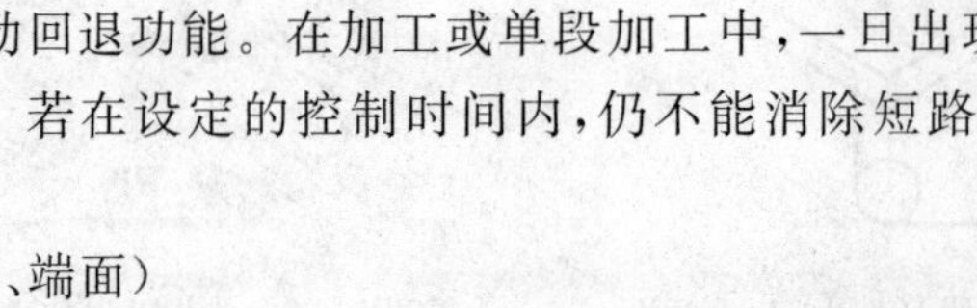

图 5-30 调节按钮

(10)代码的显示、编辑、存盘和倒置

用光标点取显示窗右上角的【显示切换标志】(或“F10”键),显示窗依次为图形显示、相对坐标显示、代码显示。在代码显示状态下用光标点取任一有效代码行，该行即点亮，系统进入编辑状态。显示调节功能钮上的标记符号变成：S、I、D、Q、↑、↓，各键的功能变换成：

S——代码存盘；I——代码倒置；D——删除当前行(点亮行)；Q——退出编辑态；↑、↓——向上、下翻页。编辑结束后，按Q键退出，返回图形显示状态。

(11)功能设置

用光标点取参数窗标志【OPEN】(或按"O"键)，屏幕上打开参数窗，可见如下参数：

机床参数　MACH. DATA——设置机床的参数。

步距 STEP(10) * ——设置拖板点动按钮的步数。

点动 MANUAL　XY ——设置拖板点动按钮的轴系。

定位 LOCATION　XOY ——设置定位方式。

三维 MODEL —— 加工轨迹的三维造型功能。

间隙 GapVolt Wave ——加工间隙的显示方式选择。

锥补 TaperMod　Yes/No ——锥度加工时，导轮切点偏移的补偿开关设置。

清角 Acute Yes/No ——对于工件轮廓边缘有清角要求的工件，可打开此功能。

检查 Check　Yes/No ——打开该功能，主机系统对控制器的插补轨迹进入动态检查。

自动 Auto Yes/No ——打开该功能，系统自动调整跟踪度和最大速度这两项参数。

(12)计时牌的使用

系统在【加工】、【模拟】、【单段】工作时，自动打开计时牌。中止插补运行，计时自动停止。

(13)反向切割处理

读入代码后，连续点取显示窗口切换标志[YH](或按"F10"键)，直至显示加工代码。用光标在任一行代码处轻点一下，窗口下面的图形显示调整按钮标志转成S、I、D、Q等；按"I"钮，系统自动将代码倒置(倒走代码变换)；按"Q"钮退出，窗口返回图形显示。在右上角显示倒走标志"V"，表示代码已倒置。代码倒置后，【加工】、【单段】、【模拟】均以反向方式工作。

(14)断丝处理

加工遇到断丝时，可按【原点】(或按"I"键)丝架将自动返回最近起割点，锥度丝架自动回直。

(15)清角处理

对于轮廓边缘(棱边)要求较高的工件，可采用系统提供的清角功能。该功能的运用需要机床参数中"ACUTE WAIT TM"项的参数和清角"YES"设置。

(16)大锥度补偿

该功能用于大锥度(6度以上)U向导轮切点偏移引起的误差。在使用该功能前，应先检查机床参数部分"FRAME HIGH"——丝架高度和"WHEEL RADIUS"——导轮半径(均以毫米为单位)是否与机床实际尺寸一致。如参数已正确选定，在需要进行切点补偿的加工前，打开"OPEN" 参数窗，在"锥补 TAPERMOD"一栏，用光标点其灰色小框，使其成为"YES" 即可。

(17)3B代码的直接输入

按控制台[复位]钮，清除屏幕。再用光标点取【显示切换标志】，屏幕进入代码编辑状态。可用键盘输入 3B 指令，每行一条代码，以回车键结束一行的输入；3B 代码必须书写规范，不能采用简写。全部代码输入完成后，用光标点取显示窗下方的“Q”按钮；系统将输入的 3B 代码自动转换成 ISO 代码，并绘出图形。

(18)3B 代码的输出

用光标点取【显示切换标志】，窗口显示当前 ISO 代码。用光标点取任一有效代码行，系统进入编辑状态。再用光标点取显示窗下方的【□】钮，系统自动将 ISO 代码转化成 3B 代码，屏幕上弹出输出菜单，可根据需要选择相应的功能。

(19) 图形的旋转、平移与对称

在图形显示调节钮的左边有图形旋转、图形平移和图形对称三个功能钮(图 5-31)。光标点取“△”按钮，屏幕上弹出平移距离输入窗。光标点取窗口中的 X/Y 项，弹出小键盘后，可分别输入 X/Y 平移距离，光标点取该参数窗的撤销标志；图形将根据输入量自动平移，并且在当前坐标处至图形起点间自动插入平移代码。

图 5-31 图形平移和旋转输入窗

光标点取该“◎”钮，屏幕上弹出旋转角度输入窗。输入角度后，图形自动旋转。

光标点取“ * ”该功能，弹出子菜单，可分别选择关于“原点”、“X 轴”、“Y 轴”作对称处理。

(20) 工件轮廓三维造型

本系统具有三维造型功能。光标点取参数设置“OPEN”标志，在打开的参数窗内，光标点取“三维”项，使之变为“YES”，同时屏幕弹出如左图示参数窗(图 5-32 所示)。

厚度——工件的实际厚度。

基面——工件下平面与下导轮中心的距离。

转角——X、Y、Z 三个坐标轴的空间旋转角度。

标高——工件投影的显示比例。

色号——造型的颜色选择。

参数选择后，光标点取“CLOSE”标志退出设置窗。

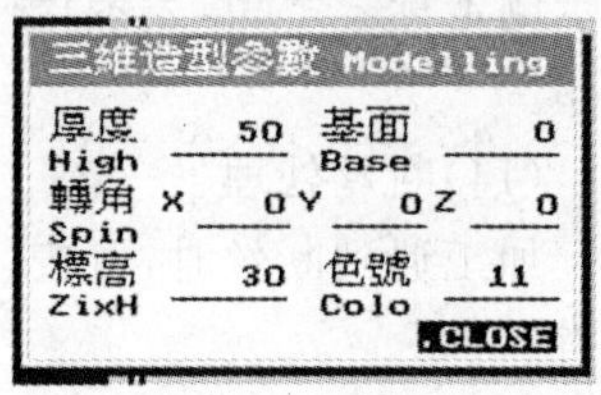

图 5-32 三维造型参数窗口

2. 操作实例

(1)读入代码文件

将存有代码文件的数据盘插入，按【读盘】钮，选择 ISO 代码，屏幕上出现该数据盘上全部 ISO 代码文件名的参数窗，将光标移至选定的文件名，然后按【撤消】钮“■”，系统读入该代码文件，并在屏幕上绘出其图形。

(2)模拟校验

按【模拟】系统以插补方式快速绘出加工轨迹，以此可验证代码的正确性。

(3)机床功能检查

① 用光标点取“电机状态”标志，该指示标志为“ON”。检查机床手柄，各相电机应处于锁定状态。用光标再点该标志，恢复为“OFF”，电机失电。

② 用光标点取“高频”标志，该标志为“ON”。屏幕间隙电压波形指示应为满幅等幅波。机床工件、钼丝相碰时应出现火花，同时电压波形出现波谷，表示高频控制部份正常。

③ 关闭高频“OFF”，开启电机“ON”，再按【模拟】钮，机床空走，以此可检验机床有否失步及控制精度等情况。

(4)加工

本系统的主要调整部份为屏幕上的跟踪调节器，该表两侧有两个调整按钮，“＋”表示跟踪加强，“－”表示跟踪减弱。在正式切割前，应将表针移至中间偏右位置。

机床、工件准备就绪后，按【加工】即进入加工状态(系统自动开启电机及高频)。

进入加工态后，一般有以下几种情况：

非跟踪态——间隙电压满幅，加工电流为零或很小，屏幕下方的加工坐标无变化。

处理：按跟踪加强钮“＋”(或“End”键)，表针左移，直至间隙波形(电压)出现峰谷，坐标开始计数。

欠跟踪态——加工电流过小，且摆动。

处理：按跟踪加强钮“＋”(或“End”键)，直至加工电流、速度(跟踪调节器上方的瞬时速度值)稳定。

过跟踪态——经常出现短路回退。

处理：按跟踪减弱钮“－”(或“PgDn”键)，使得加工电流刚好稳定为止。

若需要暂停加工可按“暂停”按钮或按“P”或“Del”键，再按“加工”钮可恢复加工。

(5)加工时各种参数的显示

加工坐标——屏幕下方显示加工的 X、Y、U、V 绝对坐标。

用光标选取显示切换【YH】标志，显示窗口内显示各程序段的相对坐标。

局部跟踪轨迹显示——按下【□】钮，屏幕出现一局部放大窗口，窗口中动态显示当前跟踪的轨迹。重按【□】钮时，局部窗口消失。

间隙电压观察——屏幕右上方为间隙电压显示窗口。

加工速度——跟踪调节器上方显示机床的实时插补速度(只计 XY 轴)，单位为步数/秒。

3. 编程切换

点取【YH52】窗口切换标志，系统将转入编程屏幕，即 YH 绘图式线切割编程系统。在编程操作的同时，控制台将不受干扰地依照设定的参数和状态运行。

4. 手工编程

本控制台所采用的代码是国际通用 ISO 代码。其格式如下。

G92　X＿ Y＿　　　：以相对坐标方式设定加工坐标起点

G27　　　　　　　：设定 X—Y/U—V 平面联动方式

G01　X＿ Y＿ (U＿ V＿)：直线插补指令

(X,Y)表示在 XY 平面中以直线起点为坐标原点的终点坐标

(U,V)表示在 UV 平面中以直线起点为坐标原点的终点坐标

G02　X＿ Y＿ I＿ J＿：顺圆插补指令

G02　U＿ V＿ I＿ J＿

以圆弧起点为坐标原点，(X,Y)或(U,V)表示终点坐标，(I,J)表示圆心坐标

G03　X＿Y＿I＿J＿:逆圆插补指令

M00　　:暂停指令

M02　　:加工结束指令

以下例工件为例,可编程如下:加工起点为(0,30),顺时针方向切割。

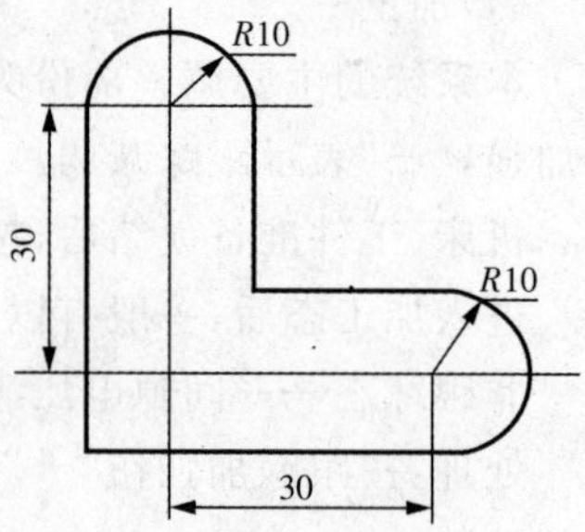

图 5-33　零件图

```
G92 X0Y30000
G01 X0Y10000
G02 X10000Y-10000I0J-10000
G01 X0Y-20000
G01 X20000Y0
G02 X0Y-20000I0J-10000
G01 X-40000Y0
G01 X0Y40000
G02 X10000Y10000I10000J0
G01 X0Y-10000
M00
M02
```

手工编程是在代码显示/编辑情况下进行。

其过程可归纳如下:

(1)修改代码——① 选取需修改的代码;

② 重新输入该行代码(一旦键入一字符,原行代码全部消失)。

(2)删除代码——① 选取需删除的代码;

② 用光标点取"D"钮,系统自动删去该行,下一行自动上移。

(3)插入代码——① 选取需插入的代码所在行(在选定行的前面插入);

② 出现红线后再按回车键,系统将插入一定行。

5. YH 系统的基本操作方法举例

下面通过一个简单的实例,介绍 YH 系统的基本编程方法。工件形状如图 5-34 所示。该工件由九个同形的槽和两个圆组成。C_1 的圆心在坐标原点,C_2 为偏心圆。

首先输入 C_1。将光标移至【○】图标,轻按一下命令键,然后将光标移至绘图窗内。将光标移至坐标原点,屏幕上将弹出一参数窗(见图 5-35)。

参数窗的顶端有两个记号,No:0 表示当前输入的是第 0 条线段。右边的方形小按钮为放弃控制钮。圆心栏显示的是当前圆心坐标(X,Y),半径的两个框分别为半径和允许误差,夹角指的是圆心与坐标原点间连线的角度。

圆心找到后,接下来确定半径。按住命令键移动光标,屏幕上将画出半径随着光标移动而变化的圆,移动光标直至半径显示为 40 时,释放命令键,该圆参数就输入完毕。若由于移动位置不正确,参数有误,可将光标移至需要修改的数据框内,按一下命令键,屏幕上即刻将浮现数字小键盘。用光标箭头选择相应的数值,选定后按一下命令键,就输入一位数字,输入错误,可以用小键盘上的退格键【←】删除。输入完毕后,选择回车键【↵】结束。

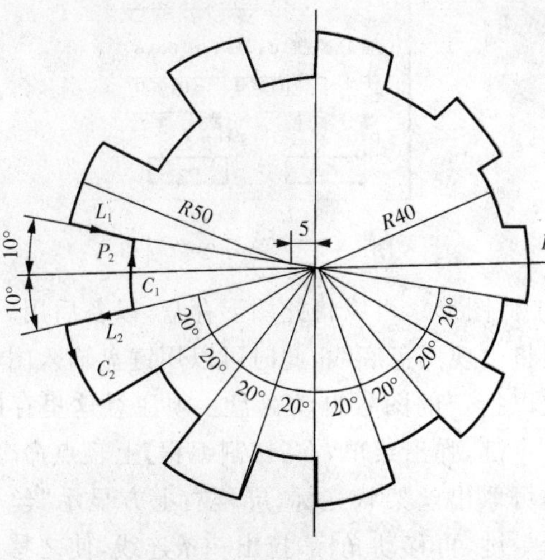

图 5－34　工件轮廓

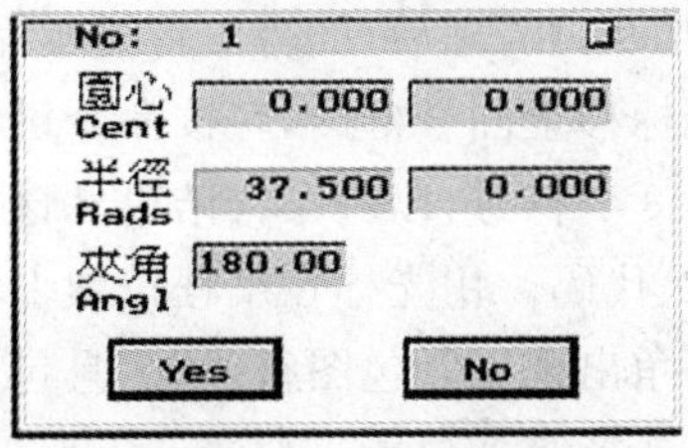

图 5－35　圆参数窗口

参数全部正确无误后，可用光标命令键按一下【YES】钮，该圆就输入完成。

下面输入槽的两条轮廓直线。将光标移至直线图标，再将光标移至坐标原点，此时光标变成“X”状，表示此点已与第一个圆的圆心重合，按下鼠标器命令键，屏幕上将弹出直线参数窗(见图 5－36)。按下命令键，移动光标，屏幕将画出一条随光标移动而变化的直线，参数的变化反应在参数窗的各对应框内。该例直线 L_1 的关键尺寸是斜角＝170°，只要拉出一条角度等于 170°的直线就可以。角度至确定值时，释放命令键，直线输入完成。同理，可用光标对需要进一步修改的参数作修改，全部数据确认后，按【YES】按钮退出。

第二条直线即槽边线 L_2，是 L_1 关于水平轴的镜像线，可以利用系统的镜像变换作出。将光标移至编辑按钮，按一下命令键，弹出编辑功能菜单，选择【镜像】再选择【水平轴】，屏幕上将画出直线 L_1 的水平镜像线 L_2。画出的这两条直线被圆分隔，圆内的两段直线是无效线段，因此可以先将其删去。将光标移至剪除图标内，按命令键，图标窗的左下角出现工具图包图符。从图符内取出一把剪刀形光标，移至需要删去的线段上。按下命令键，就可将该线段删去。

该工件其余的 8 条槽轮廓实际是第一条槽的等角复制，选择编辑菜单中的等分项，取等角复制，再选择图段，光标将变成‘田’形，屏幕上出现【等分中心】，意指需要确定等分中心。移动光标至坐标原点，轻按命令键。屏幕上弹出参数窗(图 5－37)，用光标在【等分】和【份数】框内分别输入 9 和 9，参数确认无误后，按【YES】退出。屏幕上出现提示【等分体】。提示用户选定需等分处理的图段，将光标移到已画图形的任意处，光标变成手指形时，轻按命令键，屏幕上将自动画出其余的 8 条槽廓。最后输入偏心圆 C_2。输入的方法同第一条圆弧 C_1。

图形全部输入完毕，屏幕上有不少无效线段，对于两条圆弧上的无效段，可以利用系统中提供的交替删除功能快速地删除。将剪刀形光标移至欲删去的任一圆弧段上，该圆弧段变红时按调整键，系统将按交替的方式自动删除圆周上的无效圆弧段。连续两次使用交替删除功能，可以删去两条圆弧上的无效圆弧段。余下的无效直线段，可以用清理图标【OX】功能解决。在此功能下，系统能自动将非闭合的线段一次性除去。

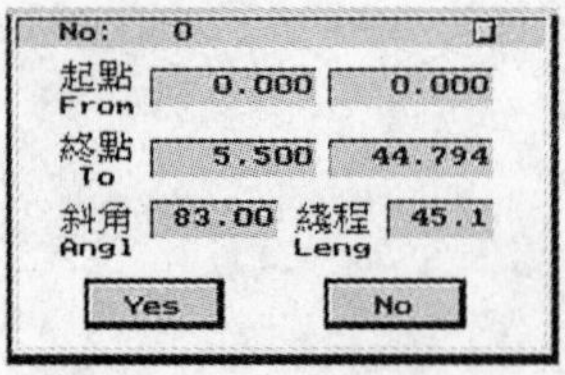

图 5-36　直线参数窗口

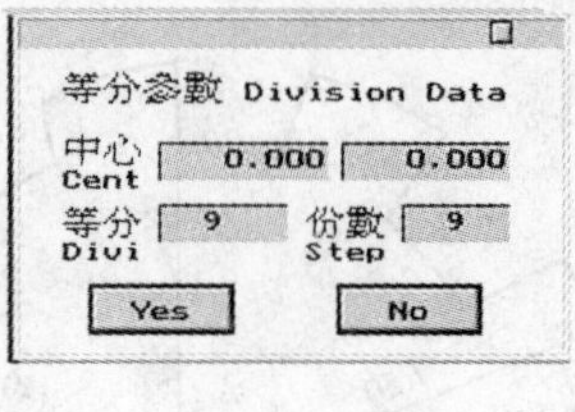

图 5-37　等分参数窗口

用【OX】清理后，屏幕上将显示完整的工件图形。可以将此图形存盘，以备后用。方法：先将光标移至图号框内，轻按命令键。框内将出现黑色底线，此时可以用键盘输入图号——不超过 8 个符号，以回车符结束。该图形就以指定的图号自动存盘。须注意这里存的是图形，不是代码。用光标在编程按钮上轻点命令键，弹出菜单，在【切割编程】上轻点命令键，屏幕左下角出现工具包图符，从工具包图符中可取出丝架状光标，屏幕右上方显示“丝孔”，提示用户选择穿孔位置。位置选定后，按下命令键，再移动光标，拉出一条连线，使之移到要切割的首条线段上，释放命令键。该点处出现一指示牌“▲”，屏幕上出现加工参数设定窗（图 5-38）。此时，可对孔位及补偿量、平滑作相应的修改。【YES】认可后，参数窗消失，出现“路径选择窗”（图 5-39）。

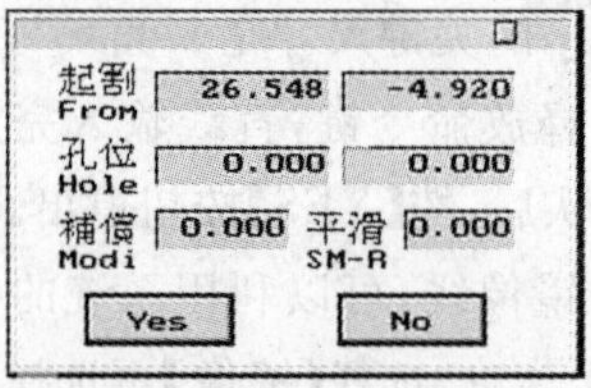

图 5-38　加工参数窗口

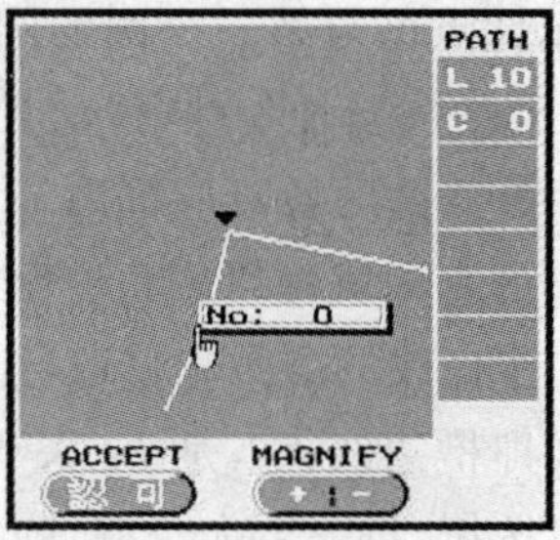

图 5-39　路径选择窗口

“路径选择窗”中的红色指示牌处是起割点，左右线段表示工件图形上起割点处的左右各线段，分别在窗边用序号代表。选择路径时，可直接用光标在序号上轻点命令键，序号变黑底白字，光标轻点“认可”即完成路径选择。当无法辨别所列的序号表示哪一线段时，可用光标直接指向窗中图形的对应线段上，光标呈手指形，同时出现该线段的序号，轻点命令键，它所对应线段的序号自动变黑色。路径选定后光标轻点“认可”，“路径选择窗”即消失，同时火花沿着所选择的路径方向进行模拟切割，到“OK”结束。如工件图形上有交叉路径，火花自动停在交叉处，屏幕上再次弹出“路径选择窗”。同前所述，再选择正确的路径直至“OK”。系统自动把没切割到的线段删除，成一完整的闭合图形。

火花图符走遍全路径后，屏幕右上角出现“加工开关设定窗”（图 5-40），其中有五项选择：加工方向、锥度设定、旋转跳步、平移跳步和特殊补偿。

加工方向有左右向两个三角形，分别代表逆/顺时针方向，红底黄色三角为系统自动判断方向。

锥度设定：加工的工件有锥度，要进行锥度设定。光标按“锥度设定”的【ON】钮，使之变蓝色，出现锥度参数窗（图 5-41）。参数窗中有斜度、标度、基面三项参数输入框，分别输入相应的数据。

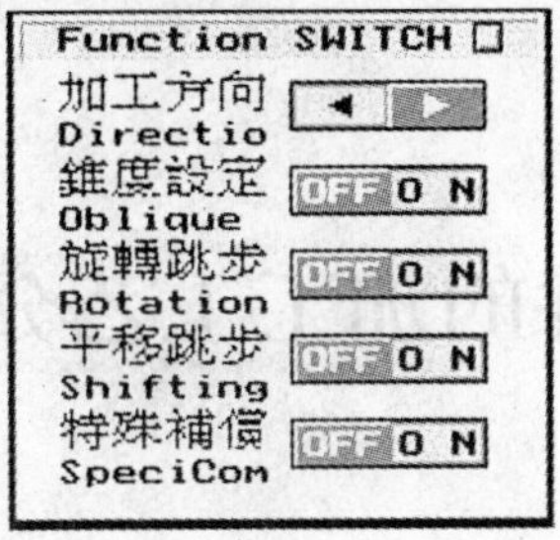

图 5-40　加工开关设定窗

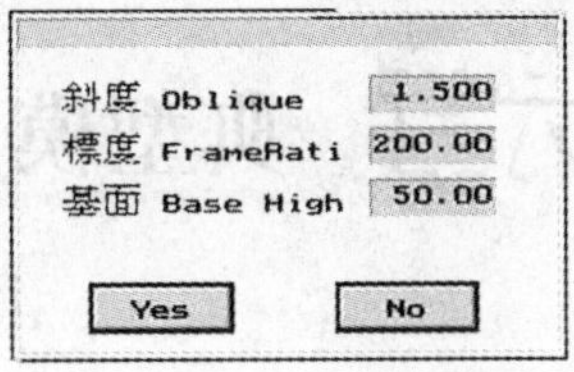

图 5-41　锥度参数窗

斜度：钼丝的倾斜角度有正负方向。工件上小下大为负；上大下小为正。

标度：上下导轮中心间的距离或旋转中心至上导轮中心的距离(或对应的折算量)，单位为毫米。

基面：在十字拖板式机床中，由于下导轮的中心不在工件切口面上，需对切口坐标进行修正。基面为下导轮(或旋转)中心到工件下平面间的距离。设置：斜度＝1.5，标度＝200，基面＝50。本例无跳步和特殊补偿设定，可直接用光标轻点加工参数设定窗右上角的小方块“■”按钮，退出参数窗。随后，屏幕上出现输出菜单。菜单中有代码打印、代码显示、代码存盘、三维造型和退出。

【代码打印】：通过打印机打印程序代码。

【代码显示】：显示自动生成的ISO代码，以便核对。

【代码存盘】：在驱动器中插入数据盘，光标按“代码存盘”，在“文件名输入框”中输入文件名，回车完成代码存盘。

【三维造型】：光标按“三维造型”，屏幕上出现工件厚度输入框，提示用户输入工件的实际厚度。输入厚度数据后，屏幕上显示出图形的三维造型，同时显示以 $X-Y$ 面为基准面的加工长度和加工面积，以利用户计算费用。光标回到工具包中轻点命令键，退回菜单中。

【送控制台】：光标按此功能，系统自动把当前编好的程序送入“YH控制系统”中，进行控制操作。

【退出】：退出编程状态。

至此，一个完整的工件编程过程结束，即可进行实际加工。光标点按【YH】窗口切换标志，系统在屏幕弹出窗口，显示控制台当前的坐标值和当前代码段号。该窗口的右下方有一标记【CON】，若用光标点取该【CON】，即返回控制屏幕，若点取该弹出窗口左上角的“一”标记，将关闭该窗口。

思考题

1. 简述电火花加工的条件。
2. 简述电火花加工的特点。
3. 简述电火花成形加工与电火花线切割的区别与联系。
4. 简述电火花加工中对电参数的设定有什么要求。
5. 电火花加工中液体介质起什么作用？

第六章 典型模具零件的加工工艺分析

【内容提要】 本章介绍了冷冲模和塑料模具中各类典型零件的一般加工工艺的基本知识。

【目标要求】 掌握各类典型零件加工工艺的适用范围及大致工艺过程。

第一节 套、杆类零件的加工

一、导柱和导套的加工

导向零件是各类模具中应用广泛的重要零件。这些零件制造质量的好坏，将直接影响模具的制造质量和最后成型制件的质量。因此，模具导向零件的制造技术对模具有着重要的作用。模具的导向零件是指在组成模具的零件中，能够对模具运动零件的方向和位置起着定位作用的零件。模具中设置导向零件的目的，主要是保证模具中有相对运动零件的运动方向正确。当运动零件停止后，其零件之间的相对位置准确。

本章以典型的标准导向零件为重点予以介绍。

1. 模具导向零件的结构及分类

(1)常用模具导向零件的分类

不同种类的模具，有着不同结构形状的导向零件，一般可分为滑动导向零件和滚动导向零件。导柱、导套和滑块是模具中应用最多的导向零件。所以，它的种类和结构形状也是多种多样。如冲压模具的导柱、导套按配合形式可分为滑动式和滚动式。按照装配形式又分为固定式和可拆卸式。除以上导柱外还有卸料、顶出用的杆类导向零件及小型导柱等。

塑料注射模具中除了导柱、导套外，还有抽芯机构中应用的斜导柱、顶出板用的小型导柱、限位用的导柱等。各种导柱的形状、大小、用途各异，但其功能都是起导向作用。

目前，冲压模具、金属压铸模具和塑料模具的导柱、导套等导向零件都已标准化，可进行批量生产，根据不同的要求进行选用。斜滑块和导滑槽是在成型或抽芯机构中起导向作用的零件，它们需根据模具的具体结构进行设计制造。图 6－1 为标准的导柱、导套。

(2)导向零件的基本要求

模具运动零件的导向，是借助导向零件之间精密的尺寸配合和相对的位置精度来保证的，运动零件在运动过程中应平稳、无阻滞。所以，导向零件的配合表面都必须进行精密加工，而且要有较好的耐磨性。一般导向零件配合表面的精度可达 IT6，表面粗糙度 $R_a=0.63\sim0.32\mu m$。精密的导向零件配合表面的精度可达 IT5，表面粗糙度 $R_a=0.16\sim0.08\mu m$。

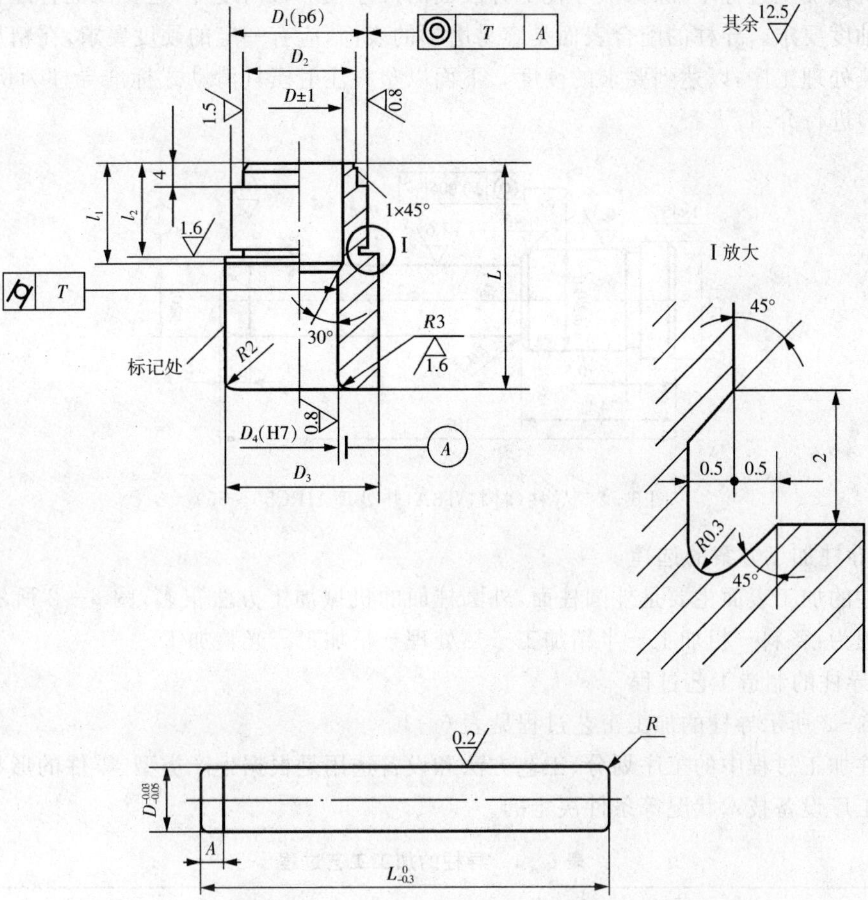

图 6 - 1　标准的导柱、导套

常用导向零件的材料一般为 20 号钢、T8A、T10A 等。因其配合表面要求有较好的耐磨性，表面硬度高达 HRC56～60。所以，导向零件都要进行热处理。用 20 号钢制造的导向零件，需进行表面渗碳后再进行淬火处理才能达到硬度要求。对 T8A、T10A 等工具钢材料，进行淬火处理即可达到表面的硬度要求。

导向零件的形状比较简单。加工方法一般采用普通机床进行粗加工和半精加工后再进行热处理，最后用磨床进行精加工，消除热处理引起的变形，提高配合表面的尺寸精度和减小配合表面的粗糙度。对于配合要求高、精度高的导向零件，还要对配合表面进行研磨，才能达到要求的精度和表面粗糙度。

虽然导向零件的形状比较简单，加工制造过程中不需要复杂的工艺、设备及特别复杂的制造技术，但其质量的好坏将直接影响模具的导向精度和成型制件的质量。所以，对模具导向零件的制造应予以充分重视。

2. 导柱的制造

(1)导柱的加工

导柱的结构种类很多，但主要结构是表面为不同直径的同轴圆柱表面。因此，可根据导柱的结构尺寸和材料要求，直接选用适当尺寸的热轧圆钢为毛坯料。

在机械加工过程中，除保证导柱配合表面的尺寸和形状精度外，还要保证各配合表面之间的同轴度要求。导柱的配合表面是容易磨损的表面，应有一定的硬度要求，在精加工之前要安排热处理工序，以达到要求的硬度。下面以塑料注射模具滑动式标准导柱为例（如图6－2所示）进行介绍。

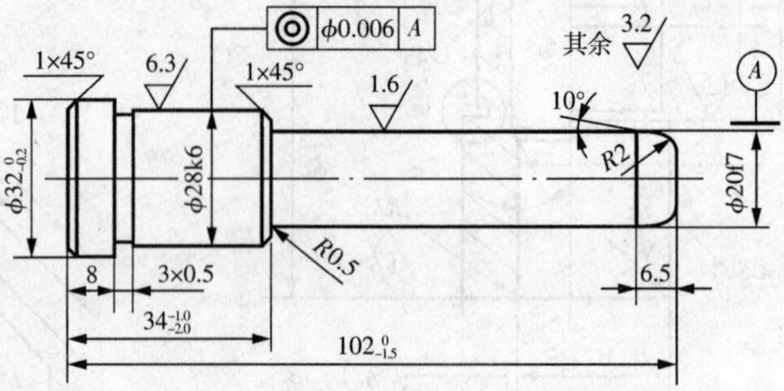

图6－2　导柱（材料 T8A，热处理 HRC50～55）

① 导柱加工方案的选择

导柱的加工表面主要是外圆柱面，外圆柱面的机械加工方法很多，图6－2所示导柱的制造过程为：备料－粗加工－半精加工－热处理－精加工－光整加工。

② 导柱的制造工艺过程

图6－2所示导柱的加工工艺过程见表6－1。

导柱加工过程中的工序划分、工艺方法和设备选用是根据生产类型、零件的形状、尺寸、结构及工厂设备技术状况等条件决定的。

表6－1　导柱的加工工艺过程

工序号	工序名称	工序内容	设备	工序简图
1	下料	按图纸尺寸 φ35×105	锯床	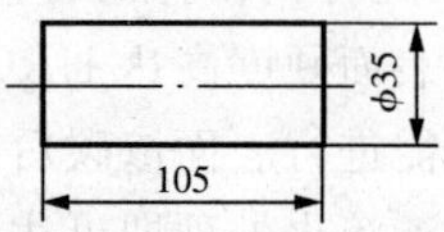
2	车端面，打中心孔	车端面保持长度 103.5，打中心孔。调头车端面至尺寸 102，打中心孔	车床	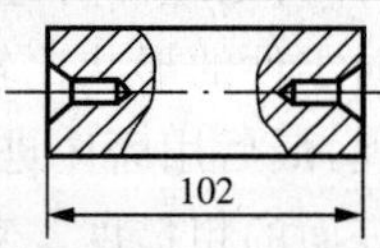
3	车外圆	粗车外圆柱面至尺寸 φ20.4×68，φ28.4×26，并倒角。调头车外圆 φ35 至尺寸并倒角。切槽 3×0.5 至尺寸	车床	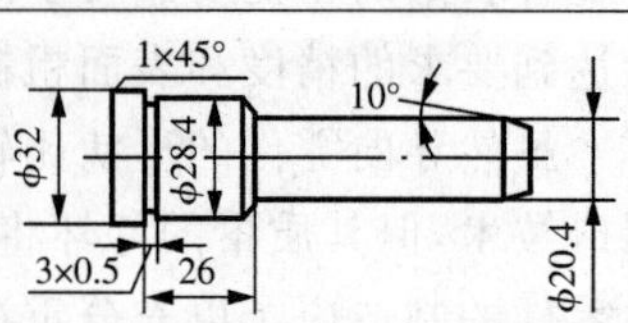
4	检验			
5	热处理	按热处理工艺对导柱进行处理，保证表面硬度 HRC50～55		

（续表）

工序号	工　序 名　称	工 序 内 容	设备	工序简图
6	研中心孔	研中心孔，调头研另一端中心孔	车床	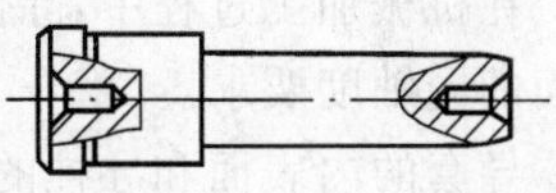
7	磨外圆	磨 ϕ28k6，ϕ20f7 外圆柱面，留研磨余量 0.01，并磨 10°角	磨床	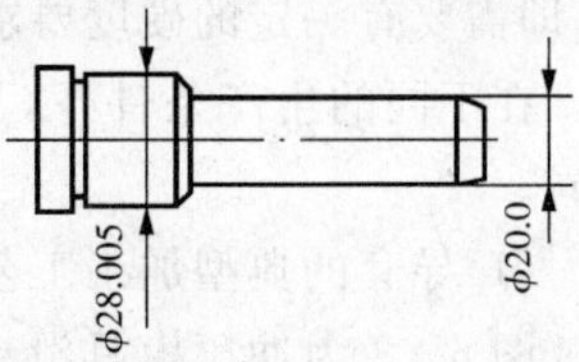
8	研　磨	研磨外圆 ϕ28k6，ϕ20f7 至尺寸，抛光 $R2$ 和 10°角	研磨机床	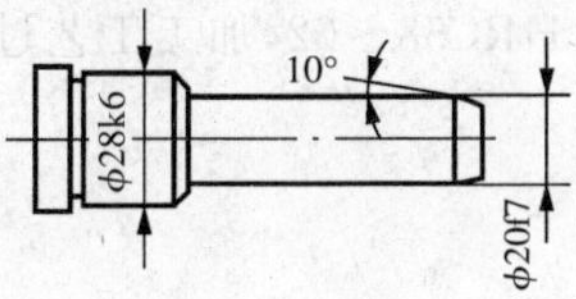
9	检　验			

③ 导柱加工过程中的定位

导柱加工过程中为了保证各外圆柱面之间的位置精度和均匀的磨削余量，对外柱面的车削和磨削一般采用设计基准和工艺基准重合的两端中心孔定位。因此，在车削和磨削之前先加工中心孔，为后继工序提供可靠的定位基准。中心孔加工的形状精度对导柱的加工质量有着直接影响，特别是加工精度要求高的轴类零件。另外保证中心孔与顶尖之间的良好配合也是非常重要的。导柱中心孔在热处理后需要修正，以消除热处理变形和其他缺陷，使磨削外圆柱面时能获得精确定位，保证外圆柱面的形状和位置精度。

中心定位孔的钻削和修正，是在车床、钻床或专用机床上按图纸要求的中心定位孔的型式进行钻削加工的。中心定位孔修正时，在车床上如图 4 - 2 所示。加工时用车床三爪卡盘夹持锥形砂轮，在被修正的中心定位孔处加入少量煤油或机油，手持工件利用车床尾座顶尖支撑，开动机床利用车床主轴的转动进行磨削。此法效率高、质量较好。但砂轮易磨损，需经常修整。

(2)导柱的研磨

导柱研磨加工的目的是为了进一步提高导柱的表面质量，即提高导柱表面的精度、降低表面粗糙度值以达到设计的要求。保证导柱表面的精度和表面粗糙度 $R_a=0.63\sim0.16\mu m$。在生产数量大的情况下，研磨加工可以在专用研磨机床上进行。在单件、小批量生产中，可采用如图 3 - 9 所示研磨环进行研磨。导柱的研磨余量一般为 0.05～0.012mm。

研磨剂是用氧化铝或氧化铬（磨料）与机油或煤油（磨液）混合而成。而市售的研磨膏是由磨料、黏结剂（混合脂）、润滑剂和油酸等按一定比例调制而成。使用时要加入煤油或汽油稀释。研磨料的粒度一般粗研磨和半精研磨用 W20～W10，精研磨用 W7 以下。研磨前，要将工件表面和研磨工具表面用汽油或煤油洗净，并将工件边缘的毛刺去除干净。

3. 导套的加工

导套是一种典型的筒体形零件，和导柱一样，导套是模具中应用最广泛的导向零件。因其应用部位不同它的结构形状也不同，但构成导套的主要表面是内、外圆柱表面。因此，可根据它们的结构形状、尺寸和材料的要求，直接选用适当尺寸的热轧圆钢为毛坯。

在机械加工过程中，除保证导套配合表面的尺寸和形状精度外，还要保证内外圆柱配合表面的同轴度要求。

导套的内表面和导柱的外圆柱面为配合表面，使用过程中运动频繁，必须有一定的耐磨性，即需要有一定的硬度要求。在精加工之前必须安排热处理工序，提高其硬度。

在不同的生产条件下，导套的制造过程所采用的加工方法和设备不同，制造工艺也不同。

(1)导套的典型加工工艺过程

图 6-3 为冲压模具滑动式导套，材料为 20 号钢，表面渗碳层深度 0.8～1.2mm，热处理：HRC58～62，加工工艺过程如表 6-2 所示。

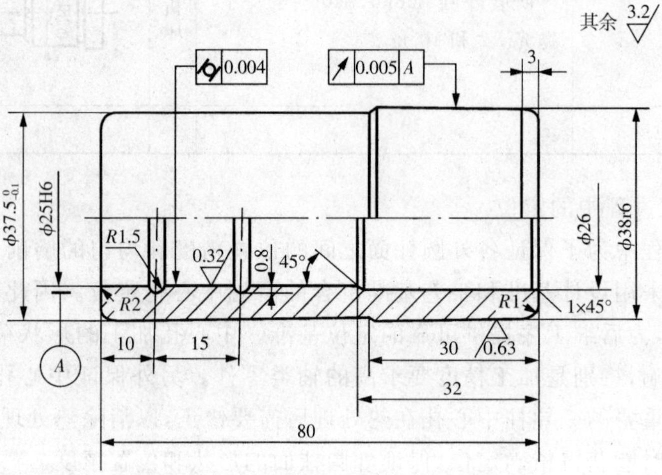

图 6-3　冲压模具滑动式导套

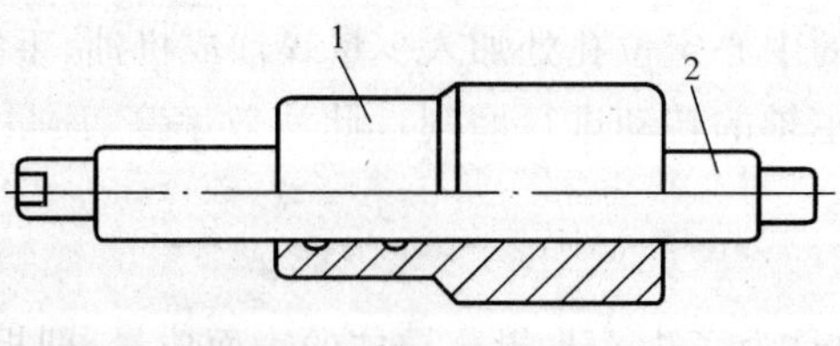

图 6-4　小锥度心轴安装导套

1—导套　2—心轴

(2)导套加工工艺过程中的定位

导套在磨削时，正确选择定位基准，对保证内、外圆柱面的同轴度的要求是非常重要的。在上述加工工艺过程中，工件热处理后，在万能内外圆磨床上利用三爪卡盘夹持 ϕ37.5mm 外圆柱面。一次装夹后，磨出 ϕ38mm 的外圆和 ϕ25mm 的内孔。这样可以避免多次装夹而造成的误差，能保证内外圆柱配合表面的同轴度要求。它适应单件或小批量生产。对于大批量生产同一尺寸的导套时，可以先磨好内孔，再将导套套装在专用小锥度磨削心轴上，如图 6-4 所示。以心轴两端中心孔定位，使定位基准和设计基准重合。借助心轴和导套内表面之间的摩擦力带动工件旋转。磨削导套的外圆柱面，能获得较高的同轴度。这种方法操作简便、生产率高。但需制造专用的具有高精度的心轴，其硬度在 HRC60 以上。

表 6-2　导套的加工工艺过程

工序号	工序名称	工序内容	设备	工序简图
1	下料	按尺寸 $\phi42\times85$ 切断	锯床	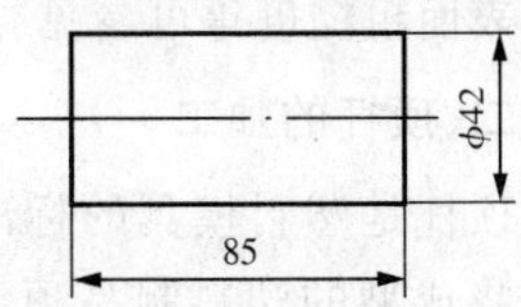
2	车外圆及内孔	车端面保证长度 82.5； 钻 $\phi25$ 内孔至 $\phi23$； 车 $\phi38$ 外圆至 $\phi38.4$ 并倒角； 镗 $\phi25$ 内孔至 $\phi24.6$ 和油槽至尺寸； 镗 $\phi26$ 内孔至尺寸并倒角	车床	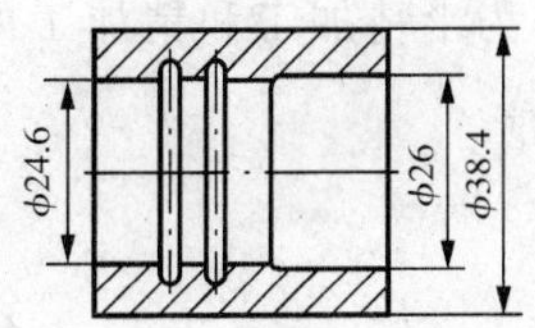
3	车外圆倒角	车 $\phi37.5$ 外圆至尺寸，车端面至尺寸	车床	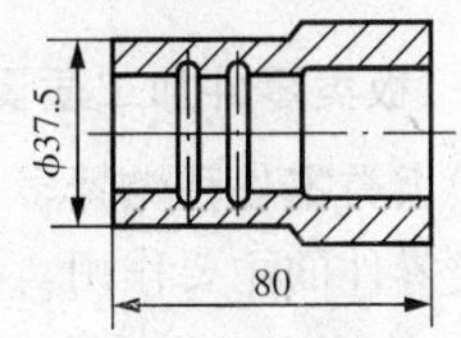
4	检验			
5	热处理	按热处理工艺进行，保证渗碳层深度为 0.8～1.2mm，硬度为 HRC58～62		
6	磨削内、外圆	磨 $\phi38$ 外圆达图纸要求； 磨内孔 $\phi25$ 留研磨余量 0.01	万能磨床	
7	研磨内孔	研磨 $\phi25$ 内孔达图纸要求； 研磨 $R2$ 圆弧	车床	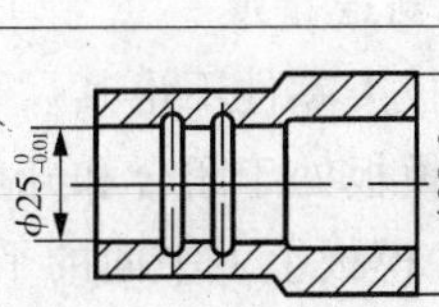
8	检验			

(3)导套的研磨

导套内孔的精度和表面粗糙度有较高的要求，对导套内孔配合表面进行研磨可进一步提高表面的精度和降低表面粗糙度，达到加工表面的质量和设计要求。

对于大批量生产的情况下，可以在专用研磨机床上进行研磨。对于单件或小批量生产可采用图 3－10 所示的研磨工具进行。

在研磨过程中，研磨进给量大小的控制，是通过锥度心轴两端的调整螺帽的轴向位移使研套 2 径向的扩大或缩小实现的。一般研磨内孔的余量为 0.01～0.02mm，研磨套的长度为导套研磨长度的 2～4 倍。

对研磨前的准备工作、研磨时的工作压力、研磨速度、研磨剂、研磨膏及研磨后达到的精度和表面粗糙度等可参见导柱的研磨。

二、顶杆的加工

顶杆是塑料模具的标准件之一，用量很大，使用中极易损坏。顶杆在注塑模中的作用是将成型的塑料制品顶出，工作时要承受较大压力。顶杆用钢应具有较高的强度，良好的韧性，足够的硬度和耐磨性能，良好的加工性能及经济性。此类零件一般采用中心孔作为半精加工和精加工的定位基准，终加工采用精磨工艺，并靠磨端面保证端面跳动要求。

第二节 板类零件的加工

一、板类零件加工质量的要求

模板类零件种类繁多，不同种类的模板有着不同形状、尺寸、精度及材质的要求。根据模板类零件的主要作用，在不考虑形状和尺寸大小的情况下可概括为以下几个方面。

1. 材料的质量

根据模板在模具中的不同应用、模具的精度和模具的使用要求，对模板的制造材料有不同种类和质量的要求。一般精度的冲压模具的上下模座用铸铁、铸钢制造；高精度、高速冲压模具模板可根据不同的要求使用中碳结构钢和低合金工具钢制造，塑料成型模具的模板大多为中碳结构钢制造。

2. 制造精度

模板类零件不论其尺寸和形状各有不同，但每一块板都是由平面和孔系组成。工作时，若干块模板处于闭合和开启的运动状态。因此，对模板的精度要求主要为以下几方面：

(1)模板上下平面的平行度和垂直度

为了保证模具装配后各模板能够紧密配合，对于不同功能和不同尺寸的模板其平行度和垂直度均按 GB1184—80 执行。其中，冲压与挤压模架的模座平行度公差，对于滚动导向模架采用公差等级为 4 级，其他模座和模板的平行度公差采用公差等级为 5 级，塑料成型模具组装后模架上下平面的平行度公差等级为 6 级，模板上下平面的平行度公差等级为 5 级，模板两侧基准面的垂直度公差等级为 5 级。

(2)模板平面的表面粗糙度和精度等级

对一般模板平面的表面精度要达到 IT7～IT8，粗糙度 $R_a=0.63\sim2.5\mu m$。对于平面为分型面的模板表面粗糙度要达到 IT6～IT7，$R_a=0.32\sim1.25\mu m$。

(3)模板上各孔的精度、垂直度和孔间距的要求

常用模板各孔径的配合精度一般为 IT6～IT7，$R_a=0.32\sim1.25\mu m$。孔轴线与上下模板平面的垂直度对安装滑动导柱的模板为 4 级精度。模板上各孔之间的孔间距应保持一致，一般要求在±0.02mm 以下，以保证各模板装配后达到装配要求，使各运动模板沿导柱移动平稳、无阻滞现象。

3. 选用标准模架

模架是模具不可缺少的重要组成部分，冲压模、塑料模、压铸模、粉末冶金模等模具都要通过模架才能把其他模具的结构零件和成形零件组装起来，模具才能使用。现在模具制造厂一般已不自己制造模架，除了一些特殊情况之外，均应采用标准模架与模具标准件。这样做有以下好处：

(1)能简化模具设计，方便模具加工。

(2)能缩短模具制造周期，降低成本，促进产品更新换代。

(3)能提高模具质量，便于模具维修。

目前，我国的模具工业已有了很大发展，在实现专业化、标准化方面已取得了很大成就，相继制定了一系列模架与模具标准件国家标准，引进了一些国际通用的标准，建立了许多专门生产标准模架与模具标准件的工厂，每年要生产几百万副至几千万副各种标准模架和大批量的模具标准件，供模具生产厂选用。

在选用标准模架时要了解该模架及其零件的技术条件。

我国已制定的国家标准有《冲模模架技术条件》(GB/T2854—90)，《冲模模架零件技术条件》(GB/T12446—90)；塑料模《中小型模架技术条件》(GB/T12556.2—90)，《大型模架技术条件》(GB/T12555.2—90)等。

二、冲压模座的加工

(1)标准铸铁模座，如图 6-5。保证模架的装配要求，使模架工作时上模座沿导柱上、下运动平稳，无滞阻现象，保证模具能正常工作。

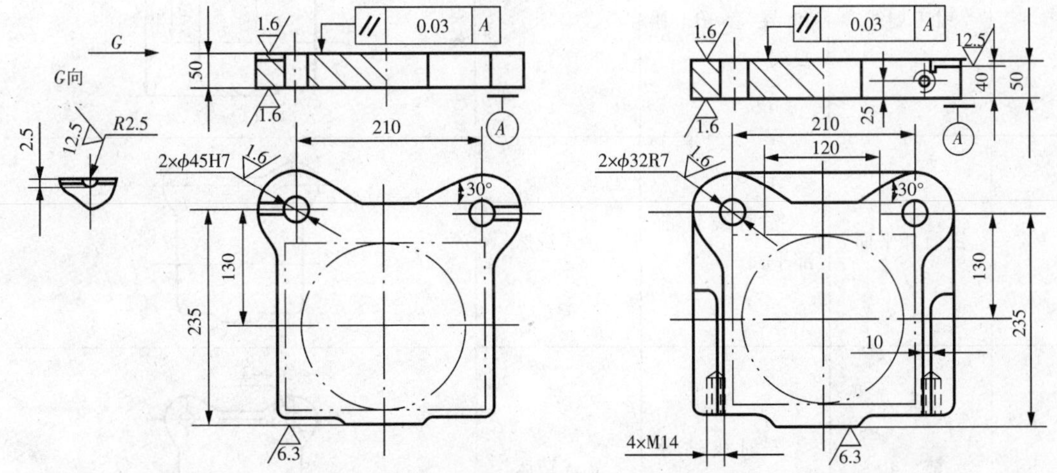

a)上模座　　b)下模座

图 6-5 冷冲模座

(2)模座上、下平面的平行度公差，见表6-3。

表6-3　模座上、下平面的平行度公差

基本尺寸/mm	公差等级		基本尺寸/mm	公差等级	
	4	5		4	5
	公差值			公差值	
40～63	0.008	0.012	250～400	0.020	0.030
63～100	0.010	0.015	400～630	0.025	0.040
100～160	0.012	0.020	630～1000	0.030	0.050
160～250	0.015	0.025	1000～1600	0.040	0.060

(3)上、下模座的加工工艺路线。

表6-4　加工模座的工艺过程

工序号	工序名称	工序内容	设　备	工序简图
1	备料	铸造毛坯		
2	刨平面	刨上、下平面，保证尺寸50.8	牛头刨床	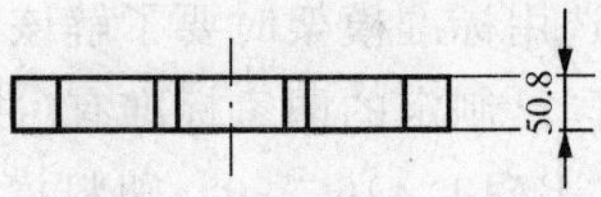
3	磨平面	磨上、下平面，保证尺寸50	平面磨床	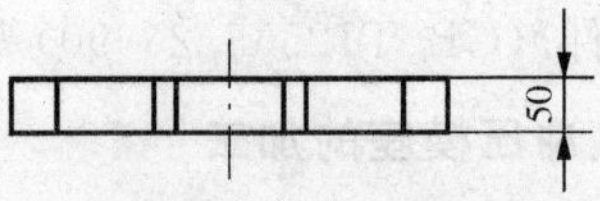
4	钳工划线	划前部平面和导套孔中心线		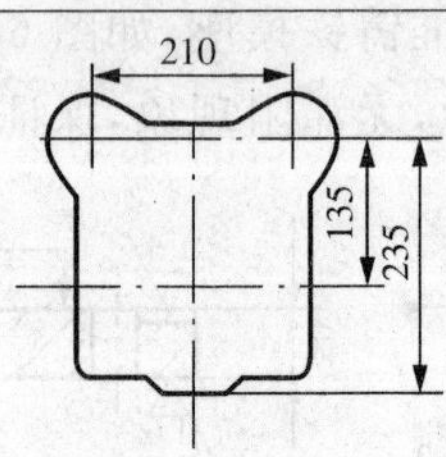
5	铣前部平面	按划线铣前部平面	立式铣床	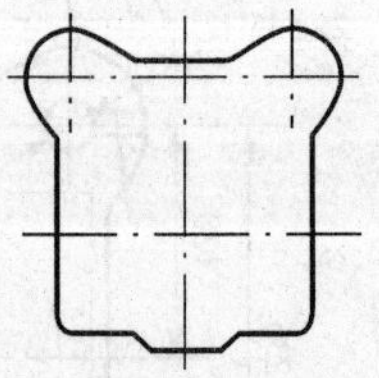
6	钻　孔	按划线钻导套孔至$\phi43$	立式钻床	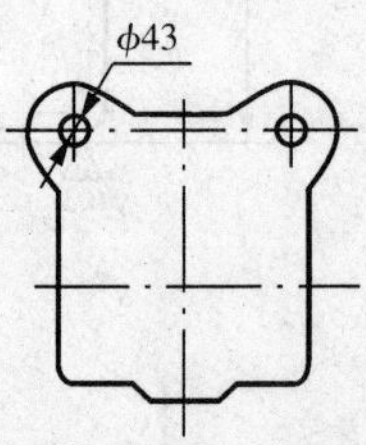

（续表）

工序号	工序名称	工序内容	设　备	工序简图
7	镗　孔	和下模座重叠，一起镗孔至 ϕ45H7	镗床或立式铣床	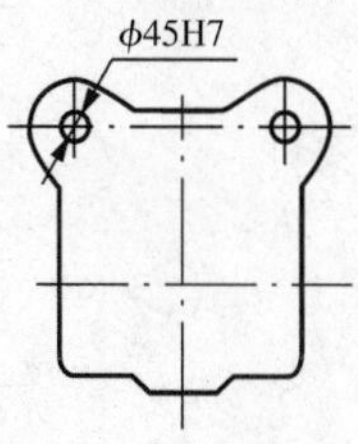
8	铣　槽	按划线铣 R2.5 的圆弧槽	卧式铣床	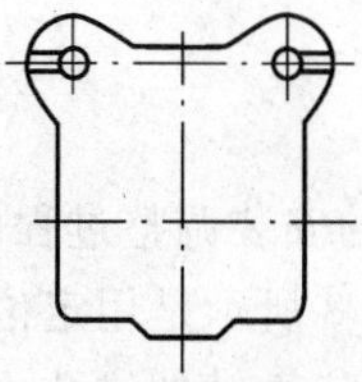
9	检　验			

三、模板孔系的加工

1. 圆形型孔

具有圆形型孔的凹模有以下两种情况：

(1)单型孔凹模。这类凹模制造工艺比较简单，毛坯经锻造、退火后进行车削（或铣削）及钻、镗型孔，并在上、下平面和型孔处留适当磨削余量；再由钳工划线、钻所有固定用孔、攻螺纹、铰销孔，然后进行淬火、回火；热处理后磨削上、下平面及型孔即成。

(2)多型孔凹模。冲裁模中的连续模和复合模，凹模有一系列圆孔，对各孔尺寸及相互位置有较高的精度要求，这些孔称为孔系。为保持各孔的相互位置精度要求，常采用坐标法进行加工。

镶入结构的凹模如图 6-6 所示。固定板 1 不进行淬火处理。凹模镶件经淬火、回火和磨削后分别压入固定板的相应孔内。固定板上的镶件孔可在坐标镗床上加工。在坐标镗床上按坐标法镗孔，是将各孔间的尺寸转化为直角坐标尺寸，如图 6-7 所示。加工时将工件置于机床的工作台上，用百分表找正相互垂直的基准面 a、b，使其分别和工作台的纵、横运动方向平行后夹紧。使基准 a 与主轴的轴线对准，将工作台横向移动 x_1；再使基准 b 与主轴的轴线对准，将工作台纵向移动 y_1。此时，主轴的轴线与孔 Ⅰ 的轴线重合，可将孔加工到所要求的尺寸。加工完孔 Ⅰ 后，按坐标尺寸 x_2、y_2 及 x_3、y_3 调整工作台，使孔 Ⅱ 和孔 Ⅲ 的轴线依次和机床主轴的轴线重合，镗出孔 Ⅱ 及孔 Ⅲ。

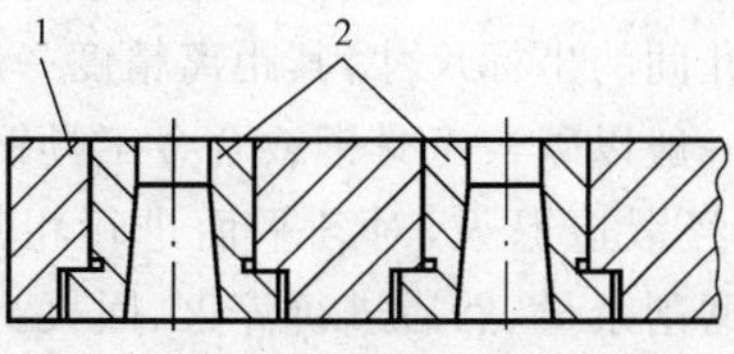

图 6-6　镶入式凹模

1—固定板　2—凹模镶件

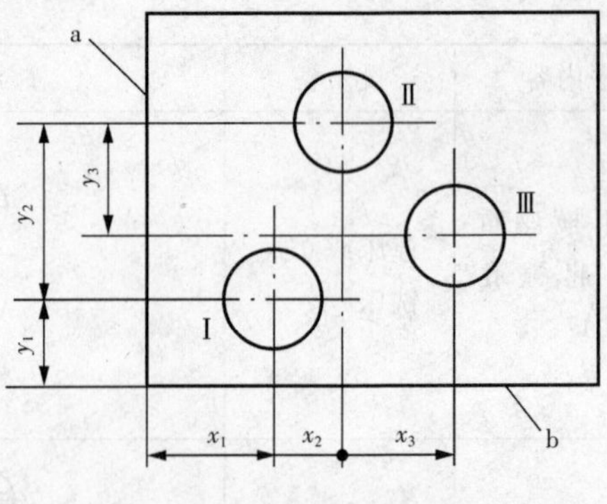

图 6-7　孔系的直角坐标尺寸

在工件的安装调整过程中，为了使工件上的基准 a 或 b 对准主轴的轴线，可以采用多种方法。图 6-8 所示是用定位角铁和光学中心测定器进行找正。中心测定器 2 以其锥柄定位，安装在镗床主轴的锥孔内，在目镜 3 的视场内有两对十字线。定位角铁 1 的两个工作表面互成 90°，在它的上平面上固定着一个直径约 7mm 的镀铬钮，钮上有一条与角铁垂直工作面重合的刻线。使用时将角铁的垂直工作面紧靠工件 4 的基准面（a 面或 b 面），移动工作台从目镜观察，使镀铬钮上的刻线恰好落在目镜视场内的两对十字线之间，如图 6-9 所示。此时，工件的基准面已对准机床主轴的轴线。

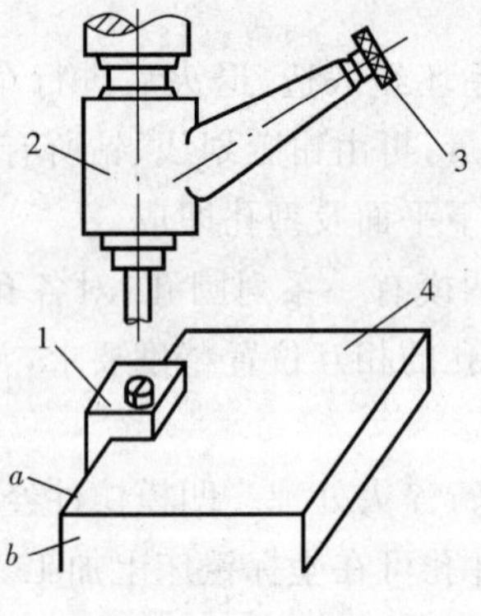

图 6-8　用定位角铁和光学中心测定器找正

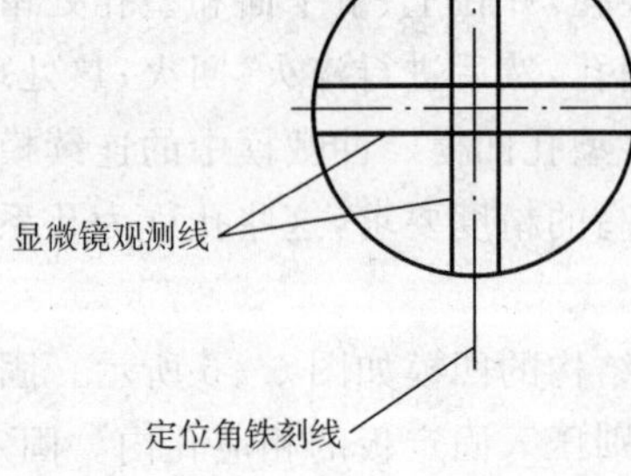

图 6-9　定位角铁刻线在显微镜中的位置

加工分布在同一圆周上的孔，可以使用坐标镗床的机床附件——万能回转工作台。使用时将转台置于坐标镗床的工作台上。当加工同一圆周上的孔时应调整工件，使各孔所在圆的圆心与转盘 1 的回转轴线重合。

对具有镶件结构的多型孔凹模加工，在缺少坐标镗床的情况下，也可在立式铣床上用坐标法加工孔系。为此，可在铣床工作台的纵、横运动方向上附加量块、百分表测量装置来调整工作台的移动距离，以控制孔间的坐标尺寸，其距离精度一般可达 0.02mm。

整体结构的多型孔凹模，一般以碳素工具钢或合金工具钢为原材料，热处理后其硬度常在 HRC60 以上。制造时毛坯经锻造退火，对各平面进行粗加工和半精加工，钻、镗型孔。在上、下平面及型孔处留适当磨削余量，然后进行淬火、回火。热处理后，磨削上、下平面，以平面定位在坐标磨床上对型孔进行精加工。型孔的单边磨削余量通常不超过 0.2mm。

在对型孔进行镗孔加工时，必须使孔系的位置尺寸达到一定的精度要求，否则会给坐标磨床加工造成困难。最理想的方法是用加工中心进行加工，它不仅能保证各型孔相互间的位置尺寸精度要求，而且凹模上的所有螺纹孔、定位销孔的加工都可在一次安装中全部完成，极大地简化了操作，有利于劳动生产率的提高。

2. 非圆形型孔

非圆形型孔的凹模如图 6－10 所示，机械加工比较困难。由于数控线切割加工技术的发展，在模具制造中得到广泛应用，许多传统的型孔加工方法都被该技术所取代。

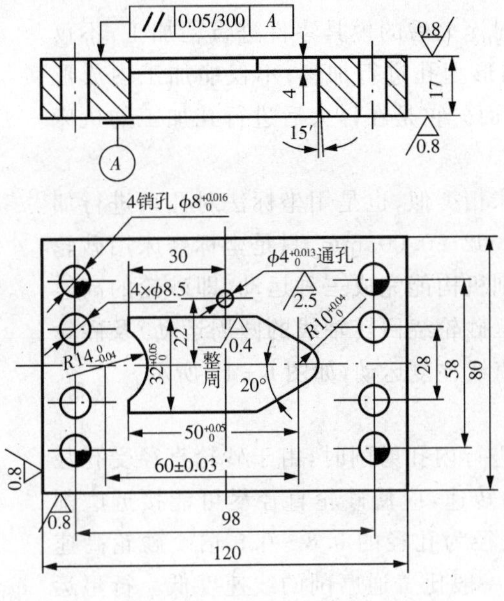

图 6－10 非圆形型孔凹模

非圆形型孔的凹模通常是将毛坯锻造成矩形，加工各平面后进行划线，再将型孔中心的余料去除而成的。图 6－11 所示是沿型孔轮廓线内侧顺次钻孔后，将孔两边的连接部凿断，去除余料。如果工厂有带锯机，可先在型孔的转折处钻孔后，用带锯机沿型孔轮廓线将余料切除，并按后续工序要求沿型孔轮廓线留适当加工余量。用带锯机去除余料生产效率高。

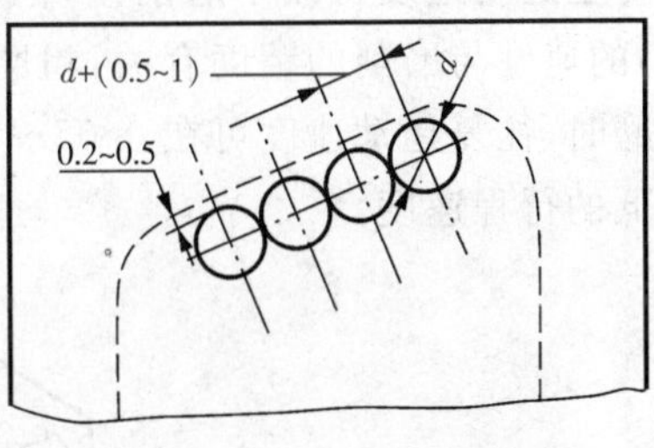

图 6－11 型孔轮廓线钻孔

当凹模尺寸较大时，也可用氧－乙炔焰气割方法去除型孔内部的余料。切割时型孔应留有足够的加工余量。切割后的模坯应进行退火处理，以便进行后续加工。

切除余料后，可采用以下方法对型孔进行进一步加工：

① 仿形铣削。在仿形铣床上采用平面轮廓仿形，对型孔进行半精加工或精加工，其加工精度可达 0.05mm，表面粗糙度 $R_a = 2.6 \sim 1.5\mu m$。仿形铣削加工容易获得形状复杂的型孔，可减轻操作者的劳动强度，但需要制造靠模，使生产周期增长。靠模通常都用容易加工的木材制造，因受温度、湿度的影响极易变形，影响加工精度。

② 数控加工用数控铣床加工型孔，容易获得比仿形铣削更高的加工精度。不需要制造

靠模，通过数控指令使加工过程实现自动化，可降低对操作工人的技能要求，而且使生产效率提高。此外，还可采用加工中心对凹模进行加工。在加工中心上经一次装夹不仅能加工非圆形型孔，还能同时加工固定螺孔和销孔。

当无仿形铣床和数控铣床时也可在立铣或万能工具铣床上加工型孔。铣削时按型孔轮廓线手动操作铣床工作台纵、横运动进行加工。此法对操作者的技术水平要求高，劳动强度大，加工精度低，生产效率低，加工后钳工修正工作量大。

3. 坐标磨床加工

坐标磨床主要用于对淬火后的模具零件进行精加工，不仅能加工圆孔，也能对非圆形型孔进行加工；不仅能加工内成形表面，也能加工外成形表面。它是在淬火后进行孔加工的机床中精度最高的一种。

坐标磨床和坐标镗床相类似，也是用坐标法对孔系进行加工，其坐标精度可达±0.002～0.003mm，只是坐标磨床用砂轮作切削工具。机床的磨削机构能完成三种运动，即砂轮的高速自转（主运动）、行星运动（砂轮绕回转轴线的圆周运动）及砂轮沿机床主轴轴线方向的直线往复运动，如图 6－12 所示。

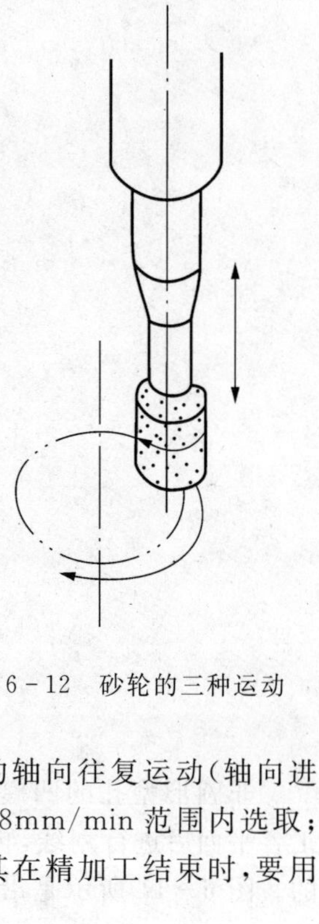

图 6－12　砂轮的三种运动

（1）内孔磨削

如图 6－13 所示。进行内孔磨削时，由于砂轮直径受孔径限制，同时为降低磨头的转速，应使砂轮直径尽可能接近磨削的孔径，一般可取砂轮直径为孔径的 0.8～0.9 倍。砂轮高速回转（主运动）的线速度，一般比普通磨削的线速度低。行星运动（圆周进给）的速度大约是主运动线速度的 0.15 倍左右。慢的行星运动速度将减小磨削量，但对表面加工质量有好处。砂轮的轴向往复运动（轴向进给）的速度与磨削的精度有关：粗磨时，往复运动速度可在 0.5～0.8mm/min 范围内选取；精磨时，往复运动速度可在 0.05～0.25mm/min 范围内选取。尤其在精加工结束时，要用很低的行程速度。

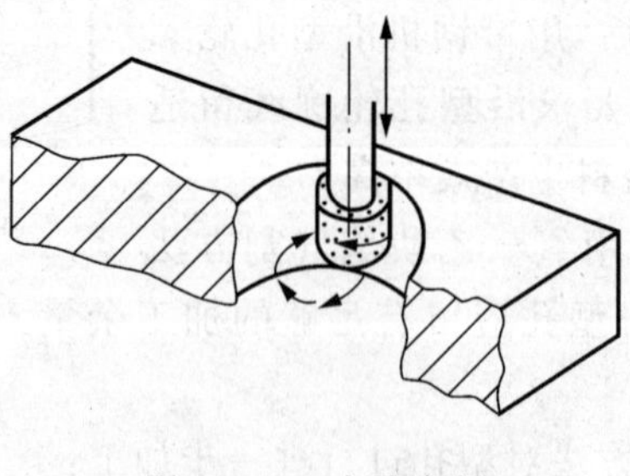

图 6－13　内孔磨削

（2）外圆磨削

外圆磨削也是利用砂轮的高速自转、行星运动和轴向往复运动实现的，如图 6－14 所示。利用行星运动直径的缩小，实现径向进给。

（3）锥孔磨削

磨削锥孔则是由机床上的专门机构使砂轮在轴向进给的同时，连续改变行星运动的半径。锥孔的锥顶角大小取决于两者变化的比值，所磨锥孔的最大锥顶角为12°。磨削锥孔的砂轮应修出相应的锥角，如图6-15所示。

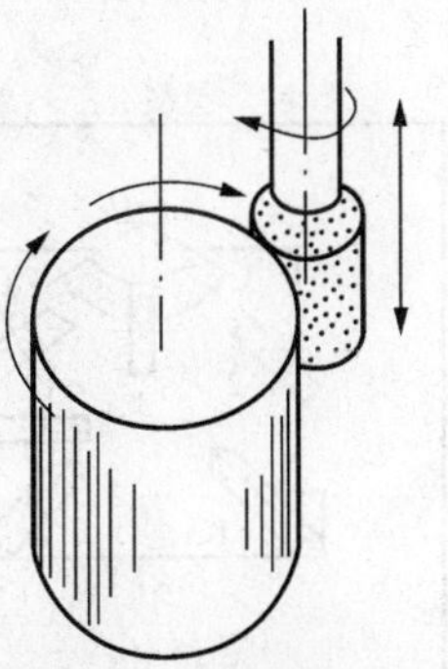

图6-14　外圆磨削

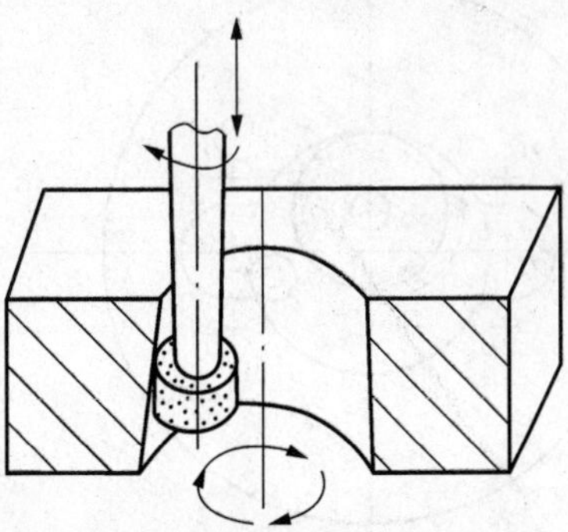

图6-15　锥孔磨削

(4)平面磨削

平面磨削时，砂轮仅自转而不作行星运动，工作台进给，如图6-16所示。平面磨削适合于平面轮廓的精密加工。

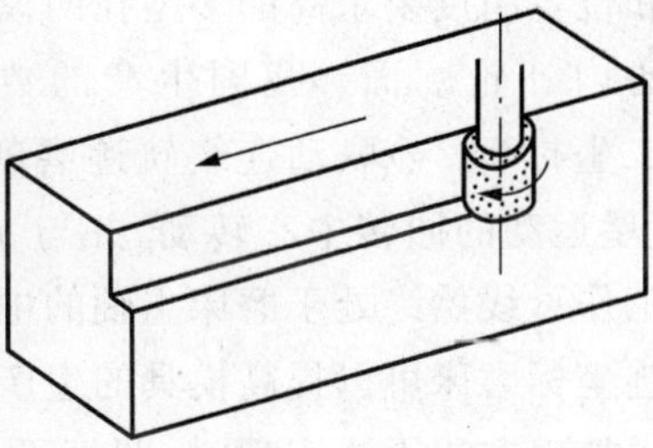

图6-16　平面磨削

(5)铡磨

这种加工方法是使用专门的磨槽附件进行的，砂轮在磨槽附件上的装夹和运动情况，如图6-17所示。该方法可以对槽及带倾角的内表面进行加工。

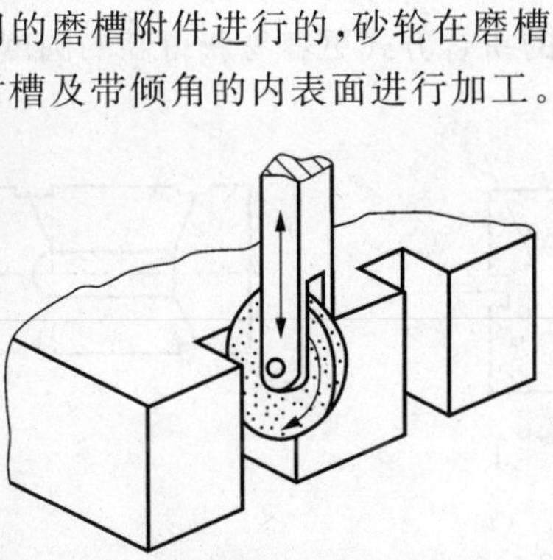

图6-17　铡磨

将基本磨削方法综合运用，可以对一些形状复杂的型孔进行磨削加工，如图6-18所示。磨削该凹模型孔时，可先将平转台固定在机床工作台上，用平转台装夹工件，经找正使工件的对称中心与转台回转中心重合。调整机床使孔O_1的轴线与主轴线重合，用内孔磨削方法磨出O_1的圆弧段。再调整工作台使工件上的O_2与主轴中心重合，磨削该圆弧到要求尺寸。利用圆形转台将工件回转 180°,磨削 O_3 的圆弧到要求尺寸。

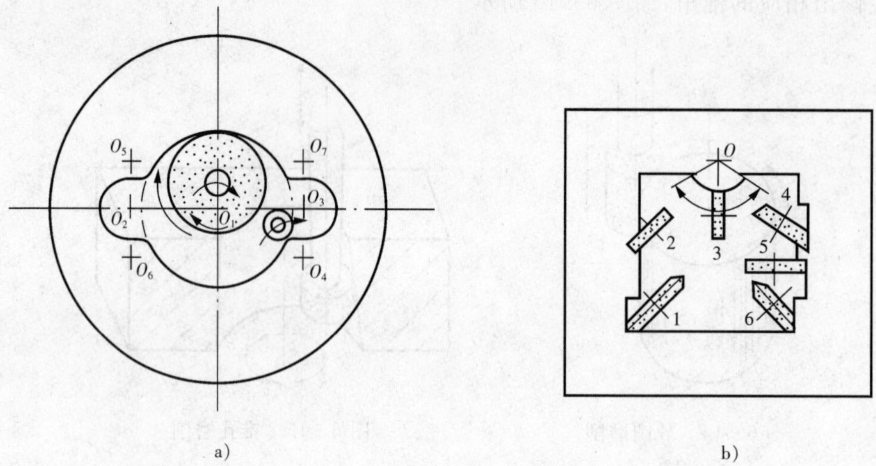

图 6－18　磨削异型孔

随着数控技术在坐标磨床上的应用,出现了点位控制坐标磨床和计算机数控连续轨迹坐标磨床,前者适于加工尺寸和位置精度要求高的多型孔凹模等零件,后者特别适合于加工某些精度要求高、形状复杂的内外轮廓面。我国生产的数控坐标磨床,如 MK2945 和 MK2932B 的数控系统均可作二坐标(x、y)联动连续轨迹磨削。MK2932B 在磨削过程中,还能同时控制砂轮轴线绕着行星运动的回转中心转动,并与 x 轴、y 轴联动,使砂轮处在被磨削表面的法线方向,砂轮的工作母线始终处于磨床主轴的中心线上,而且可用同一穿孔带磨削内、外轮廓。使用连续轨迹坐标磨床可以提高模具的生产效率。

当型孔形状复杂、使用机械加工方法无法实现时,凹模可采用镶拼结构,这时可将内表面加工转变成外表面加工。凹模采用镶拼结构时,应尽可能将拼合面选在对称线上(如图 6－19 所示),以便一次同时加工几个镶块;凹模的圆形刃口部位应尽可能保持完整的圆形。例如,图 6－20a 比图 6－20b 的拼合方式更容易获得高的圆度精度。

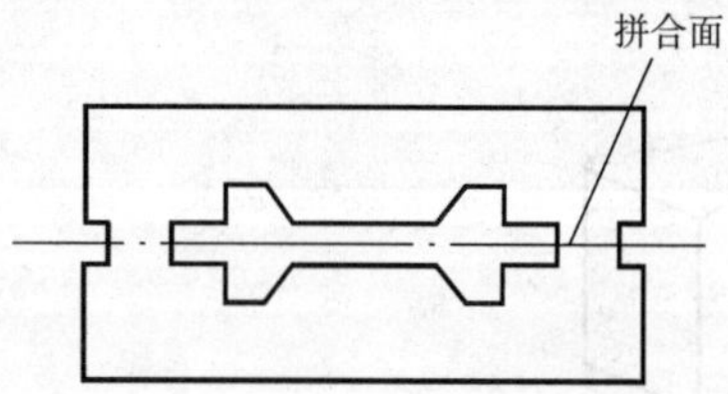

图 6－19　拼合面在对称线上

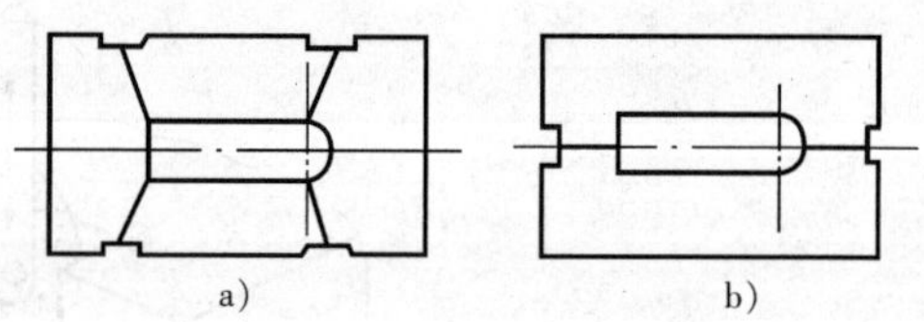

图 6－20　圆形刃口的拼合

第三节　滑块加工

一、滑块加工方案的选择

滑块和斜滑块多为平面和圆柱面的组合。根据使用的模具不同,它存在于配合要求高的斜面、斜孔和成形表面，形状、位置精度和配合要求较高。所以，在机械加工过程中，除保证尺寸、形状精度外，还要保证相互位置精度。对于滑动表面和成形表面还要保证较低的表面粗糙度值。

滑块和导滑槽是一对密不可分的零件。两者组合使用才能完成侧向分型与抽芯机构。在一般情况下，滑块多为平面和圆柱面组成的立体，有着配合要求高的斜面、圆孔甚至成型表面。在机械加工中，除要求要保证尺寸、形状精度外，还要保证相互位置精度和较低的表面粗糙度。导滑槽一般由平面组成，它的导槽表面要求有较高的耐磨性和较低的表面粗糙度，整体式的导滑槽也要求有高的形状和位置精度。

滑块和导滑槽一般使用工具钢或合金工具钢，在精加工前经热处理达到硬度要求。下面以如图 6－21 所示的组合式滑块为例分析其加工工艺。

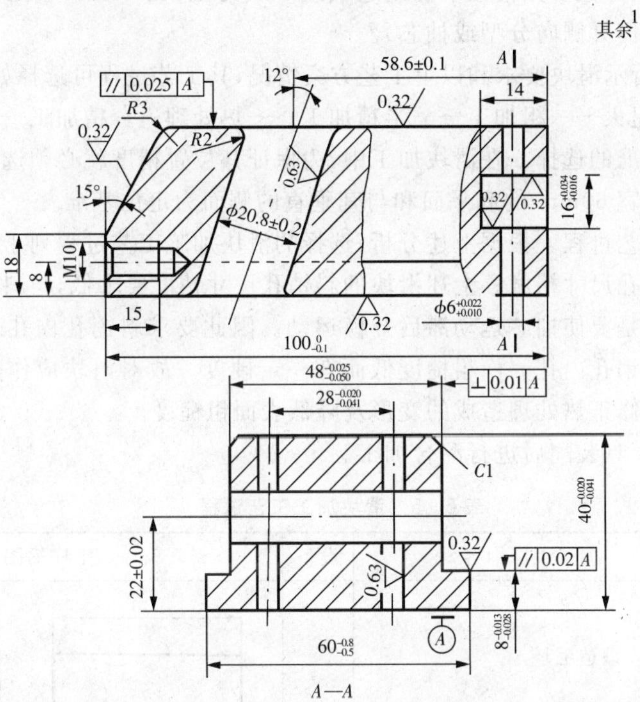

材料：T10A　热处理：HRC54~58　数量：2 个（左右对称）

图 6－21　组合式滑块

（1）滑块加工方案的选择材料：滑块材料为 T10A，热处理：HRC54～58，左右各一件且对称。这是一个带有斜销孔的滑块。加工主要应保证各平面的加工精度和表面粗糙度、固定侧型芯圆孔的位置精度和尺寸要求。

一般地讲，对不同精度要求的滑块其加工工艺方案也不同，可以有如下选择（仅对滑块平面加工而言）：

① 粗刨——粗磨（IT8～IT9，$R_a=1.25\sim2.5\mu m$）；

② 粗刨——半精刨（IT8～IT10，$R_a=2.5\sim10\mu m$）；

③ 粗刨——半精刨——精刨（IT7～IT8，$R_a=0.63\sim2.5\mu m$）；

④ 粗刨——精刨——精磨（IT6，$R_a=0.16\sim1.25\mu m$）；

⑤ 粗铣——精铣(IT8～IT10,R_a=0.63～2.5μm);

⑥ 粗铣——精铣——粗磨——精磨(IT6～IT7,R_a=0.32～1.25μm);

⑦ 粗铣——精铣——粗磨——精磨——研磨(IT6～IT7,R_a=0.1～0.01μm)。

二、滑块加工工艺过程

滑块和斜滑块广泛用于冲压模具、塑料模具、金属压铸模具等成型方向转换、侧向抽芯及分型导向的场合。工作时,滑块或斜滑块在斜楔或斜导柱的带动下,在导滑槽内运动,进行侧向成型或在开模后,制件顶出之前完成侧向分型或抽芯工作,达到模具成型方向转换或使制件顺利顶出模具的目的。

由于模具的种类不同,使用滑块和斜滑块的作用也有较大的差别,其滑块和斜滑块结构、形状、大小也不同。大多数情况下以制造成组合式为主,也可以和成型的型芯制造为整体式(主要用于塑料模具侧向分型或抽芯)。

根据图 6-21 所示滑块要求和以上工艺方案情况,其工艺过程可选择如下:

锻造毛坯——退火——粗加工——半精加工——热处理——精加工——光整加工。

(1)滑块定位基准的选择。在滑块加工中,为保证其位置精度就必须选择合理的定位基准。在这里,可选择宽 60mm 的底平面和与其垂直的侧面为定位基准。

(2)滑块加工工艺过程。根据上述分析,选择的滑块加工工艺过程列于表 6-5 中。

(3)滑块的斜销孔尺寸精度。上述滑块的斜销孔尺寸精度要求低,与斜销在工作中配合间隙大,其主要目的是要使抽芯运动滞后开模运动。因此要求斜销孔内孔表面和斜销外圆表面作滑动接触,斜销孔内孔表面粗糙度低而有一定硬度。故对滑块应作热处理并在热处理后,通过内孔研磨修正热处理造成的变形及降低表面粗糙度。

斜销孔也可在模具装配后进行配合加工。

表 6-5 滑块加工工艺过程

工序号	工序名称	工序内容	设备	工序简图
1	备料	锻造毛坯		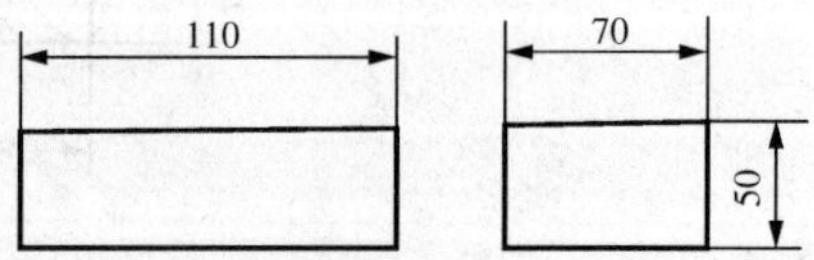
2	热处理	退火 HBS≤240		
3	刨平面	刨上、下平面保证尺寸 40.6;刨削两侧面尺寸 60 达图样要求;刨削两侧面,保证尺寸 48.6 和导轨尺寸 8.5;刨削 15°斜面保证与底面尺寸 18.4;刨削凹槽	牛头刨床	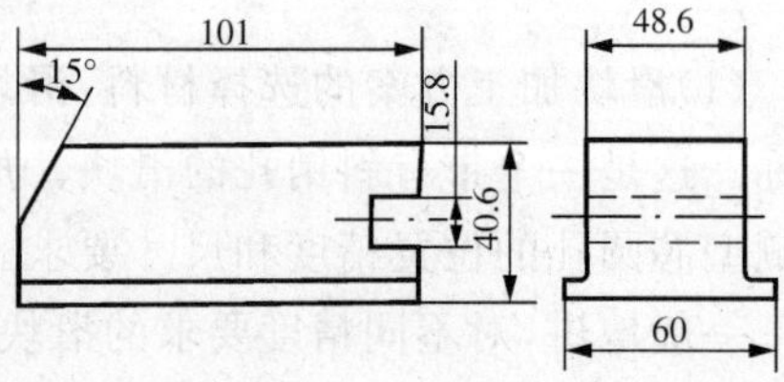
4	磨平面	磨上、下平面保证尺寸 40.2;磨两端面至尺寸 100.2;磨两侧面保证尺寸 48.2	平面磨床	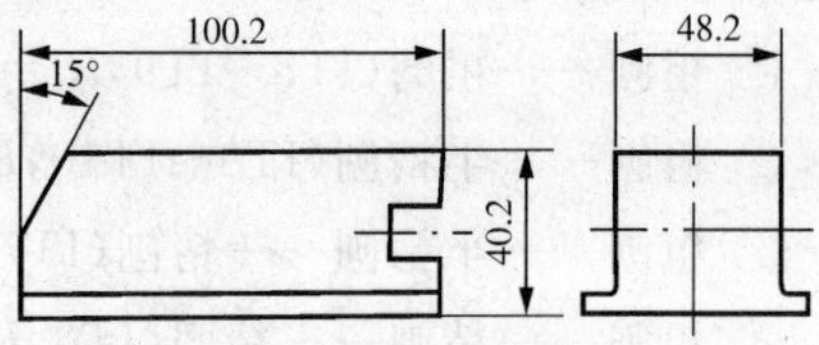

（续表）

工序号	工序名称	工序内容	设备	工序简图
5	钳工划线	划 φ20、M10、φ6×2 孔中心线划端凹槽线		
6	钻孔、镗孔	钻 M10 攻丝底孔并攻丝；钻 φ20.8 斜孔至 φ18；镗 φ20.8 斜孔至尺寸留研磨余量 0.04；钻 φ6×2 孔至 φ5.9	立式铣床	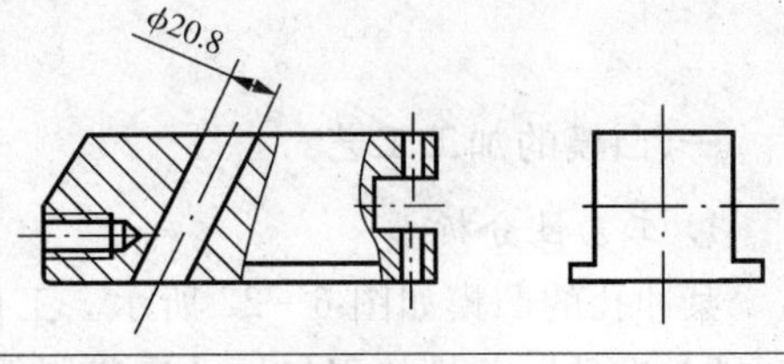
7	检验			
8	热处理	对两导轨、15°斜面、φ20.8 内孔局部热处理，保证 HRC53～58		
9	磨平面	磨上、下平面达尺寸要求；磨滑动导轨至尺寸要求；磨两侧面至尺寸要求；磨凹槽至尺寸；磨斜角 15° 至尺寸要求；磨端面至尺寸	平面磨床	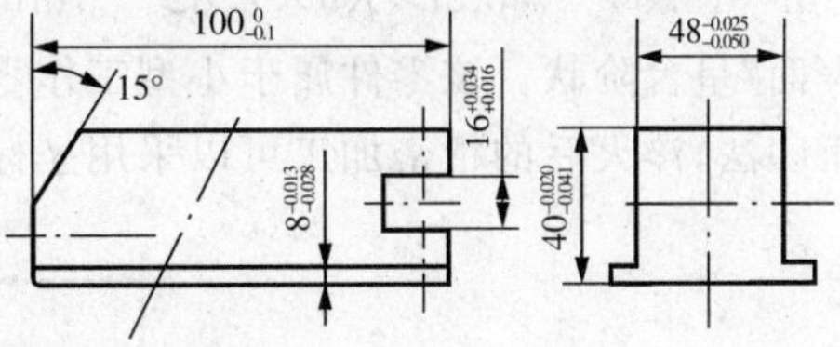
10	研磨内孔	研磨 φ20.8 至要求（可与模板配装研磨）		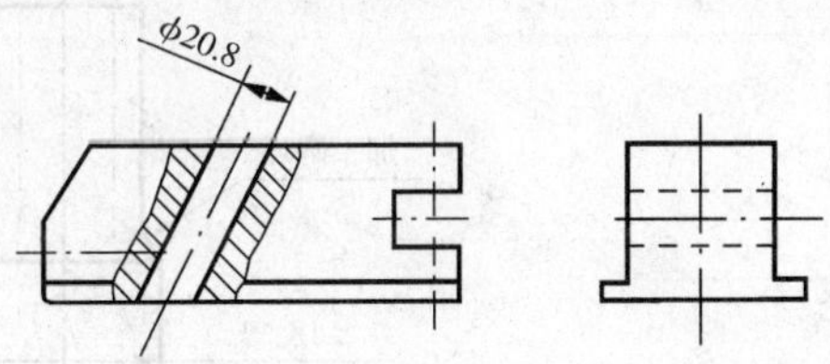
11	钻孔、铰孔	与型芯配装后钻 φ6×2 孔并配铰钻	钻床	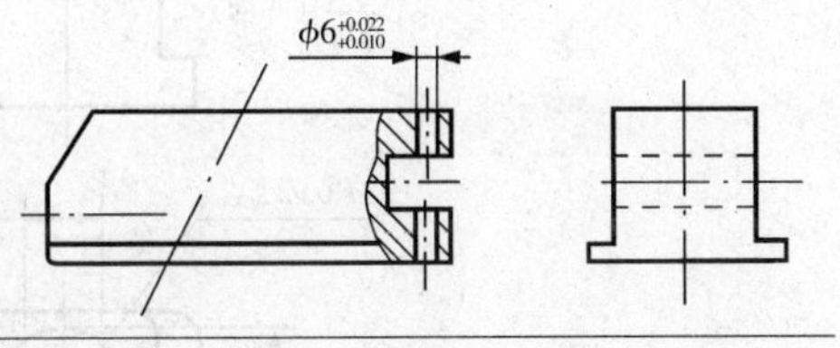
12	钳工装配	对 φ6×2 安装定位销		
13	检验			

三、导滑槽的加工

导滑槽和滑块是模具横向分型的抽芯导向装置。抽芯运动中要求滑块在导滑槽内运动平稳、无上下窜动和卡紧现象。

因模具的结构不同，导滑槽的结构型式也不同。一般可分为整体式和组合式两种。导滑槽常用的制造材料一般为 45、T8A、T10A 等材料，并经热处理使其硬度达到 HRC52～56。由于导滑槽的结构比较简单，大多数的导滑槽都是由平面组成。因此，机械加工比较容易，可采用刨削、铣削、磨削的方法进行机械加工。

导滑槽和滑块的配合，在上、下和左、右两个方向各有一对平面是间隙配合，它们的配合精度一般为 H7/f6 或 H8/f7，表面粗糙度 R_a＝0.63～1.25μm。

第四节　冷冲模的凸、凹模加工工艺

一、凸模的加工工艺

1. 工艺性分析

某冲孔的凸模如图 6－22 所示。工作零件的制造方法采用“实配法”。冲孔加工时，凸模是“基准件”，凸模的刃口尺寸决定制件尺寸，凹模型孔加工是以凸模制造时刃口的实际尺寸为基准来配制冲裁间隙的，凹模是“配做件”。因此凸模在冲孔模中是保证产品制件型孔的关键零件。冲孔凸模零件“外形表面”是矩形，尺寸为 22mm×32mm×45mm，在零件开始加工时，首先保证“外形表面”尺寸。零件的“成形表面”是由 $R6.92^{0}_{-0.02}$ mm×$29.84^{0}_{0.04}$ mm×$13.84^{0}_{-0.02}$ mm×$R5$×$7.82^{0}_{-0.03}$ mm 组成的曲面。零件的固定部分是矩形，它和“成形表面”呈台阶状。该零件属于小型工作零件，成形表面在淬火前的加工方法采用仿形刨削或压印法，淬火后的精密加工可以采用坐标磨削和钳工修研的方法。

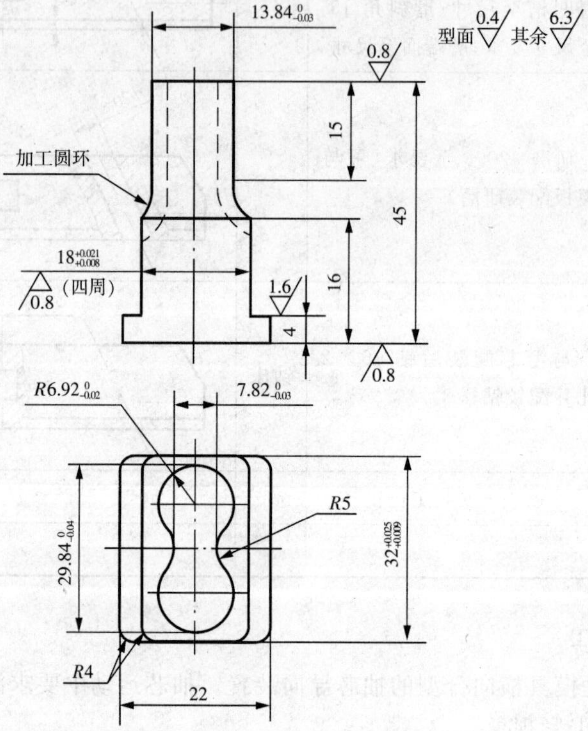

零件名称：冲孔模凸模；

材料：MnCrWV；

热处理：HRC58~62。

图 6－22　冲孔模凸模

零件的材料是 MnCrWV，热处理硬度 HRC58～62，是低合金工具钢，也是低变形冷作模具钢，具有良好的综合性能，是锰铬钨系钢的代表钢种。由于材料含有微量的钒，能抑制碳化物网，增加淬透性和降低热敏感性，使晶粒细化。零件为实心零件，各部位尺寸差异不大，热处理变形较易控制，达到图样要求。

2. 工艺方案

对复杂形面凸模的制造工艺应根据凸模形状、尺寸、技术要求并结合本单位设备情况等具体条件来制订，此类复杂凸模的工艺方案为：

(1)备料。弓形锯床。

(2)锻造。锻成一个长×宽×高、每边均含有加工余量的长方体。

(3)热处理。退火(按模具材料选取退火方法及退火工艺参数)。

(4)刨(或铣)六面，单面留余量 0.2～0.25mm。

(5)平磨(或万能工具磨)六面至尺寸上限，角尺检验基准面，保证相互平行垂直。

(6)钳工划线(或采用刻线机划线、或仿形刨划线)。

(7)粗铣外形(立式铣床或万能工具铣床)留单面余量 0.3～0.4mm。

(8)仿形刨或精铣成形表面，单面留 0.02～0.03mm 研磨量。

(9)检查。检查其形面(适用于中小工件)。

(10)钳工粗研。单面 0.01～0.015mm 研磨量(或按加工余量表选择)。

(11)热处理。工作部分局部淬火及回火。

(12)钳工精研及抛光。

此类结构凸模的工艺方案不足之处就是淬火之前机械加工成形，这样势必带来热处理的变形、氧化、脱碳、烧蚀等问题，影响凸模的精度和质量。在选材时应采用热变形小的合金工具钢如 CrWMn，Cr12MoV 等；采用高温盐浴炉加热，淬火后采用真空回火稳定处理，防止过烧和氧化等现象产生。

二、冲裁凹模加工工艺分析

图 6-23 是几种曲型的冲裁凹模的结构图。这些冲裁凹模的工作内表面(刃口)，要求刃口锋利。此外还有用于安装的基准面，定位用的销孔和紧固用的螺钉孔等，因此在工艺分析中如何保证刃口的质量和形状位置的精度是至关重要的。

对于圆凹模其典型工艺方案是：备料——锻造——退火——车削——平磨——划线——钳工(螺孔及销孔)——淬火——回火——万能磨内孔及上端面——平磨下端面——钳工装配，如图 6-23a。

对图 6-23b 的整体复杂凹模其工艺方案与简单凹模有所不同，具体为：备料——锻造——退火——刨六面——平磨——划线——铣空刀——钳工(钻各孔及中心工艺孔)——淬火——回火——平磨——数控线切割——钳工研磨。

如果没有电火花线切割设备，其工艺可按传统的加工方法：即先用仿形刨或精密铣床等设备将凸模加工出来，用凸模在凹模坯上压印，然后借助精铣和钳工研配的方法来加工凹模。其方案为：刨——平磨——划线——钳压印——精铣内形——钳修至成品尺寸——淬火回火——平磨——钳研抛光。

对图 6-23c 组合凹模，常用于汽车等大型覆盖件的冲裁。对大型冲裁模的凸、凹模因其尺寸较大(在 800mm×800mm 以上)，在加工时如没有大型或重型加工设备(锻压机、加热炉、机床等)，可将模具分成若干小块，以便采用现有的中小设备来制造，分块加工完毕后再进行组装。

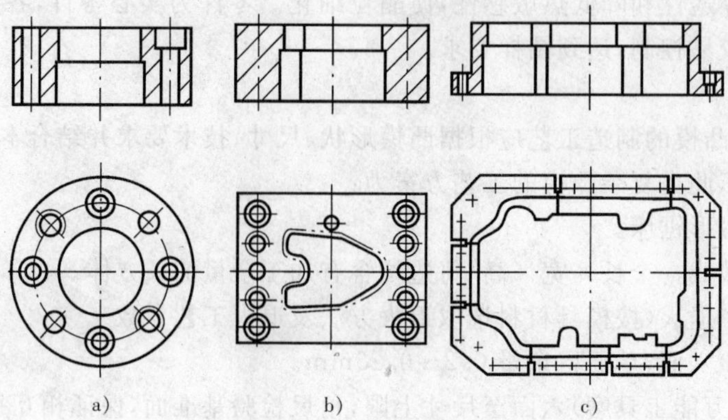

图 6-23 冲裁凹模结构图

1. 工艺性分析

如图 6-24 所示级进冲裁模凹模，采用整体式结构。零件的外形表面尺寸是 120mm×80mm×18mm，零件的成形表面尺寸是三组冲裁凹模型孔。第一组是冲定距孔和两个圆孔，第二组是冲两个长孔，第三组是一个落料型孔。这三组型孔之间有严格的孔距精度要求，它是实现正确级进和冲裁，保证产品零件各部分位置尺寸的关键。再就是各型孔的尺寸精度，它是保证产品零件尺寸精度的关键。这部分尺寸和精度是该零件加工的关键。结构表面包括螺纹连接孔和销钉定位孔等。

该零件是这副模具装配和加工的基准件，模具的卸料板、固定板、模板上的各孔都和该零件有关，要以该零件型孔的实际尺寸为基准来加工相关零件各孔。

零件材料为 MnCrWV，热处理硬度 HRC60～64。零件毛坯形式为锻件，零件各型孔的成形表面加工，在进行淬火之后，采用电火花线切割加工，最后由模具钳工进行研抛加工。

型孔和小孔的检查：型孔可在投影仪或工具显微镜上检查，小孔应制做二级工具光面量规进行检查。

2. 工艺过程的制订

序号	工序名称	工序主要内容
1	下料	锯床下料，ϕ56mm×105^{+4}mm
2	锻造	锻六方 125mm×85mm×23mm
3	热处理	退火，HBS≤229
4	立铣	铣六方，120mm×80mm×18.6mm
5	平磨	磨光上下面，磨两侧面成 90°
6	钳	倒角去毛刺，划线，做螺纹孔及销钉孔
7	工具铣	钻各型孔，线切割穿丝孔，并铣漏料孔
8	热处理	淬火、回火 HRC60～64
9	平磨	磨上、下面及基准面成 90°
10	线切割	找正，切割各型孔，留研磨量 0.01～0.02mm
11	钳	研磨各型孔

3. 漏料孔的加工

冲裁漏料孔是在保证型孔工作面长度基础上，为了减小落料件或废料与型孔的摩擦力，方便出料而对型孔扩大的部分。关于漏料孔的加工主要有三种方式。首先是在零件淬火之前，在工具铣床上将漏料孔铣削完毕。这在模板厚度≥50mm 以上的零件中尤为重要，是漏料孔加工首先考虑的方案。其次是电火花加工法，在型孔加工完毕，利用电极从漏料孔的底部方向进行电火花加工。最后是浸蚀法，利用化学溶液，将漏料孔尺寸加大。一般漏料孔尺寸比型孔尺寸单边大 0.5mm 即可。

4. 锻件毛坯下料尺寸与锻压设备的确定

图 6－24 所示的冲裁凹模外形表面尺寸为 120mm×80mm×18mm，设锻件毛坯的外形尺寸为 125^{+4} mm×85^{+4} mm×23^{+4} mm。

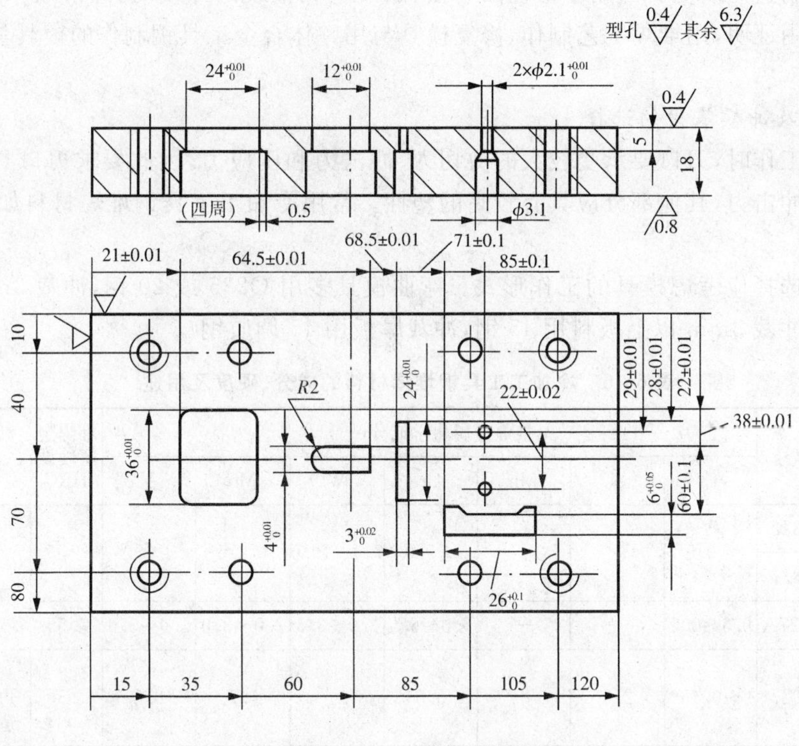

图 6－24　冲裁凹模

(1)锻件体积和重量的计算

锻件体积　　$V_{锻}=125\times85\times23=244.38\mathrm{cm}^3$

锻件重量　　$G_{锻}=\rho V_{锻}=7.85\times244.38\approx1.92\mathrm{kg}$

当锻件毛坯的体积在 5kg 之内，一般需加热 1～2 次，锻件总损耗系数取 5%。

锻件毛坯的体积　　$V_{坯}=1.05\times V_{锻}=256.60\mathrm{cm}^3$

锻件毛坯重量　　$G_{坯}=1.05\times G_{锻}=2.02\mathrm{kg}$

(2)确定锻件毛坯尺寸

理论圆棒直径

$$D_{理}=\sqrt[3]{0.637\times V_{坯}}=\sqrt[3]{0.637\times 256.60}=54.7\text{mm}$$

选取圆棒直径为 56mm 时，查圆棒料长度重量可知：

当 $G_{坯}=2.02\text{kg}$，$D_{坯}=56\text{mm}$ 时，$L_{坯}=105\text{mm}$。

验证锻造比 Y，$Y=L_{坯}/D_{坯}=105/56=1.875$。

符合 $Y=1.25\sim2.5$ 的要求。则锻件下料尺寸为 $\phi56\text{mm}\times105^{+4}\text{mm}$。

(3)锻压设备吨位的确定

当锻件坯料重量为 2.02kg，材料为 MnCrWV 时，应选取 300kg 的空气锤。

三、堆焊刃口的加工

采用堆焊工艺制作、修复冷压冲模，不仅可以节省大量的优质合金工具钢，而且工艺简单、成本低、制造周期短。当用于修复因磨损、崩刃造成报废的冲模时，经济效果更为显著。实际生产应用证明，用堆焊工艺制作、修复模具与用整体合金工具钢制作的模具具有同样的使用效果。

1. 焊条及冲模基材的选择

冷冲模工作时，刃口要承受较大的剪切力、冲击力和压应力，因此要求刃口具有高的硬度、强度、抗冲击力，其他部分应具有较高的塑性。常用冷加工工具钢堆焊材料如下表 6-6 所示。

基材的选择应考虑模具的工作形式。弯曲模具多用 Q235 或 20 钢，冲裁 3mm 以下板料用 20 钢，冲裁 3mm 以上板料用 45 钢，冲裁厚板用 45 调质钢。

表 6-6　冷加工工具钢堆焊材料的成分、硬度及用途

序号	名称	牌号	堆焊金属化学成分(%)							堆焊金属硬度 HRC	用途
			C	Si	Mn	Cr	W	Mo	V		
1	冷冲模堆焊焊条	D322	≤0.5	—	—	≤5.0	7.0～10.0	≤2.5	≤1.0	≥55	冷冲模、冷剪刀等堆焊
		D327									
2		D327A	0.3～0.5	—	—	5.0～6.5	2.0～3.5	2.0～3.0	1.0～3.0	≥55	
3	冷冲裁模堆焊焊条	D027	～0.45	2.8	—	5.5	—	0.5	0.5	≥55	冲裁及修边模堆焊制造及修复
4	冷冲模堆焊焊条	D036	0.5～0.7	0.6～0.8	0.6～0.9	5.0～6.0	—	1.9～2.0	0.5	≥55	冷冲模堆焊制造及修复

2. 坡口形式及尺寸

刃口堆焊坡口形式关系到堆焊层的结合强度和使用寿命。图 6-25 所示的 45°坡口和 R 形坡口，一般认为 R 形坡口(图 6-25a)承受的冲裁力约为 45°坡口(图 6-25b)1.3～1.5 倍，由表6-7可知，H 与 R 的选择一般与被冲件板厚有关。

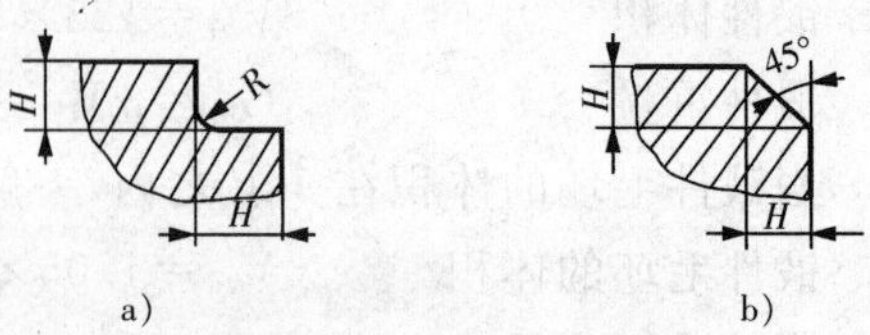

图 6-25　堆焊坡口形式

弯曲模的坡口形式也可参考此表进行加工。

废旧模具按此表数值的 0.7～0.8 选择，并磨去 1mm 左右的疲劳层。

表 6－7　冲裁件板厚与 H、R 值的关系　　(mm)

板厚	1～2	3	4～5	6～8	9～10
H	5	6	8	10	12
R	4	5	6	8	10

3. 焊前准备

焊条在 100℃～500℃下烘焙 1h 左右，亦可放入保温筒内存贮。基材上的坡口开好后，去除表面锈蚀、油等。用气焊火焰烘烤坡口处，并来回摆动以扩大受热面积。烘烤温度控制在 300℃左右，Q235、20 钢为 250℃左右，合金工具钢模具为 350℃～400℃，大型模具按上述温度在退火炉中预热保温。

4. 堆焊

堆焊由坡口中心开始向两外侧分别熔敷焊道。为了提高堆焊质量，减少加工余量，可以采用紫铜板强迫成型(如图 6－26 所示)。堆焊 45 钢、20 钢及 Q235 钢，可焊完一层后打渣，堆焊第二层时要错开焊缝。

修复旧模具，必须焊完一道后进行清渣，并用手锤轻轻敲击，以消除内应力。选择 D322 焊条，直径为 2.5～4mm，焊接电流为 80～100A，焊接速度要慢，以保证层间温度尽量低。层间温度超过 550℃时，硬度值就会不同程度下降，如图 6－27 所示。堆焊层厚与硬度成比例变化，但超过一定厚度(10mm 左右)时，硬度不再随堆焊层厚度的变化而变化，如图 6－28 所示。

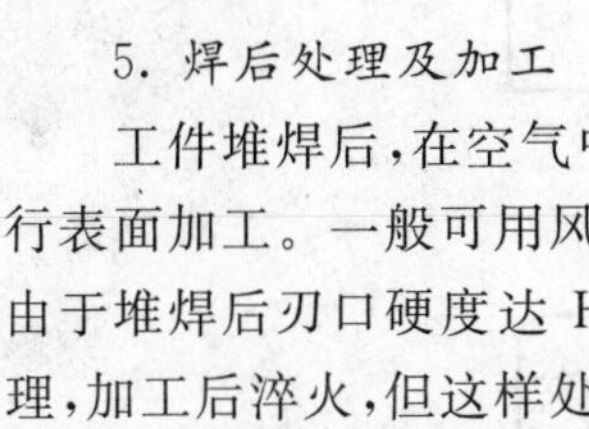

图 6－26　堆焊

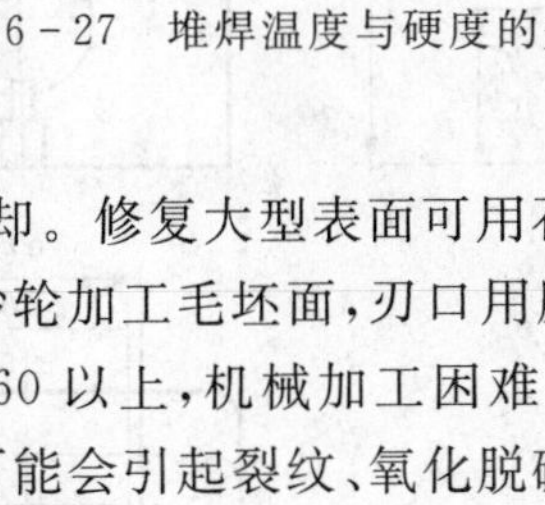

图 6－27　堆焊温度与硬度的关系

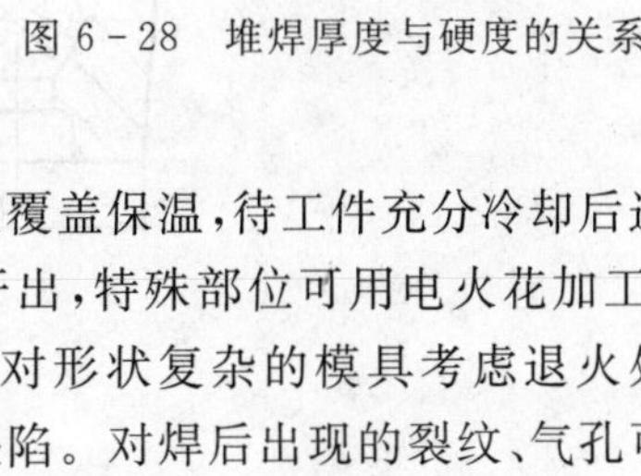

图 6－28　堆焊厚度与硬度的关系

5. 焊后处理及加工

工件堆焊后，在空气中冷却。修复大型表面可用石棉灰覆盖保温，待工件充分冷却后进行表面加工。一般可用风动砂轮加工毛坯面，刃口用磨床开出，特殊部位可用电火花加工。由于堆焊后刃口硬度达 HRC60 以上，机械加工困难，可以对形状复杂的模具考虑退火处理，加工后淬火，但这样处理可能会引起裂纹、氧化脱碳等缺陷。对焊后出现的裂纹、气孔可用风动砂轮磨去重新堆焊。

6. 堆焊缺陷的预防

(1)裂纹

裂纹是堆焊中最常见的缺陷。包括纵向裂纹、横向裂纹和弧坑裂纹。纵向裂纹沿焊道纵向形成，对模具危害最大，必须磨去重新补焊、重新加热。温度可适当提高。焊接时降低焊速，减小电流。横向裂纹垂直于焊道可以允许少量存在，即每 100mm 焊道上有 3～4 条，但每条裂纹长度不超过 3～5mm。弧坑裂纹是由于突然收弧造成的，应缓慢收弧，填平弧坑。

(2)剥离

堆焊层与母材产生的剥离,导致模具无法使用。解决办法是磨去剥离层,重新堆焊。适当提高烘烤温度,增加过渡层。例如过渡层采用 CO_2 气体保护焊,焊丝为 H08Min2Si,堆焊层厚 3mm 左右。过渡层起到了缓解剥离的作用。

(3)气孔、夹渣

刃口处的气孔、夹渣能引起模具塌边、崩刃。气孔产生的主要原因是焊条未烘焙好、母材有油污、锈蚀等。夹渣是由于电流过小和操作不熟练造成的,应适当增大电流,提高操作技术。

第五节　塑料模成型零件的加工工艺

一、回转曲面型腔的车削

对于回转曲面的型腔或者组成内表面中部分为回转曲面的型腔,应用最普遍的加工方法是车削加工(采用数控车削加工更容易)。

如图 6-29 所示的对拼式压塑模型腔,可用车削方法加工 $S\phi44.7$mm 的圆球面和 $\phi21.71$mm 的圆锥面。保证对拼式压模上两拼块的型腔相互对准是十分重要的。为此在车削前对坯料应预先完成下列加工,并为车削加工准备可靠的工艺基准:

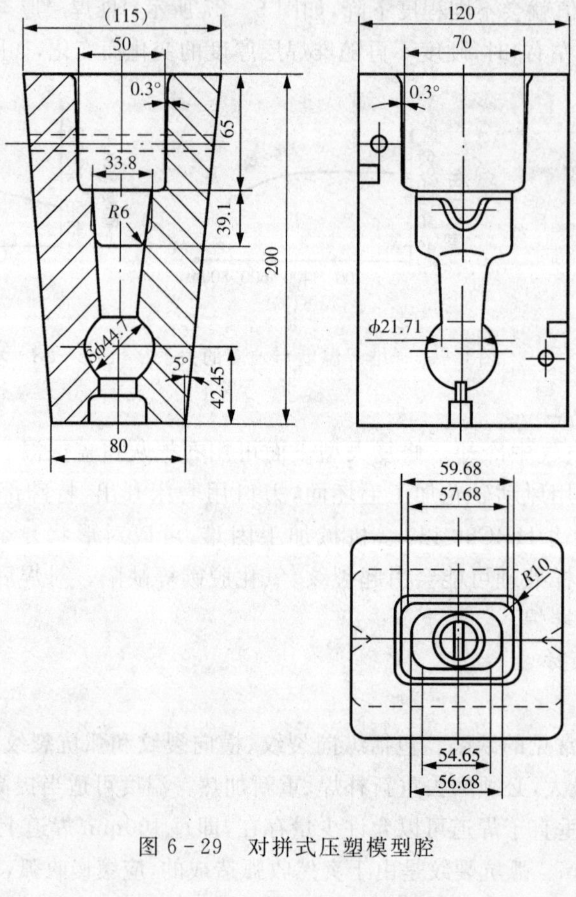

图 6-29　对拼式压塑模型腔

(1)将坯料加工为平行六面体，5°斜面暂不加工。

(2)在拼块上加工出导钉孔和工艺螺孔(见图 6-30)，为车削时装夹用。

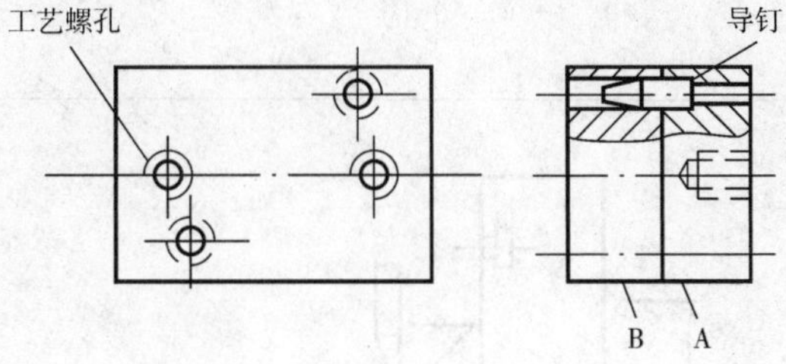

图 6-30　拼块上的工艺螺孔和导钉孔

(3)将分型面磨平，在两拼块上装导钉，一端与拼块 A 过盈配合，一端与拼块 B 间隙配合。

(4)将两拼块拼合后磨平四侧面及一端面，保证垂直度(用 90°角尺检查)，要求两拼块厚度保持一致。

(5)在分型面上以球心为圆心、44.7mm 为直径划线，保证 $H_1 = H_2$，如图 6-31 所示。对拼式压塑模型腔的车削过程见表 6-8。

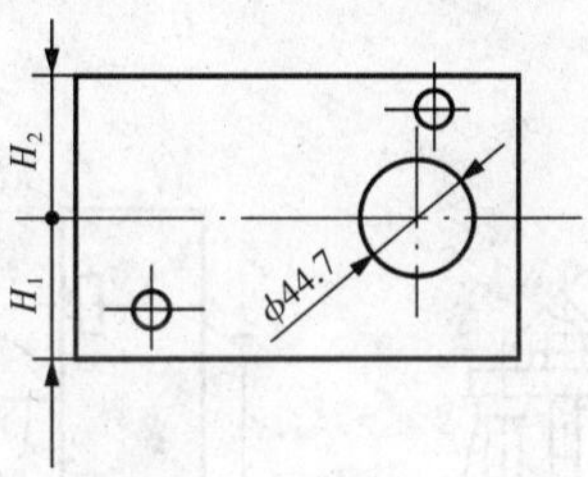

图 6-31　划线

表 6-9　对拼式压塑模型腔的车削过程

顺序	工艺内容	简　图	说　明
1	装夹	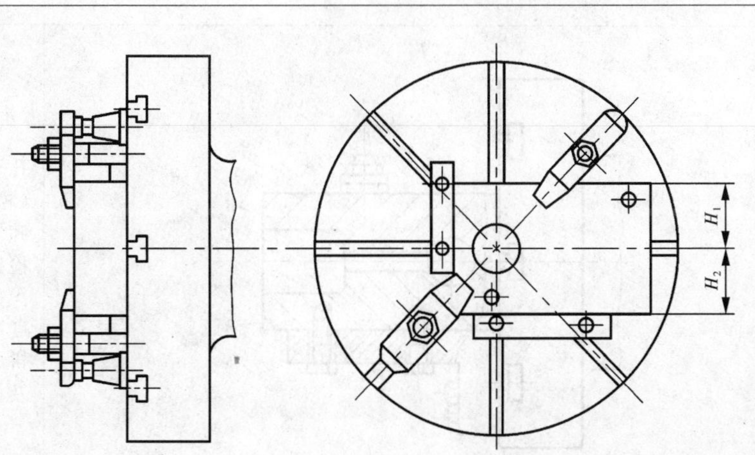	(1)将工件压在花盘上，按 ϕ44.7mm 的线找正后，再用百分表检查两侧面，使 H_1、H_2 保持一致；(2)靠紧工件的一对垂直面压上两块定位块，以备车另一件时定位

（续表）

顺序	工艺内容	简图	说明
2	车球面	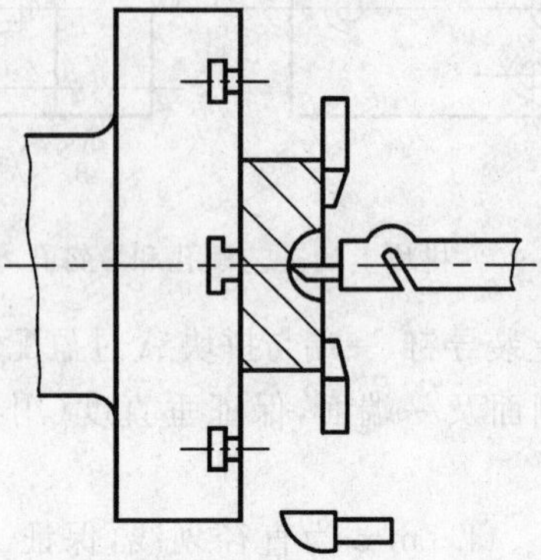	（1）粗车球面；（2）使用弹簧刀杆和成形车刀精车球面
3	装夹工件	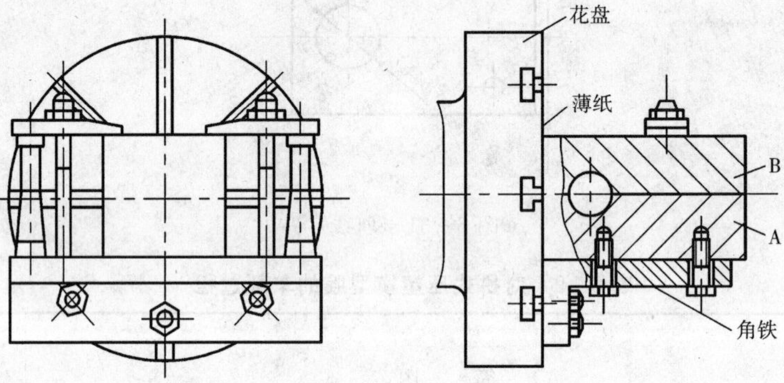	(1)用花盘和角铁装夹工件；(2)用百分表按外形找正工件后，将工件和角铁压紧（在工件与花盘之间垫一薄纸的作用是便于卸开拼块）
4	车锥孔	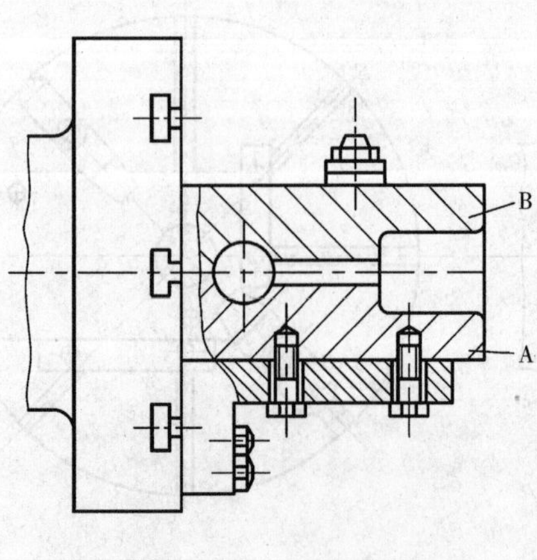	（1）钻、镗孔至21.71mm（松开压板，卸下拼块B检查尺寸）；(2)车削锥度（同样卸下拼块B观察及检查）

二、非回转曲面型腔的铣削

1. 用普通铣床加工型腔

在用普通铣床加工型腔时，使用最广的是立式铣床和万能工具铣床，它们对各种模具(如压缩模、注射模、压铸模、锻模等)的型腔，大都可以进行加工。由于模具生产多为单件生产，因此加工时常常是按模坯上划出的型腔轮廓线，手动操作机床工作台(或机床附件)进行切削加工。加工表面的粗糙度一般约 $R_a=1.6\mu m$ 左右，所以加工时需要在被加工表面留适当的修磨、抛光余量，由钳工进行修整和抛光后才能成为合格的型腔。当采用普通铣床加工型腔时，工人的劳动强度大，生产效率低，对工人的操作技术水平要求也比较高。

加工型腔时，常常因为铣刀加长，当进给至型腔的转角处时，由于切削力波动导致刀具倾斜造成误差。如图 6－32 所示，当刀具半径与型腔圆角半径 R 吻合时，刀具在圆角上的倾斜变化将导致加工部位的斜度和尺寸产生改变。为防止这种现象，应选比型腔圆角半径小的铣刀加工。

为了提高铣削效率，对某些铣削余量较大的型腔，铣削前可在型腔轮廓线的内部连续钻孔，孔的深度和型腔的深度接近。如图 6－33 所示，先用圆柱立铣刀粗铣，去除大部分加工余量后，再采用特型铣刀精铣。特型铣刀的斜度和端部形状应与型腔侧壁和底部转角处的形状相吻合。

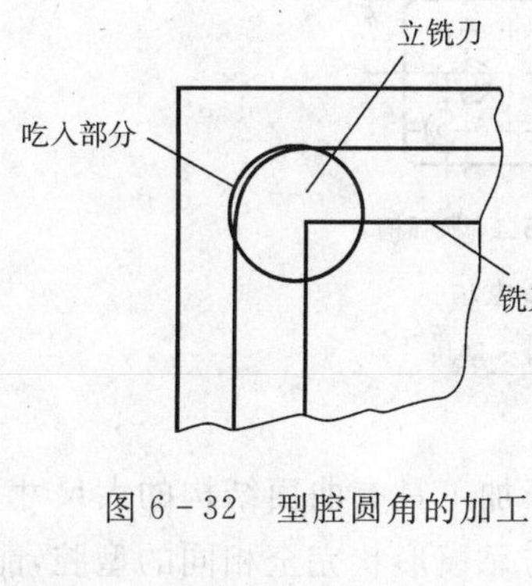

图 6－32　型腔圆角的加工

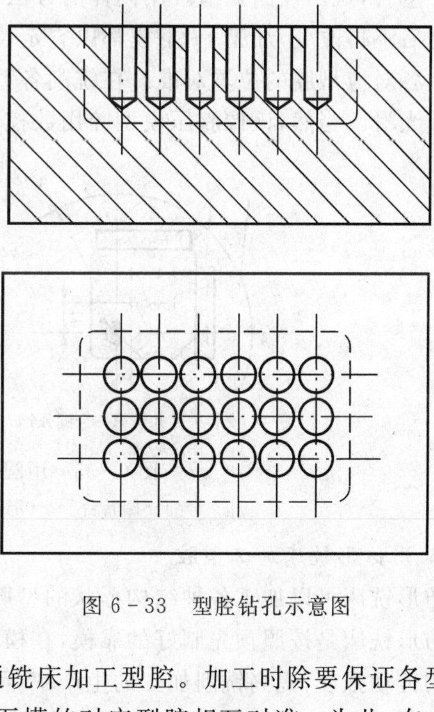

图 6－33　型腔钻孔示意图

图 6－34 所示为多型腔橡胶压模，采用普通铣床加工型腔。加工时除要保证各型腔的加工精度外，一个十分突出的问题是要保证上、下模的对应型腔相互对准。为此，在立式铣床上利用圆转台和圆头立铣刀进行铣削，用量块精确控制各型腔间的位置尺寸。为了保证型腔加工时有可靠的定位基准，上、下模毛坯经粗加工和半精加工后，先将大平面磨平，再将上、下模组合在一起磨侧面，并保证各面相互垂直(用角尺检查)。铣削时，先使机床主轴回转轴线与圆转台的回转中心对正，将工件安放在圆转台上，按划线找正，使一个半径 14mm

圆弧的中心与圆转台的回转中心重合，再用两个定位块靠在工件的基准面上(模坯上相互垂直的两个侧面)，如图 6－35a 所示，分别将基准块及工件压紧。

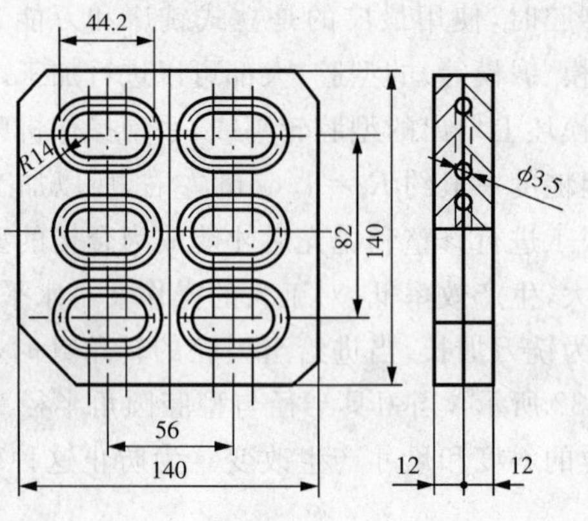

图 6－34　多型腔橡胶压模

移动铣床的工作台，使铣刀和待铣削的圆弧槽对正，转动圆转台进行加工，同时严格控制圆转台的回转角度，加工出一个半径 14mm 的圆弧槽。松开工件，在定位块与工件之间垫入适当尺寸的量块，如图 6－35b 所示，使另一个半径 14mm 圆弧槽的中心与圆转台的回转中心重合，铣出该圆弧槽。用同样的方法将所有的圆弧槽加工出来。两定位块的位置一经确定后不再改变，加工上、下模都以它定位并用同样的方法进行加工，能较好地保证上、下模板上各对应型腔的位置对准。在铣削各型腔的直线部分时，应保证它们与圆弧部分的衔接平整光滑。当然，该橡胶压模型腔用数控铣削就更加方便了。

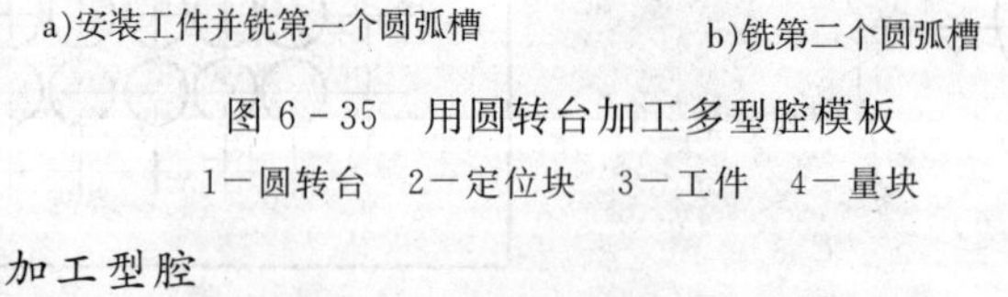

a)安装工件并铣第一个圆弧槽　　b)铣第二个圆弧槽

图 6－35　用圆转台加工多型腔模板

1－圆转台　2－定位块　3－工件　4－量块

2. 用仿形铣床加工型腔

仿形铣床可以加工各种结构形状的型腔，特别适合于加工具有曲面结构的大尺寸型腔。使用仿形铣床是按照预先制好的靠模，在模坯上加工出与靠模形状完全相同的型腔，能减轻工人的劳动强度，提高铣削加工的生产率，可以较容易地加工出形状较为复杂的型腔。型腔加工精度可达 0.05mm，表面粗糙度 $R_a = 2.6 \sim 1.5\mu m$，被加工表面并不十分平滑，有刀痕，型腔的窄槽和某些转角部位尚需钳工加以修整。所以，加工后一般都需要对型腔表面进行进一步的修整。用仿形铣床加工型腔，对不同的工件需要制造相应的靠模，使模具的生产周期增长，且靠模易变形，影响加工精度。目前，除了一些大的锻模尚用此方法加工外，其余均由数控加工中心完成。

3. 用数控铣床加工模具型腔

如图 6－36 所示的型腔零件，材料为 Cr12MoV，采用数控铣削加工，利用 CAD/CAM 软件完成造型及自动编程，在数控铣床上加工完成的型腔零件如图 6－37 所示。

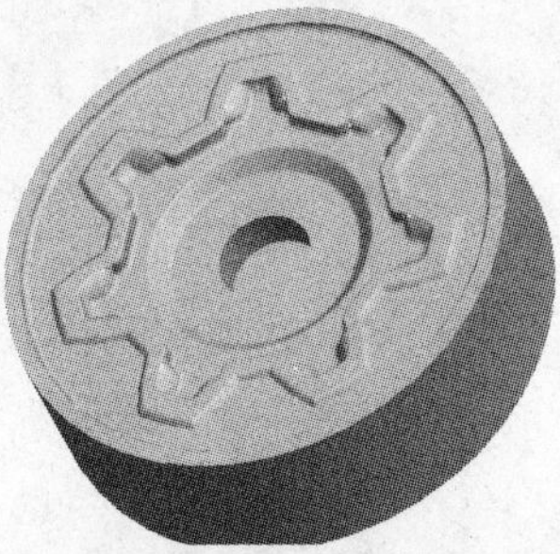

图 6－36　造型

图 6－37　型腔

以下为部分程序代码：

```
N1 T1 M06
N2 S2500 M03
N3 G0 X1.821 Y－213.442
N4 G43 Z10. H1
N5 G1 Z－.5 F200.
N6 X－1.821
N7 G2 X－20.715 Y－212.442 I1.821 J213.442
N8 G1 X－20.715 Y－212.442 Z－.5
N9 X20.715
N10 X20.715 Y－212.442 Z－.5
N11 G3 X29.204 Y－211.442 I－20.715 J212.442
N12 G1 X－29.204
N13 G2 X－35.702 Y－210.442 I29.204 J211.442
N14 G1 X－35.702 Y－210.442 Z－.5
N15 X35.702
N16 X35.702 Y－210.442 Z－.5
N17 G3 X41.163 Y－209.443 I－35.702 J210.442
N18 G1 X－41.163
N19 G2 X－45.959 Y－208.443 I41.163 J209.443
N20 G1 X－45.959 Y－208.443 Z－.5
N21 X45.959
N22 X45.959 Y－208.443 Z－.5
⋮
N5186 X－14.902 Y－36.041 Z－73.9
N5187 G3 X－12.244 Y－37.028 I14.902 J36.041
N5188 G1 X12.244
```

N5189 G2 X8.707 Y−38.016 I−12.244 J37.028

N5190 G1 X8.707 Y−38.016 Z−73.9

N5191 X−8.707

N5192 X−8.707 Y−38.016 Z−73.9

N5193 G3 X−35.138 Y16.921 I8.707 J38.016

N5194 X−8.707 Y−38.016 I35.138 J−16.921

N5195 G1 Z10.

N5196 M05

N5197 M30

思考题

1. 冲模模座加工的工艺路线是怎样安排的？对模座的技术要求有哪些？
2. 为了保证上、下模座的孔位一致，应采取什么措施？
3. 导柱、导套加工的工艺路线是怎样安排的？对导柱、导套的技术要求有哪些？
4. 导柱在磨削外圆柱面之前，为什么要先修正中心孔？
5. 在导柱的加工过程中，为什么粗(半精)、精加工都采用中心孔作定位基准？
6. 拟出图 6－38 所示导柱的工艺路线，并选出相应的机加工设备。

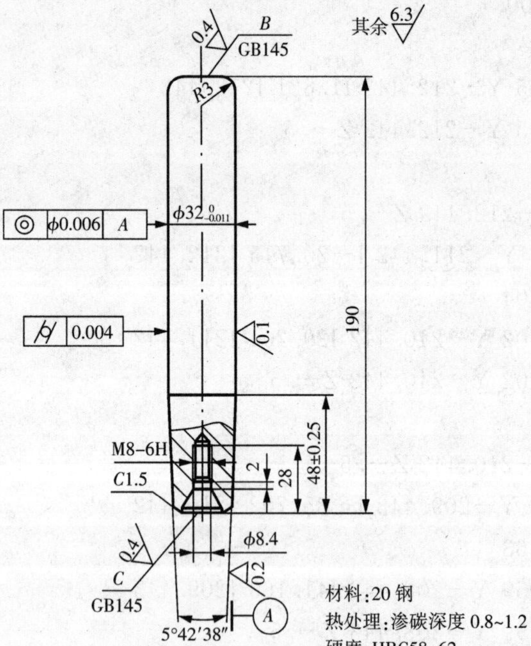

图 6－38　可卸导柱

7. 非圆形凸模的加工方法有哪几种？不同的加工方法各有什么特点？
8. 非圆形型孔的加工方法有哪些？如何选用这些加工方法？
9. 在导柱的加工过程中，为什么粗(半精)、精加工都采用中心孔作定位基准？
10. 对具有圆形型孔的多型孔凹模，在机械加工时怎样保证各型孔间的位置精度？

第七章　模具装配技术

【内容提要】　本章介绍了冷冲模和塑料模具装配中的模具零件的固定方法、间隙的调整与控制以及各类模具装配的工艺过程等知识。

【目标要求】　掌握各类典型零件加工工艺的适用范围及大致工艺过程。

模具装配是整个模具制造过程的最后阶段，模具装配的质量将影响制件的质量及模具的使用、维修和模具的寿命，又将影响模具的制造周期和生产成本。模具装配图和验收技术条件是装配的依据，构成模具的所有符合技术要求的零件，包括标准件、通用件及成型零件等是模具装配的基础。但是有了合格的零件，还必须制订合理的装配工艺，才能装配出符合设计要求的模具。

第一节　模具装配概述

1. 模具装配的概念和特点

(1)模具装配的概念

根据模具装配图和规定的技术要求，将模具的零件、部件按照一定工艺顺序进行配合和联接，使之成为符合设计要求的模具的过程，称为模具装配。

(2)模具装配的特点

模具装配过程也是一种工艺过程，只有通过模具装配，才能使各种成型工艺(如冲压工艺、注射工艺等)以及模具设计的意图得以最后实现。模具装配的质量直接影响冲压件和塑料制件的质量、模具的技术状态和模具的使用寿命。

由于模具生产属于单件小批量生产，因此模具装配也适合于采用集中装配。其特点是工序集中，工艺灵活性大，工艺文件不详细，手工操作所占的比重较大，要求工人有较高的技术水平和多方面的工艺知识，另外所使用的设备和装配工具也以通用设备和工具为主。

2. 模具装配的内容

模具装配过程一般包括准备、组件装配、总装配、检验调试四个阶段。

(1)准备阶段

① 研究装配图。装配图是整个装配工作的依据。通过对装配图的分析和研究，了解模具产品的结构特点和技术要求，有关零件的联接方式和配合性质，从而确定合理的装配基准、装配方法和装配顺序。

② 清理检查零件。根据零件明细表，清点和清洗零件，检查主要零件的尺寸和形位精度，查明各部分配合面的间隙、加工余量以及有无变形、裂纹等缺陷。

③ 准备装配工具。准备好装配时所需要的工具、夹具、量具和辅助设备。清理好工作台。

(2)组件装配阶段

按照各零件所具有的功能进行部件组装。例如模架的组装,凸模和凹模与固定板的组装,型芯和型腔与固定板的组装,卸料与推件机构的组装等。

(3)总装配阶段

① 选择好装配基准件,安排好上、下模的装配顺序。

② 将零件及组装后的部件,按照装配顺序组装结合在一起,成为一副完整的模具。

③ 模具装配完成后,必须保证装配精度,达到规定的技术要求。

(4)检验调试阶段

① 按照模具验收技术条件,检验模具各部分功能。

② 在实际生产条件下进行试模、调整、修正模具,直到模具产品合格为止。

3. 模具装配的精度

为了保证模具的正常工作性能,必须使其达到规定的装配精度。模具的装配精度是指模具产品装配完成后,实际几何参数与理想几何参数的符合程度。模具的装配精度通常包含四个方面:相互配合精度、相互位置精度、相对运动精度、相互接触精度。

(1)相互配合精度

是指模具产品中相互配合的零部件之间的间隙或过盈量是否符合技术要求。如冲裁模中凸、凹模之间的间隙和间隙的均匀性。它是确定冲裁模精度等级的重要因素。

(2)相互位置精度

是指模具产品中相关零部件之间的距离精度和相互位置精度,包括平行度、垂直度、位置度等。如冲裁模中上、下模底面的平行度,导柱、导套与其固定板的垂直度,塑料模中型腔、型孔与型芯之间的位置精度等。

(3)相对运动精度

是指模具产品中有相对运动的零部件之间在运动方向和运动位置上的精度。如导柱与导套的配合精度,送料装置的送料精度,卸料板与凸模的配合精度等。

(4)相互接触精度

是指模具中相互配合表面、接触表面之间达到规定接触面积的大小和接触点的分布情况。例如塑料模具分型面的接触状态如何、间隙大小是否符合技术要求,弯曲模、拉深模的上下成形面的吻合一致性等。

第二节 模具零件的固定方法

模具的各个零件、部件是通过定位、固定联接在一起的。零件的固定方法会对模具装配工艺路线产生影响,因此必须掌握常用模具零件的固定方法。

一、紧固件法

紧固件法主要通过定位销和螺钉将零件相连接,如图 7-1 所示。图 a 主要适用于大型截面成形零件的连接,其圆柱销的最小配合长度 $H_2 \geqslant 2d_2$;螺钉拧入长度,对于钢件,$H_1 =$

d_1 或稍长，对于铸铁件，$H_1=1.5d_1$ 或稍长。图 b 为螺钉吊装固定方式，凸模定位部分与固定板配合孔采用基孔制过渡配合 H7/m6 和 H7/n6，或采用小间隙配合 H7/h6。螺钉的直径根据卸料力大小而定。图 c、d 为挂销式，适用于截面形状比较复杂的直通式凸模或壁厚较薄的凸凹模零件，其定位部分配合长度应保持在板厚的 2/3，用圆柱销卡紧。

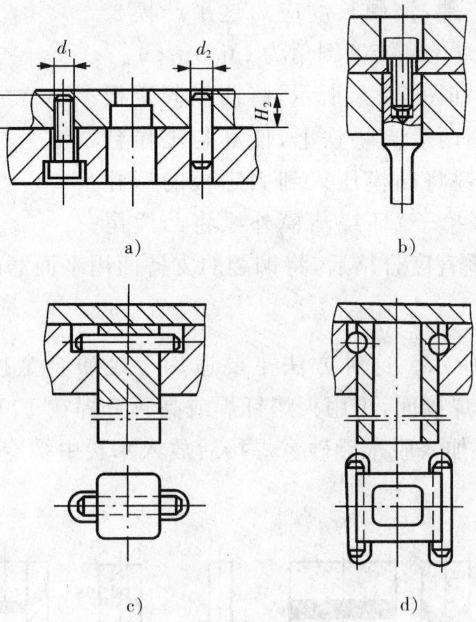

图 7-1　紧固件法

二、压入法

压入法如图 7-2 所示。该方法适用于冲裁板厚 $t\leqslant 6$mm 的冲裁凸模和各类模具零件。利用台阶结构限制轴向移动，应注意台阶结构尺寸，使 $H>\Delta D$，$\Delta D>1.5\sim2.5$mm，$H=3\sim8$mm。压入法的特点是连接牢固可靠，但对配合孔的加工精度要求较高，配合部分一般采用 H7/m6 和 H7/n6。装配压入过程如图 7-2b 所示，将凸模固定板型孔台阶朝上，放在两个等高垫铁上，将凸模工作端朝下放入型孔对正，用压力机慢慢压入，并不断检查凸模垂直度，以防倾斜。在固定多个凸模的情况下，应注意各凸模的压入顺序。一般应先压入容易定位且便于作为其他凸模安装基准的凸模，后压入较难定位的凸模。

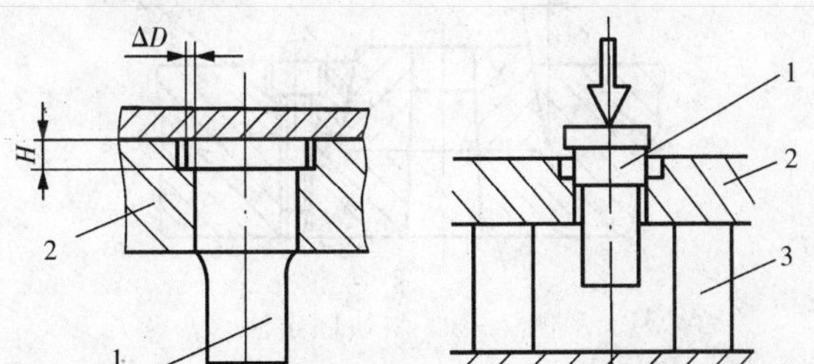

图 7-2　压入法

1—凸模　2—凸模固定板　3—等高垫铁

三、铆接法

铆接法适用于冲裁板厚 $t \leq 2$mm 的冲裁凸模和其他轴向拔力不大的零件。凸模和型孔配合部分保持 0.01～0.03mm 的过盈量，凸模铆接端硬度≤HRC30，而凸模工作部分必须淬硬，淬硬长度应为这个凸模长度的 1/2～1/3，固定板型孔铆接端倒角为 $C0.5$～$C1$。

用铆接法固定凸模如图 7-3 所示，将凸模固定板放在置于装配平台上的两等高垫铁上，使其与工作台面平行，用压力机或手锤将凸模压入到固定板的型孔中，然后用手锤和錾子（捻子）环绕凸模外缘将凸模尾部铆翻，经检查凸模的垂直度合格后，将铆翻的支持面用平面磨床磨平。

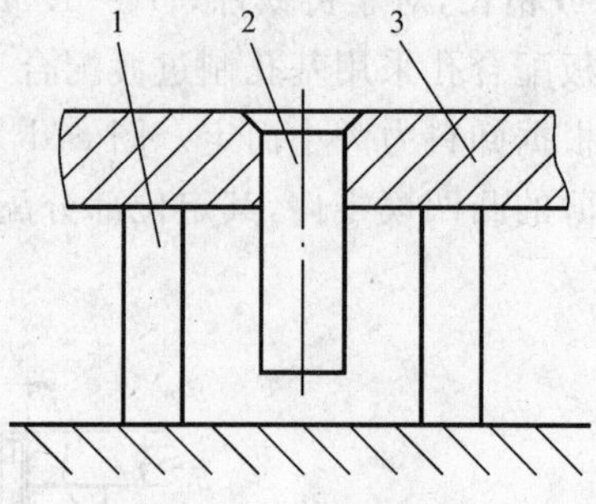

图 7-3 铆接法

1—等高垫铁 2—凸模 3—凸模固定板

四、焊接法

焊接法如图 7-4 所示。这种方法主要适用于硬质合金模具。焊接前要在 700℃～800℃进行预热，并清理焊接面，再用火焰钎焊或高频钎焊在 1000℃左右焊接，焊缝为 0.2～0.3mm，焊料为黄铜，并加入脱水硼砂。焊接后放入木炭中缓冷，最后在 200℃～300℃保温 4～6 小时去除应力。

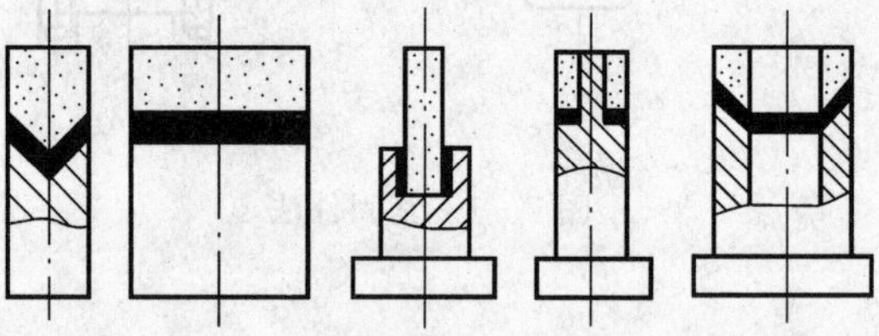

图 7-4 焊接法

五、斜块固定法

斜块固定法适用于不便于在凸模、凹模上加工出螺孔的场合。如图 7-5 所示为用斜块固定凹模。首先将凹模放入凹模固定板型孔内调好位置，然后压入斜块并用螺钉紧固。应用这种方法固定的凹模、斜块和凹模固定板型孔的斜度均为 10°，而且要准确配合。

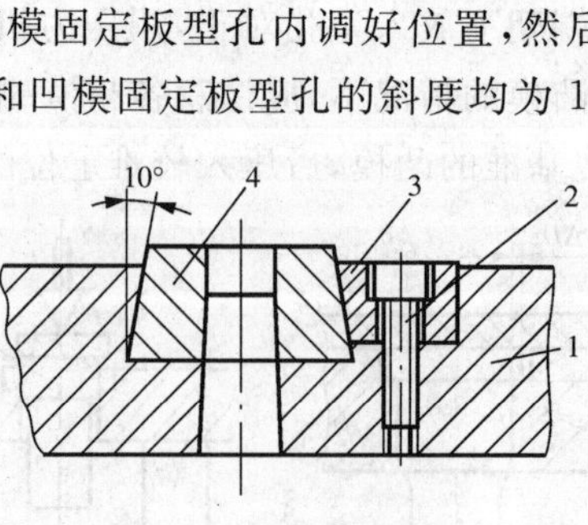

图 7-5 斜块固定法

1—凹模固定板 2—螺钉 3—斜压块 4—凹模

六、钢丝固定法

钢丝固定法如图 7-6 所示。在凸模和固定板上开出安放钢丝的沟槽，槽宽等于钢丝直径，一般为 2mm。再将凸模和钢丝一起从上向下装入凸模固定板。这种方法结构紧凑，适用于在同一固定板上安装多个凸模的场合。

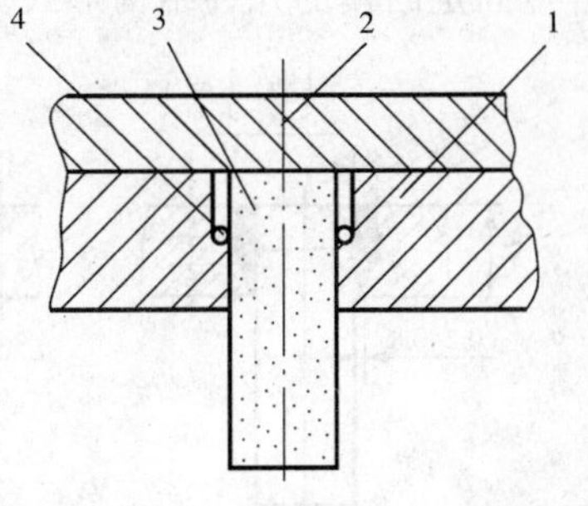

图 7－6　钢丝固定法

1—固定板　2—垫板　3—凸模　4—钢丝

七、热套法

热套法是利用金属材料热胀冷缩的物理特性对模具零件进行固定的方法，这种方法主要适用于镶拼式凸模、凹模的固定和硬质合金凹模的加固。用热套法固定凹模镶块的方法如图 7－7 所示。对于材料为合金工具钢的凹模镶块一般不预热，将模套加热到 300℃～400℃，保温 1 小时后即可进行热套，等到模套冷却后即可将凹模镶块固定。

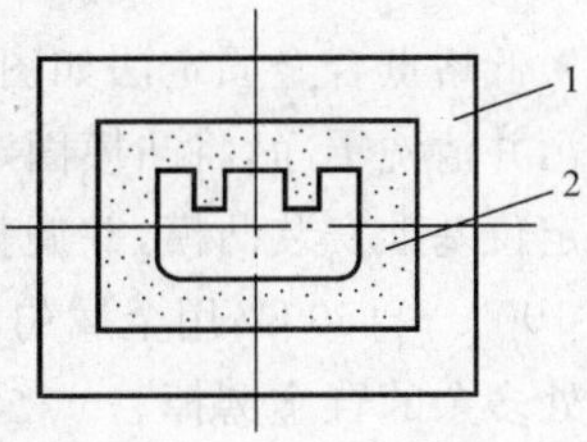

图 7－7　热套法

1—模套　2—凹模块

用热套法固定硬质合金模块时，为了减少内应力，应将硬质合金模块加热到 200℃～250℃，将模套加热到 400℃～450℃，再进行热套。

热套法装配的过盈量控制在 0.001～0.002mm 范围内。

八、低熔点合金固定法

低熔点合金是指用铋、铅、锡、锑、铟等金属元素配制的一种合金，也称为易熔合金。根据不同需要，各金属元素在合金中的质量分数也不相同。模具制造中常用的低熔点合金如表 7－1 所示。

表 7－1　模具制造中常用的低熔点合金的配方、性能和适用范围

构成元素	名称	锑 (Sb)	铅 (Pb)	镉 (Cd)	铋 (Bi)	锡 (Sn)	合金熔点/℃	合金硬度/HB	抗拉强度/MPa	抗压强度/MPa	冷凝膨胀值	适用范围						
熔点/℃		630.5	327.4	320.9	271	232						固定凸模	固定凹模	固定导套	固定垫板	卸料板导向孔	电气靠模	成型模
密度/(g/cm³)		6.69	11.34	8.64	9.8	7.28												
1	成分质量分数(%)	9	28.5	—	48	14.5	120	—	88.3	108	0.002	√	√	√	—	√	—	—
2		5	35	—	45	15	100	—	—	—	—	√			—	√	—	—
3		—	—	—	58	42	135	18～20	78.5	85.3	0.005	—	—	—	—	—	—	√
4		1	—	—	57	42	135	21	75.5	93.2	—	—	—	—	—	—	—	√
5		—	27	10	50	13	70	9～11	39.2	72.6	—	—	—	—	√	—	√	—

低熔点合金固定法是利用低熔点合金在冷凝时体积膨胀的特性对模具零件进行固定的方法。这种方法在模具装配中主要用于固定凸模、凹模、导柱和导套，以及浇注成型卸料板等。如图 7－8 所示为低熔点合金固定凸模的几种结构形式。

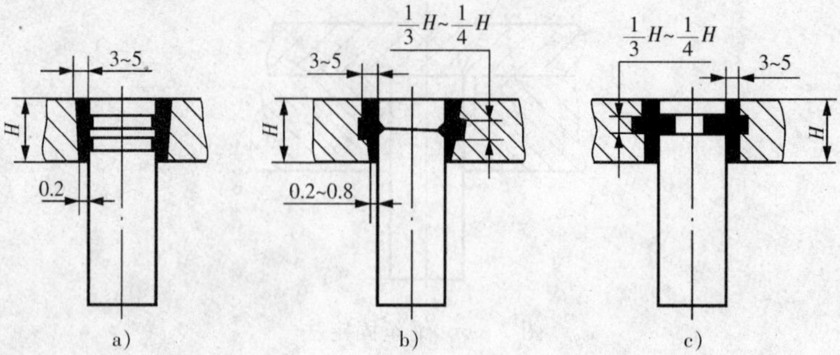

图 7－8　低熔点合金固定凸模的几种结构形式

低熔点合金固定法如图 7－9 所示。首先将凸模和凸模固定板浇注低熔点合金处去除油污并清洗干净，将凸模固定板放在平板上，再放上等高垫铁，然后放好凹模，以凹模的型孔作定位基准安装凸模，并调整好凸、凹模之间的间隙。浇注低熔点合金时，要预热浇注部位至 100℃～150℃，用金属勺浇入熔好的低熔点合金，经过 24h 充分冷却，再用平面磨床将浇注处多余的合金磨掉。

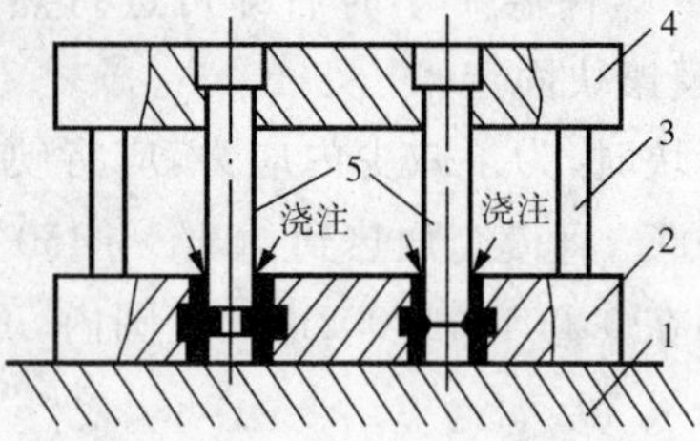

图 7－9　低熔点合金浇注示意图

1－平板　2－凸模固定板　3－等高垫铁　4－凹模　5－凸模

低熔点合金固定法的优点是：

(1)熔点低、易熔化，工艺简单，操作方便，可以显著降低配合部位的加工精度，减少加工工时和缩短生产周期。

(2)有一定强度，可以固定冲裁 2mm 以下钢板的凸模。

(3)低熔点合金回收后熔化可以重复使用，节约了能源。一般可以回收再利用 2～3 次。

低熔点合金固定法的缺点是：

(1)浇注合金时，模具零件需预热，且易产生热变形。对于大型拼块结构的冲模，在装配时不易控制间隙均匀。

(2)要耗费铋等贵重金属，成本较高。

九、环氧树脂固定法

环氧树脂是一种有机合成树脂，当其硬化后对金属和非金属材料有很强的黏接力，而且硬化时收缩率小，黏接时也不需要加温加压，使用非常方便。但环氧树脂硬度低、脆性大、不耐高温，使用温度低于 100℃。

环氧树脂固定法常用于固定凸模、导柱、导套和浇注成型卸料孔等。如图 7－10 所示为用环氧树脂黏结法固定凸模的几种结构形式，其中图 a 和图 b 适用于冲制厚度小于 0.8mm 的材料，图 c 适用于冲制厚度大于 0.8mm 的材料。

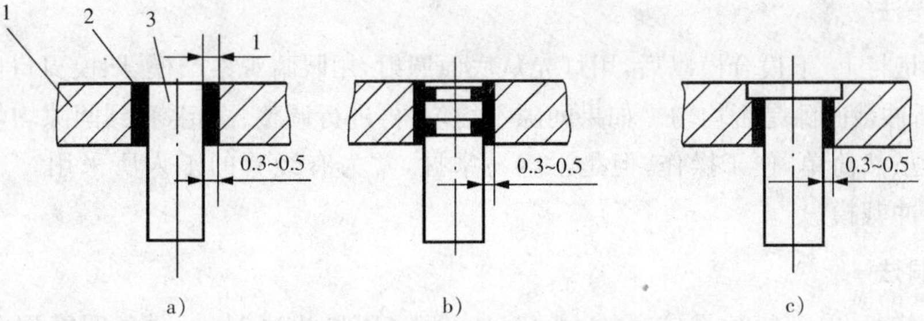

图 7－10　用环氧树脂黏结法固定凸模的形式

1—凸模固定板　2—环氧树脂　3—凸模

用环氧树脂固定模具零件基本上与低熔点合金固定法相似，也是去除黏结表面油污，找准各个零件位置，调整凸模、凹模之间间隙，最后固定。

第三节　模具间隙和壁厚的控制方法

在模具装配时，冷冲模的凸模、凹模之间的配合间隙和塑料模型腔、型芯之间形成的制件壁厚，对于保证模具的加工质量是十分重要的。为了保证间隙和壁厚尺寸，在装配时应根据具体模具的特点，先固定一件的位置，然后以其为基准，控制好间隙或壁厚尺寸，再固定另一件的位置。

根据模具的特点、间隙或壁厚的大小和装配条件的不同，可以选择不同的方法，目前常用的控制间隙或壁厚的方法主要有以下几种。

一、垫片法

垫片法是根据凸模、凹模配合间隙的大小，在凸模、凹模的间隙处垫入厚度等于单边间隙值且厚薄均匀的垫片（金属片或纸片）来调整凸模、凹模间隙的方法。

用垫片法调整凸模、凹模配合间隙如图 7－11 所示。

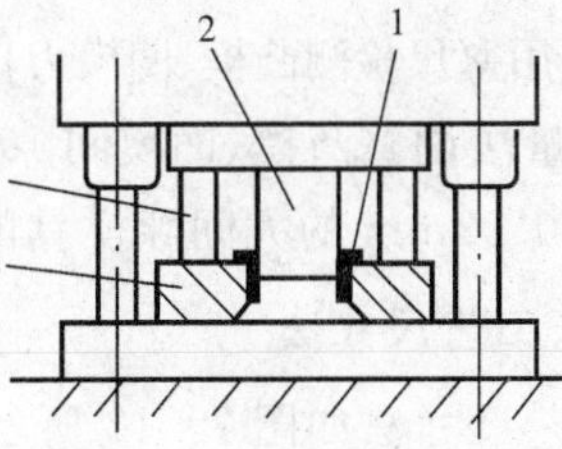

图 7－11　用垫片法调整间隙

1—垫片　2—凸模　3—等高垫铁　4—凹模

首先将凹模固定在下模座上，并打入定位销，将凸模与固定板安装在上模座上，初步对准位置，稍用螺栓紧固，不打定位销。将厚薄均匀、厚度等于间隙的纸片、金属片或成形制件，放在凹模刃口四周的位置，然后慢慢合模，将等高垫铁放好，使凸模进入凹模内，观察凸模、凹模的配合间隙状况。如果间隙不均匀，敲击固定板进行调整，直到间隙均匀为止。然后拧紧螺栓，使固定板与上模座紧固联接。

最后放入纸片试冲，以观察间隙是否均匀，不均匀时再重新调整。等到试冲合格后对上模座与固定板同钻同铰定位销孔，并打入定位销。

这种方法是模具装配中最简便的一种控制好间隙或壁厚的方法，广泛应用于中、小冲裁模、拉深模、弯曲模和各种塑料型腔模。

二、透光法

透光法是将上、下模合模以后，用灯光从底面照射，用眼睛观察凸模、凹模刃口四周的光隙大小，来判断冲裁间隙是否均匀。如果间隙不均匀，再进行调整、固定，直到间隙均匀为止。

透光法虽然简单，便于操作，但是不容易掌握，常为有经验的工人所采用。这种方法适用于薄板料冲裁模。

三、镀铜法

对于形状复杂、凸模数量较多的小间隙冲裁模，用垫片法调整凸模、凹模配合间隙比较困难。这时可以在凸模刃口部分 8～10mm 长度上镀一层铜，镀层厚度等于凸模、凹模单边间隙值。镀层厚度用电流及电镀时间来控制，厚度均匀则容易保证模具冲裁间隙均匀。然后再按照垫片法进行调整、固定和定位。镀层在模具使用过程中可以自行剥落而在装配后不必去除。

四、涂层法

涂层法与镀铜法类似，是在凸模刃口部分表面涂一层薄膜材料，如磁漆或氨基醇酸绝缘漆等。通过使用不同黏度的涂料或涂抹不同的次数，使涂层在恒温箱内烘干后的厚度等于凸模、凹模的单边配合间隙，装配方法与镀铜法相同。涂层在装配后也不必去除，在使用过程中会自然脱落。

涂层法非常简便，对于小间隙模具非常适用。

五、测量法

测量法是利用塞尺检查凸模、凹模之间的间隙大小和均匀程度，并据此来调整凸模、凹模之间的位置，以达到间隙均匀。

用测量法调整间隙时，先将凹模固定在下模座上，然后安装上模。但是不必固定上模就与下模合模，用塞尺检测凸模、凹模刃口周边间隙，并随时进行调整，直到间隙均匀后再将上模固定。

测量法调整凸模、凹模间隙虽然工艺过程复杂，但是调整结果理想，常用于单边配合间隙大于 0.02mm 的大间隙模具的调整。

六、工艺尺寸法

工艺尺寸法如图 7-12 所示。制造凸模时，将凸模长度适当加长，并使加长部位的尺寸按与凹模型孔尺寸零间隙配合来加工，以便装配时凸模、凹模对中，并保证间隙的均匀。装配完成后，将凸模加长部分磨去。工艺尺寸法主要适用于圆形凸模和凹模。

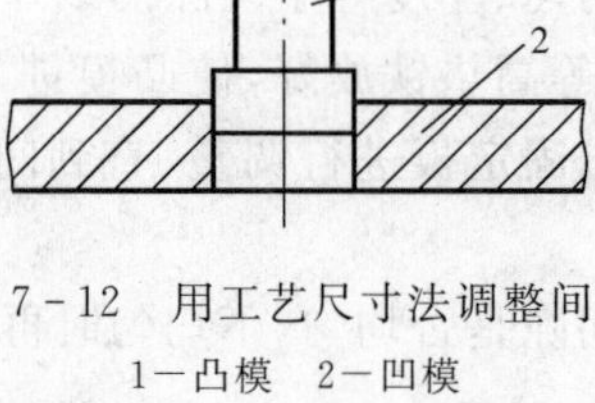

图 7-12　用工艺尺寸法调整间隙

1—凸模　2—凹模

七、工艺定位器法

利用工艺定位器调整间隙的方法如图 7－13a 所示。装配前先加工一个专用工具，即工艺定位器，如图 7－13b 所示。其尺寸 d_1、d_2、d_3 分别按照与冲孔凸模、落料凹模、凸凹模上相应孔的尺寸的零间隙配合来加工，并且 d_1、d_2、d_3 要在一次装夹中加工出来，以保证它们同轴。装配时用工艺定位器来保证各部分的冲裁间隙。这种方法主要用于复合模，也适用于塑料模型腔壁厚的控制。

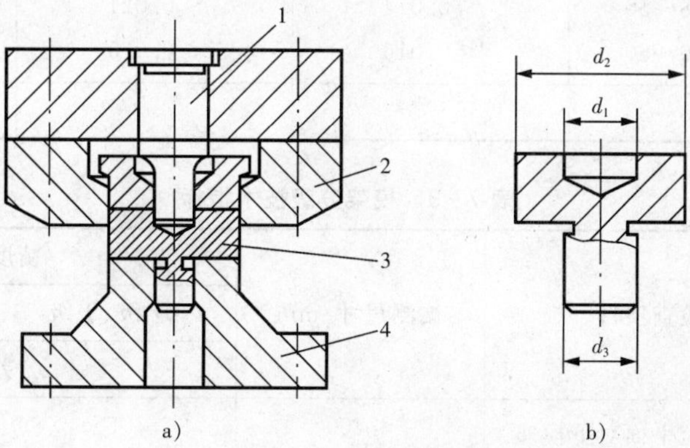

图 7－13　利用工艺定位器调整间隙

1—凸模　2—凹模　3—工艺定位器　4—凸凹模

第四节　模架的装配

模架的主要作用是安装模具的工作零件和其他结构零件，并保证模具的工作部分在工作时间内具有正确的相对位置。模架一般由上模座、下模座和导向装置（最常用的是导柱、导套）等零件组成。模架的上模座通过模柄与压力机滑块相连，下模座用螺钉、压板固定在压力机的工作台上。

目前冲压模模架大都为标准件，标准模架按照导向装置的不同可以分为滑动导向模架（GB/T2851.1－1990～GB/T2851.7－1990）和滚动导向模架（GB/T2852.1－1990～GB/T2852.3－1990）。

一、模架的装配技术要求

（1）装入模架的每对导柱和导套的配合状况应符合表 7－2 的规定。

（2）装配成套的滑动导向模架的精度等级分为Ⅰ级和Ⅱ级，装配成套的滚动导向模架精度分别为 0Ⅰ级和 0Ⅱ级，各级精度的模架必须符合表 7－3 中的规定。

（3）装配后的模架，上模相对下模上下移动时，导柱和导套之间应滑动平稳，无滞带现象。装配后，导柱固定端面与下模座下平面保持 1～2mm 的空隙，导套固定端端面应低于上模座上平面 1～2mm。

（4）装配成套的模架各零件的工作表面不应有碰伤、裂纹以及其他机械损伤。

表 7-2 导柱和导套间的配合要求

配合形式	导柱直径/mm	符合精度		配合后的过渡量/mm
		H6/h5(Ⅰ级)	H7/h6(Ⅱ级)	
		配合后的间隙值/mm		
滑动配合	≤18	≤0.010	≤0.015	—
	>18～25	≤0.011	≤0.017	
	>28～50	≤0.014	≤0.021	
	>50～80	≤0.016	≤0.025	
滚动配合	>18～35	—	—	0.01～0.02

表 7-3 模架分级技术指标

项	检查项目	被测尺寸/mm	精度等级	
			0Ⅰ级、Ⅰ级	0Ⅱ级、Ⅱ级
			公差等级	
A	上模座上平面对下模座下平面的平行度	≤400	5	6
		>400	6	7
B	导柱轴心线对下模座下平面的垂直度	≤160	4	5
		>160	4	5

二、模架的装配方法

1. 压入式模架的装配方法

按照导柱、导套的安装顺序，压入式模架有以下两种装配方法：

(1)以导柱为装配基准

以导柱为装配基准时，在选配合适的导柱和导套以后，需先压入导柱，再以导柱为基准压入装配导套，其装配过程如下：

① 压入导柱。如图 7-14 所示，在压力机平台上将导柱置于下模座的导柱孔内，将压块顶在导柱上，用百分表在两个垂直方向检验和校正导柱的垂直度，边检验校正边压入，直至将两个导柱全部压入模座。

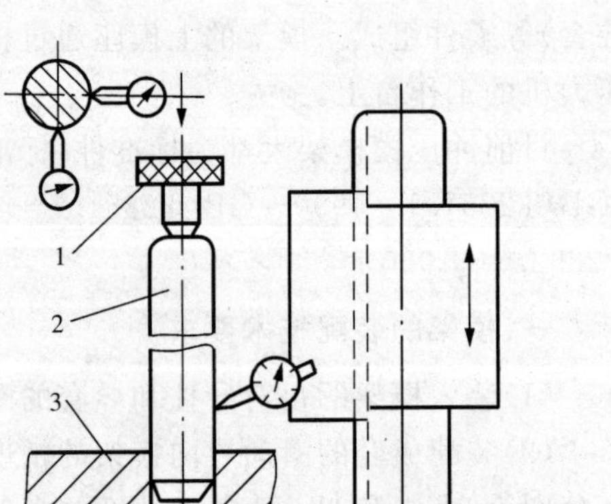

图 7-14 压入导柱

1—压块 2—导柱 3—下模座

② 装导套。如图 7-15a 所示，将上模座反置套在导柱上，然后套上导套，用千分表检查导套压配部分内外圆的同轴度误差，然后将同轴度最大误差 Δ_{max} 调至两导套中心连线的垂直方向，这样可使由于同轴度误差引起的中心距变化最小。

③ 压入导套。如图 7－15b 所示，用帽形垫块放在导套上，在压力机上将导套压入上模座一段长度，然后取走下模座及导柱，仍用帽形垫块将导套全部压入上模座。

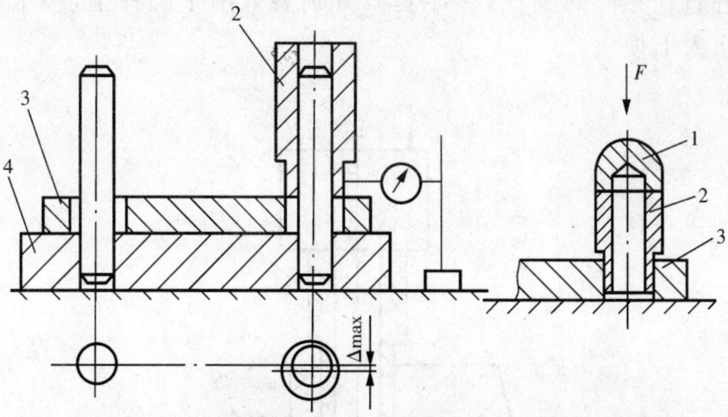

a)装导套　　b)压入导套

图 7－15　压入导套

1—帽形垫块　2—导套　3—上模座　4—下模座

④ 检验。导柱、导套分别压入模座后，要在两个互相垂直的方向上进行垂直度检测，如图 7－16a 所示。导套孔轴线对上模座上表面的垂直度可在导套孔内插入芯棒进行检查，如图 7－16b 所示。上模座与下模座对合后，中间垫入球形垫块，如图 7－16c 所示，再在检验平板上测量模座上表面对底面的平行度。

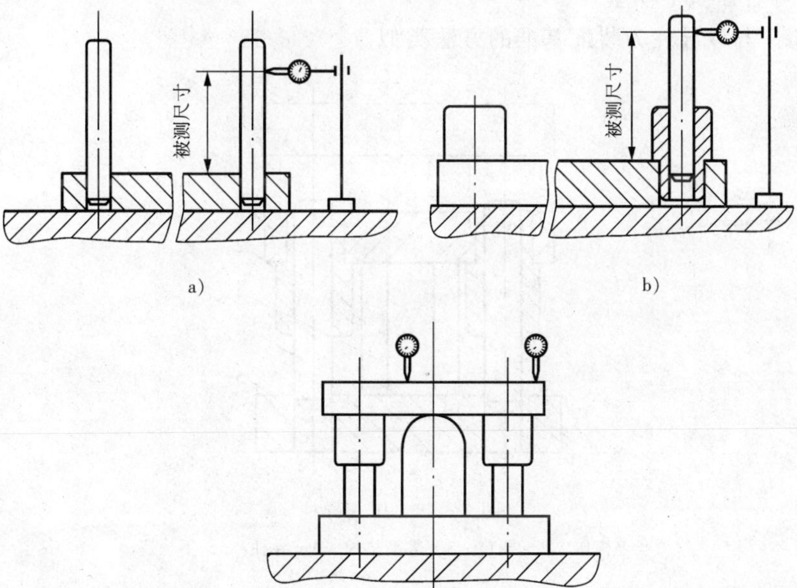

a)　　b)

c)

图 7－16　检验模架

(2)以导套为装配基准

以导套为装配基准时，在选配合适的导柱和导套以后，先压入导套，再以导套为基准压入装配导柱，其装配过程如下：

① 压入导套。如图 7－17 所示，将上模座放在专用工具 4 的平板上，平板上有两个与底面垂直且与导柱直径相同的圆柱，将导套 2 分别装入两个圆柱上，垫上等高垫块 1，在压力机上将两导套压入上模座 3。

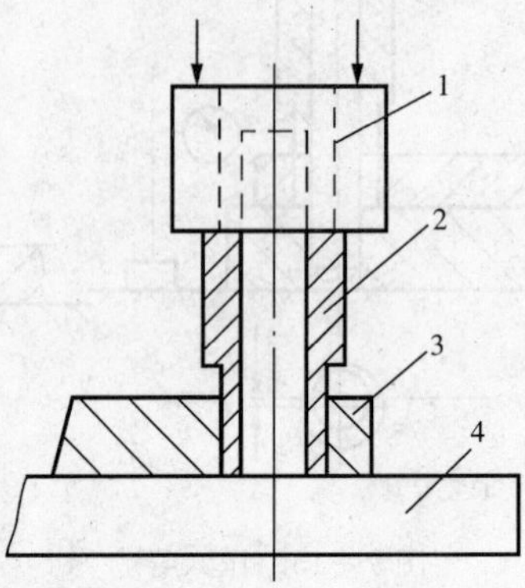

图 7－17　压入导套

1－等高垫块　2－导套　3－上模座　4－专用工具

② 压入导柱。如图 7－18 所示，在上模座和下模座间垫入等高垫块，将导柱插入导套内，在压力机上将导柱压入下模座约 5～6mm，将上模座用手提升至不脱离导柱的最高位置，然后再放下。如上模座与两等高垫块接触松紧不均匀，则调整导柱至接触松紧均匀为止。最后将导柱压入下模座。

③ 检验。与以导柱为装配基准的方法类似。

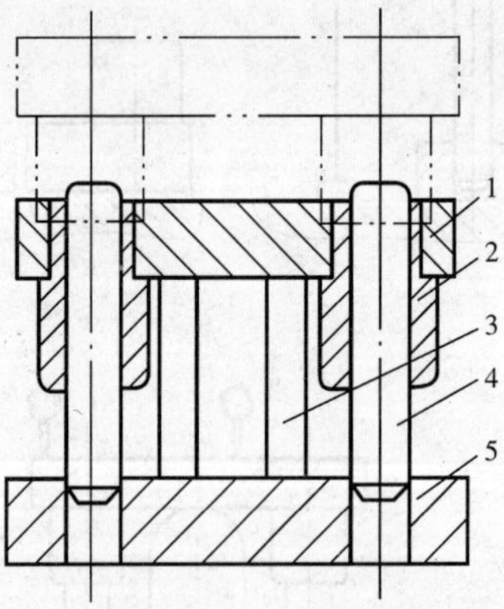

图 7－18　压入导柱

1－上模座　2－导套　3－等高垫块　4－导柱　5－下模座

2. 黏结式模架的装配方法

黏结式模架的导柱和导套（或衬套）与模座以黏结方式固定。黏结材料有环氧树脂黏结剂、低熔点合金和厌氧胶等。

黏结式模架对上下模座配合孔的加工精度要求较低，不需精密设备。模架的装配质量和黏结质量有关。黏结式模架有导柱不可卸式和导柱可卸式两种，装配方法也有所不同。

(1)导柱不可卸式黏结模架

这种模架的上下模座的上下平面的平行度要求符合技术条件,对模架各零件黏结面的尺寸精度和表面粗糙度的要求不高。其装配过程如下:

① 选配合适的导柱和导套,使其配合间隙符合技术要求。

② 清洗。用汽油或丙酮清洗模架各零件的黏结表面,并自然干燥。

③ 黏结导柱。黏结导柱如图 7 - 19 所示,将专用工具 6 放于平板上,将两个导柱非黏结面夹持在专用工具上,保持导柱的垂直度要求。然后放上等高垫块 4,在导柱 5 上套上塑料垫圈 3 和下模座 2,调整导柱与下模座孔的间隙,使间隙基本均匀,并使下模座与等高垫块压紧,然后在黏结缝隙内浇注黏结剂。待固化后松开工具,取出下模座。

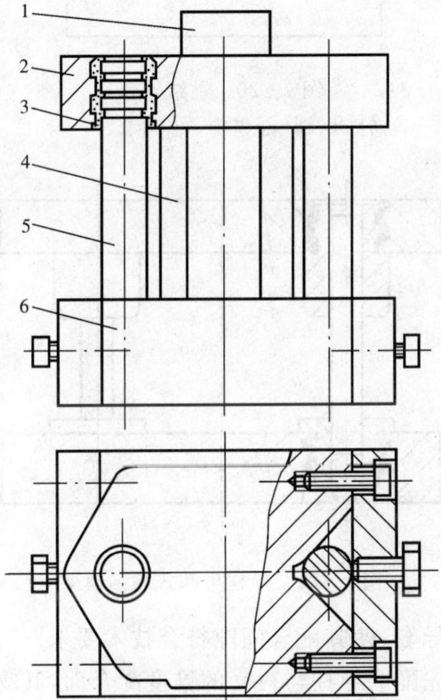

图 7 - 19　黏结导柱

1—压块　2—下模座　3—塑料垫圈　4—等高垫块　5—导柱　6—专用工具

④ 黏结导套。黏结导套如图 7 - 20 所示。将黏好导柱的下模座平放在平板上,将导套套入导柱,再套上上模座。在上下模座之间垫上等高垫块,垫块距离尽可能大些。调整导套与上模座孔的间隙,使间隙基本均匀;调整支承螺钉,使导套台阶面与模座平面接触。检查模架平行度精度,合格后浇注黏结剂。

⑤ 检验模架装配精度。

(2)导柱可卸式黏结模架

这种模架的导柱以圆锥面与衬套相配合,衬套黏在下模座上,导柱是可拆卸的,如图 7 - 21 所示。这种模架要求导柱的圆柱部分与圆锥部分有较高的同轴度精度,导柱和衬套有较高的配合精度,衬套台阶面与下模座平面相接触后,衬套锥孔有较高的垂直度精度。其装配过程如下:

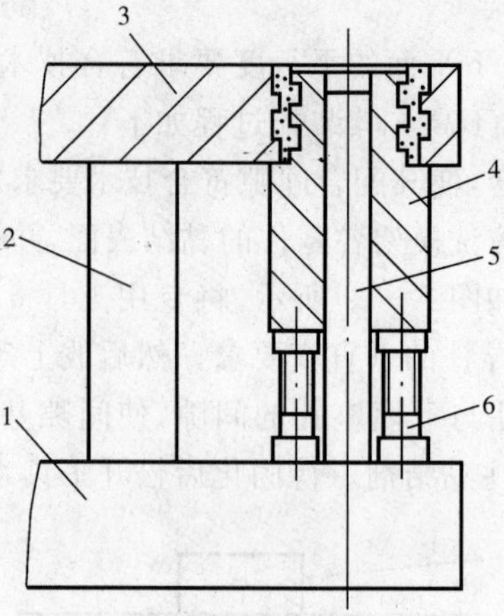

图 7-20　黏结导套

1—下模座　2—等高垫块　3—上模座　4—导套　5—导柱　6—支承螺钉

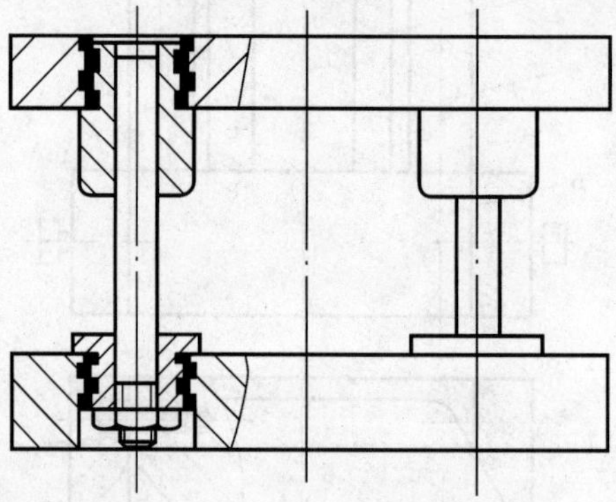

图 7-21　导柱可卸式黏结模架

① 选配合适的导柱和导套，使其配合间隙符合技术要求。

② 配磨导柱与衬套。先配磨导柱与衬套的锥度配合面，其吻合面在80%以上。然后将导柱与衬套装在一起，以导柱两端中心孔为基准磨削衬套 A 面，如图 7-22 所示，达到 A 面与导柱轴心线的垂直度要求。

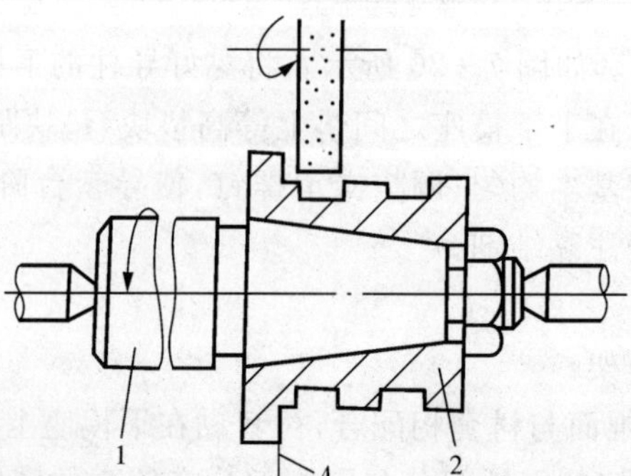

图 7-22　磨衬套台阶面

1—导柱　2—衬套

③ 清洗与去毛刺。首先锉去零件毛刺及棱边倒角，然后用汽油或丙酮清洗黏结零件的黏结表面并作干燥处理。

④ 黏结衬套。将导套与导柱装入下模座孔，如图 7－23 所示。调整衬套与模座孔的黏结间隙，使黏结间隙基本均匀，然后用螺钉紧固，垫上等高垫块，浇注黏结剂。

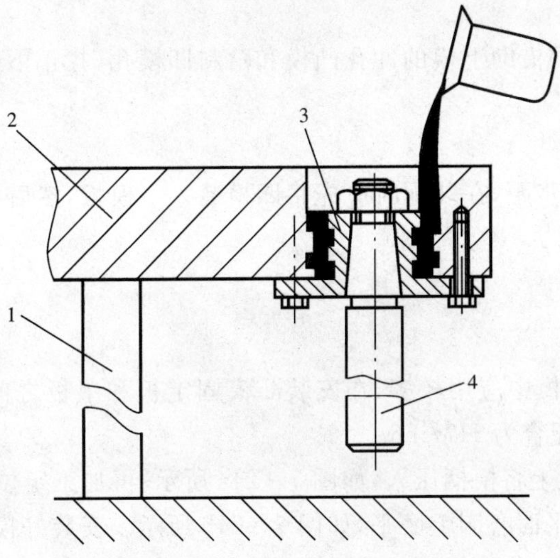

图 7－23　黏结衬套

1—等高垫块　2—下模座　3—衬套　4—导柱

⑤ 黏结导套。黏结导套的工艺方法和过程与前述的图 7－20 相同。

⑥ 检验模架装配精度。

第五节　冷冲模的装配

一、装配前的准备

(1)读懂和研究装配图。装配图是进行装配工作的依据。因此，装配前必须读懂和熟悉模具装配图，掌握模具的结构特点和主要技术要求以及各零部件的安装部位，了解有关零件的连接方式和配合性质，从而确定合理的装配基准、装配方法和装配顺序。

(2)根据装配图上的零件明细表，清点和清洗零件，检查主要工作零件的尺寸和形状精度，查明各配合面的间隙以及有无变形和裂纹缺陷。

二、冷冲模的装配顺序

在冷冲模的装配中，最主要的是保证凸模和凹模的对中性，使凸模、凹模之间的间隙均匀。因此必须考虑上、下模的装配顺序。装配模具时为了方便地将上、下模的工作零件调整到正确位置，使凸模、凹模具有均匀的冲裁间隙，应正确安排上、下模的装配顺序。否则，在装配中可能出现困难，甚至出现无法装配的情况。对于不同种类的冲模，装配顺序有着不同的要求。

1. 无导向装置的冷冲模

由于凸模和凹模之间的间隙是在模具安装到机床上以后进行调整的，所以上、下模的装配顺序没有严格要求，可以对上、下模分别进行装配。

2. 有导向装置的冷冲模

装配前要先选择基准件，如导板、凸模、凹模或凸凹模等。装配时，先安装基准件，再以其为基准装配有关零件，然后调整凸模、凹模之间的间隙，保证间隙均匀，最后再安装其他辅助零件。如果凹模是安装在下模上的，一般先装配下模，再以下模为基准安装上模较为方便。

3. 有导柱的复合模

一般先安装上模，再借助上模的冲孔凸模和落料凹模孔，找正下模的凸凹模的位置及调整好间隙后，固定下模。

4. 有导柱的连续模

为了便于调整准确步距，在装配时应先将凹模装入下模板，然后再以凹模为基准件安装上模部分。

三、组件装配

1. 模柄的装配

压入式模柄在冷冲模中应用较多，在安装凸模固定板和垫板之前应先将模柄压入上模座内，模柄与上模座的配合为 H7/m6。

装配时，先在压力机上将模柄压入，如图 7-24a 所示；再加工定位销钉孔或螺纹孔，然后将模柄端面突出部分在平面磨床上磨平，如图 7-24b 所示。安装好模柄后，用角尺检查模柄与上模座上平面的垂直度，若偏斜要及时进行调整，直到合适后再加工骑缝销孔，打入销钉 4。

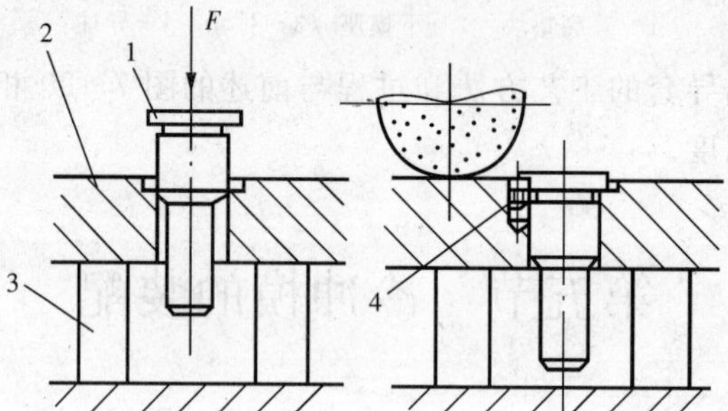

a)模柄装配　　b)磨平模柄端面

图 7-24　模柄的装配和磨平

1—模柄　2—上模座　3—等高垫铁　4—骑缝销

2. 凸模的装配

凸模与固定板的配合经常采用 H7/n6 或 H7/m6。装配时，先在压力机上将凸模压入凸模固定板内，如图 7-25a 所示。检查凸模中心线与固定板支承面的垂直度，然后在平面磨床上将凸模固定板的上平面与凸模尾部一起磨平，如图 7-25b 所示。为了保持凸模刃口的锋利，还应以固定板支承面定位，将凸模的端面磨平，如图 7-25c 所示。

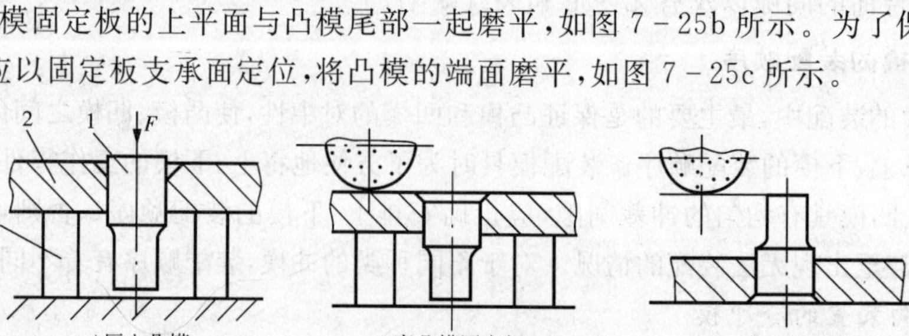

a)压入凸模　　b)磨凸模固定板　　c)磨凸模端面

图 7-25　凸模的装配

1—凸模　2—固定板　3—等高垫铁

3. 凹模的装配

凹模与固定板的配合经常采用 H7/n6 或 H7/m6。装配时将凹模压入凹模固定板内，在平面磨床上将上、下平面磨平。

凹模镶块与凹模固定板的装配过程如图 7－26 所示。装配后在磨床上将组件的上、下平面磨平，并检验型孔中心线与平面的垂直度精度。

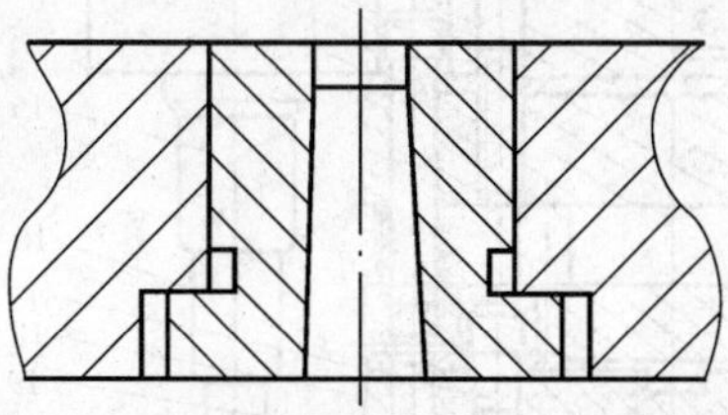

图 7－26　凹模镶块的装配

4. 弹压卸料板的装配

弹压卸料板起压料和卸料的作用，所以应保证它与凸模之间具有适当的间隙。装配时，先将弹压卸料板套在已装入固定板的凸模上，在固定板和卸料板之间垫上等高垫铁，并用夹板夹紧，然后按照卸料板上的螺钉孔位置在固定板上钻出锥窝，拆开后钻固定板上的螺纹孔。

四、单工序冲裁模装配

下面以图 7－27 所示冲孔模为例，说明单工序冲裁模的装配方法。

1. 装配前的分析

图 7－27 所示的冲孔模，在使用时下模座部分被压紧在压力机的工作台上，是模具的固定部分。上模座部分通过模柄与压力机的滑块连成一体，是模具的活动部分。模具工作时安装在活动部分和固定部分上的模具零件，必须保证正确的相对位置，才能使模具获得正常的工作状态。装配模具时为了方便地将上、下两部分的零件调整到正确位置，使凸、凹模具有均匀的冲裁间隙，应正确安排上、下模的装配顺序。

2. 组件装配

(1)将模柄 12 压入上模座 6 内，磨平端面。调整好模柄与上模座上平面的垂直度以后，再加工骑缝销孔，打入销钉 11。

(2)将凸模 10 装入凸模固定板 7 内，磨平凸模固定端面。

(3)导柱和导套的装配。导柱、导套与上、下模座均采用压入式联接，并以导套为装配基准。

3. 确定装配基准

对于有导柱的冲模，根据装配顺序方便和易于保证精度的要求，确定以凸模或凹模作为基准。如图 7－27 中，可选择凹模作为基准，先装下模部分。

4. 总装配

(1)将凹模 2 装入凹模固定板 18 中，磨平底面。

(2)将凹模固定板 18 安放在下模座上 1 上，找正凹模固定板 18 的位置后，用平行夹头夹紧，通过螺钉孔在下模座上钻出锥窝。拆去凹模固定板，在下模座上按锥窝钻螺纹底孔并

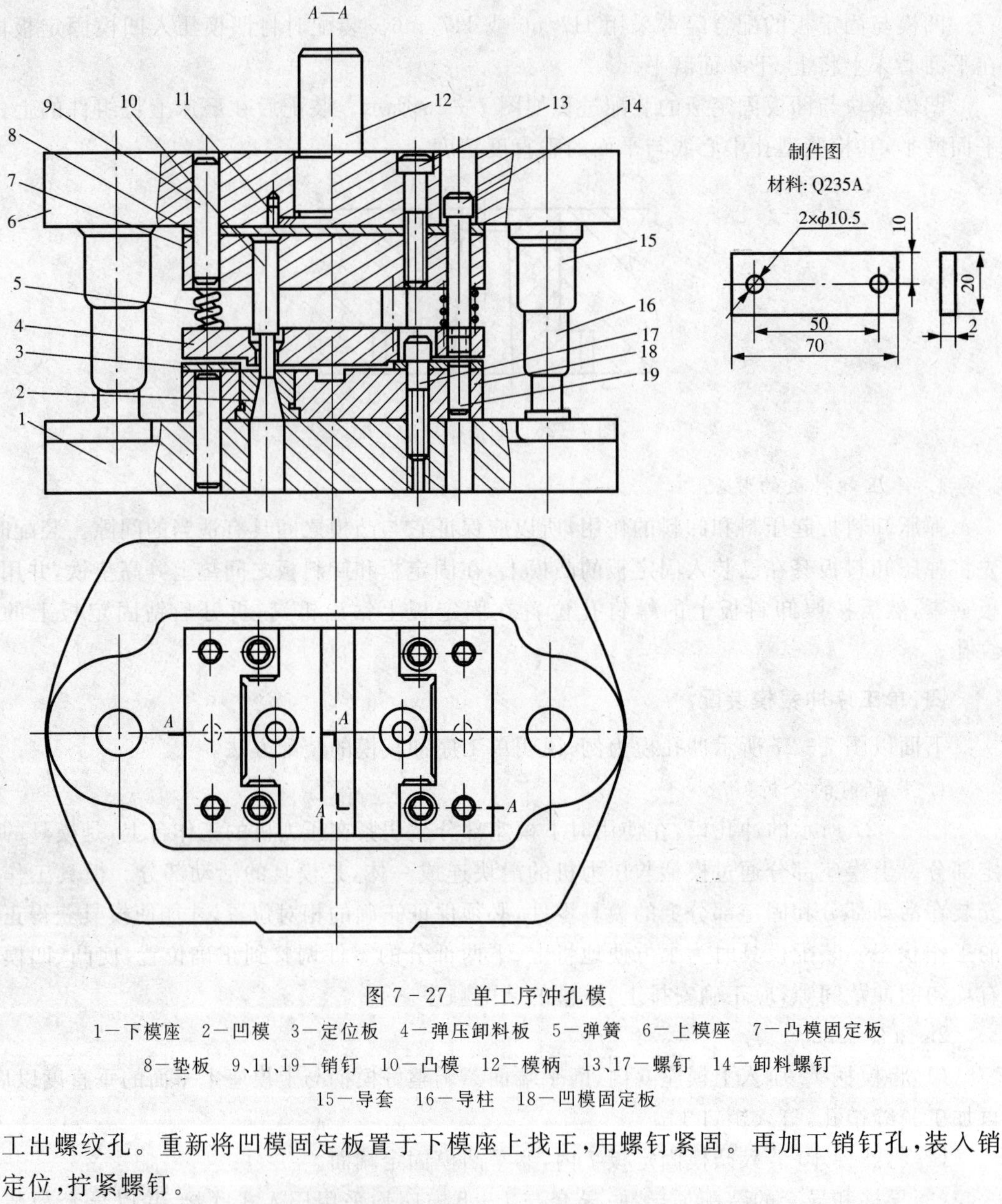

图 7-27　单工序冲孔模

1—下模座　2—凹模　3—定位板　4—弹压卸料板　5—弹簧　6—上模座　7—凸模固定板

8—垫板　9、11、19—销钉　10—凸模　12—模柄　13、17—螺钉　14—卸料螺钉

15—导套　16—导柱　18—凹模固定板

加工出螺纹孔。重新将凹模固定板置于下模座上找正，用螺钉紧固。再加工销钉孔，装入销钉定位，拧紧螺钉。

(3)将定位板 3 安装在凹模固定板上。

(4)将凸模 10 装入凸模固定板 7 内，将弹压卸料板 4 套在凸模上，在凸模固定板上钻出锥窝，拆开后按照锥窝位置钻凸模固定板上的螺钉沉头孔。

(5)取下弹压卸料板，将凸模插入凹模的型孔中。在凹模 2 与凸模固定板 7 之间垫入适当高度的等高垫铁，将垫板 8 放在固定板 7 上。再以导柱导套定位安装上模座 6，用平行夹头将上模座 6 和固定板 7 夹紧。通过凸模固定板孔在上模座上钻出锥窝，拆开后按照锥窝位置钻孔，然后用螺钉将上模座、垫板、凸模固定板稍加紧固。

(6)调整凸模、凹模的配合间隙。

调整凸模、凹模的配合间隙一般有以下两种方法。

① 透光法：先将上、下模合模，再将模具翻转过来，用手灯从侧面进行照射，从下模板的漏料孔观察凸、凹模之间的配合间隙是否均匀。调整间隙时，用手锤轻轻敲击凸模固定板7，改变凸模的位置，以得到均匀的间隙。

② 切纸法：经上述调整后，以纸作冲压材料，放入凸、凹模之间，用锤子敲击模柄，在纸上切出制件的形状。如果冲出的纸样轮廓齐整，没有毛刺或毛刺均匀，说明间隙是均匀的；如果局部有毛刺，则说明间隙是不均匀的。有毛刺的一边间隙过大，应重新进行调整直到间隙均匀为止。

(7)调好间隙后，将凸模固定板的紧固螺钉拧紧。钻、铰定位销孔，装入定位销钉9。

(8)将卸料板4套在凸模上，装上弹簧和卸料螺钉，检查卸料板运动是否灵活。并检查凸模的下端面能否缩入卸料板4的孔内约0.5～1mm。如果达不到，可以通过卸料螺钉14进行调整。

(9)安装其他零件。

(10)检验。

(11)试模。

五、复合模的装配

复合模是压力机的一次行程中完成两个或两个以上的冲压工序的模具。复合模结构紧凑，冲压生产效率高。

以图7-28所示落料-冲孔复合模为例，说明复合模的装配方法。

1. 装配前的分析

图7-28所示的落料-冲孔复合模，有一大四小共五个圆形冲孔凸模、一个落料凹模和一个凸凹模。圆形冲孔凸模与凸凹模中的内刀口配合完成冲孔工序，落料凹模与凸凹模中的外刀口配合完成落料工序。为了保证冲裁件的内外形表面具有较高的相对位置精度，对复合模装配精度的要求也很高。

2. 组件装配

(1)组装模柄组件

① 将模柄16压入上模座内，翻面磨平模柄及上模座下端面。

② 找正位置配作螺纹孔，并装入防转螺钉15。

(2)组装凸凹模组件

用压入法将凸凹模9压入凸凹模固定板20内确保垂直，并将凸凹模的尾端与凸凹模固定板的上平面一起磨平。

(3)组装弹压卸料板

① 凸凹模组件及模柄组件均倒置，垫以等高平行垫块后安放在平板上。弹压卸料板8套在已组装好的凸凹模组件的凸凹模9上，在凸凹模固定板及弹压卸料板之间垫以适当高度的等高垫块，找正位置后用平行夹头将三者夹紧。

② 由弹压卸料板上已加工好的螺钉孔向凸凹模固定板和上模座方向引钻卸料螺钉过孔。分开后再分别加工凸凹模固定板及上模座上的螺钉过孔至要求。

(4)组装冲孔凸模组件

① 压装最大的一个圆形凸模，对角尺，使之和凸模固定板平面垂直。

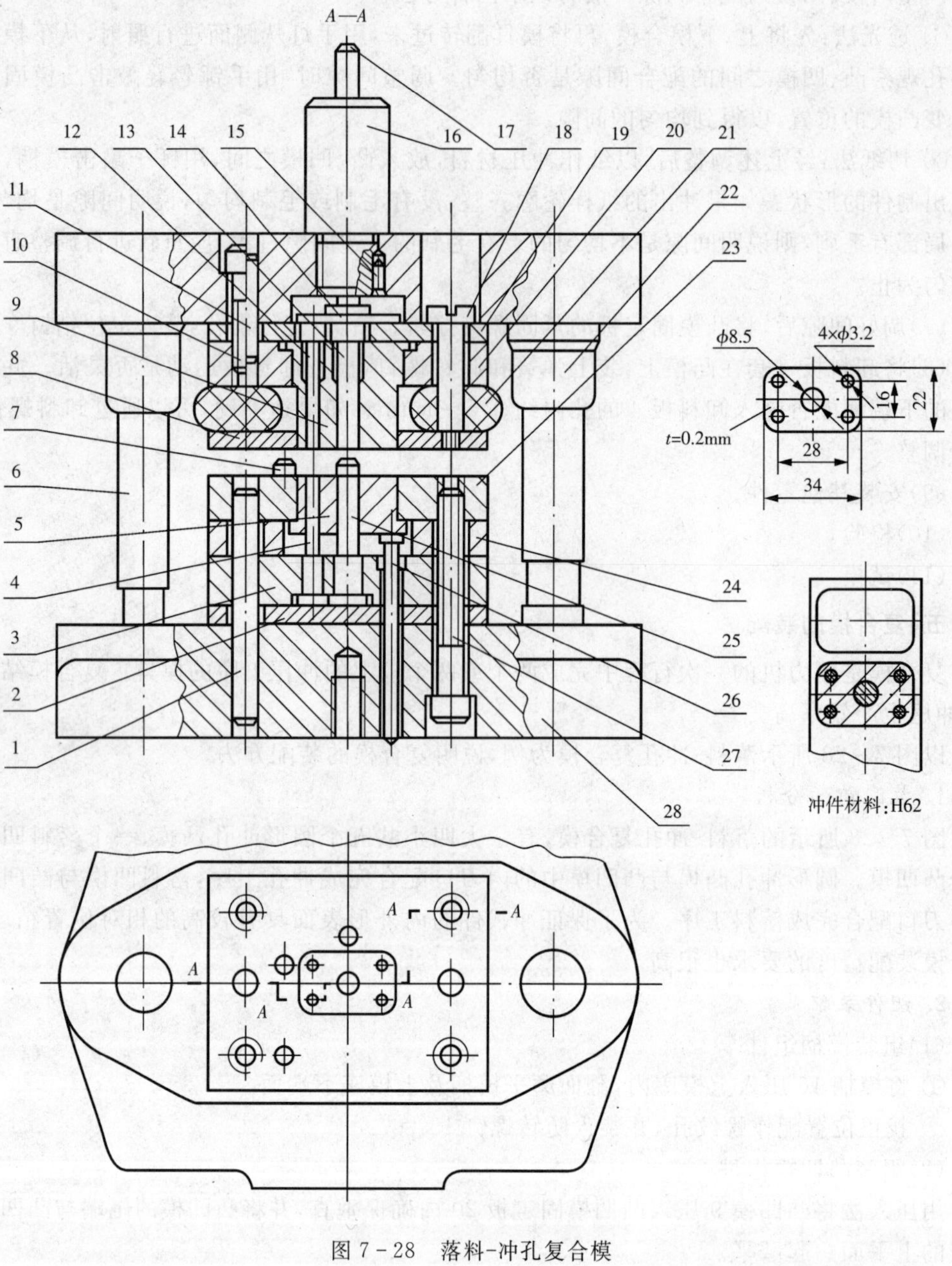

图 7－28　落料-冲孔复合模

1—销钉　2—垫板　3—凸模固定板　4—冲孔小凸模　5—顶块　6—导柱　7—挡料钉　8—卸料板　9—凸凹模　10—紧固螺钉　11—销钉　12、13—打杆　14—打板　15—防转螺钉　16—模柄　17—打杆　18—卸料螺钉　19—垫板　20—凸凹模固定板　21—橡胶　22—导套　23—落料凹模　24—垫板　25—冲孔大凸模　26—顶杆　27—紧固螺钉　28—下模座

② 再将第二个圆形小凸模压装入凸模固定板。装入第二个圆凸模后必须以凸凹模上的冲孔凹模型孔为基准，用透光法检查间隙。若间隙不均匀则要调整后面装入的凸模，使其间隙均匀。

③ 再将其余的三个圆形小凸模压装入凸模固定板，用透光法逐个检验凸模、凹模间隙，

并都调整至均匀。

④ 在平面磨床上磨平冲压凸模的上、下两端面。

3. 确定装配基准

图 7－28 所示的落料-冲孔复合模，应选择凸凹模作为装配基准，先装凸凹模之上模部分，再装下模部分。

4. 总装配

(1)组装上模部分

① 将垫板 19、凸凹模组件与上模座一起倒置在安装平板上，上模座与安装平板之间垫以平行垫块。按装配图要求找正三者的位置后用一对平行夹头夹紧。

② 从已经加工好的凸凹模固定板的紧固螺钉孔内，向上模座方向引钻螺钉过孔，螺钉紧固三板。

③ 按划线位置同钻同铰凸凹模固定板与上模座上的销钉孔。装入打料系统各模具零件后，再配装入销钉，并以此作为装配基准件(卸料板则暂时不装)。

(2)组装下模部分

① 将落料凹模 23、凹模垫板 24、冲孔凸模组件叠放在下模座 28 上，初步找正后，再将已经组装好的上模部分通过导套套入导柱，在凸凹模固定板与落料凹模之间垫以适当高度的平行垫块，使凸凹模 9 插入落料凹模的洞口约 5mm 深，尽量调整好凸模、凹模及凸凹模之间的间隙。然后用一对平行夹头将下模部分三板夹紧。

② 卸走上模部分后，从落料凹模 23 上已经加工好的螺孔向冲孔凸模固定板及下模座方向引钻紧固螺钉过孔，分开三板后再将各自的螺钉过孔加工至要求。

③ 将顶块 5、顶杆 26 装入下模，再将落料凹模 23、凹模垫板 24、冲孔凸模组件及垫板等叠放在下模座 28 上，用紧固螺钉 27 将下模部分连接成一体，但螺钉 27 并不拧得很紧，以便下一步精确调整间隙。

(3)精确调整冲裁间隙

① 将上模部分通过导柱导套与下模部分合拢，采用垫片法调整凸凹模 9 与落料凹模 23 之间的间隙，同时在 5 个冲孔凸模工作部分涂红丹粉，通过观察冲孔凸模上红丹粉的接触印痕的方法，调整冲孔凸模与凸凹模之间的间隙。反复调整使之均匀。调整完毕后，用一对平行夹头将下模部分夹紧，并旋紧紧固螺钉 27。

② 卸走上模部分，从落料凹模上已经加工好的销钉孔向冲孔凸模固定板及下模座方向引钻销钉预孔，再同铰销钉孔，用研磨棒配研销钉孔后，配装入销钉 1。卸除平行夹头，下模组装完毕。

(4)安装弹压卸料板

上模部分装上卸料螺钉 18、弹压卸料板 8 及橡胶 21，检验弹压卸料板及上模中打料系统运动是否灵活有效，并修整至符合装配要求。

(5)安装其他零件

装入其他模具零件如挡料钉、导料钉及弹顶器部件等。

(6)检验

检验顶件系统运动的灵活性及顶料的有效性，并修整至所有模具零件符合装配要求。装配完毕后，即可合拢上、下模，进一步以切纸法检验并调整冲裁间隙。

(7)试模

六、级进模的装配

级进模对步距精度和定位精度要求比较高,装配难度大,对零件的加工精度要求也比较高。

以图 7-29 所示的弹压导板级进冲裁模为例,说明级进模的装配过程。

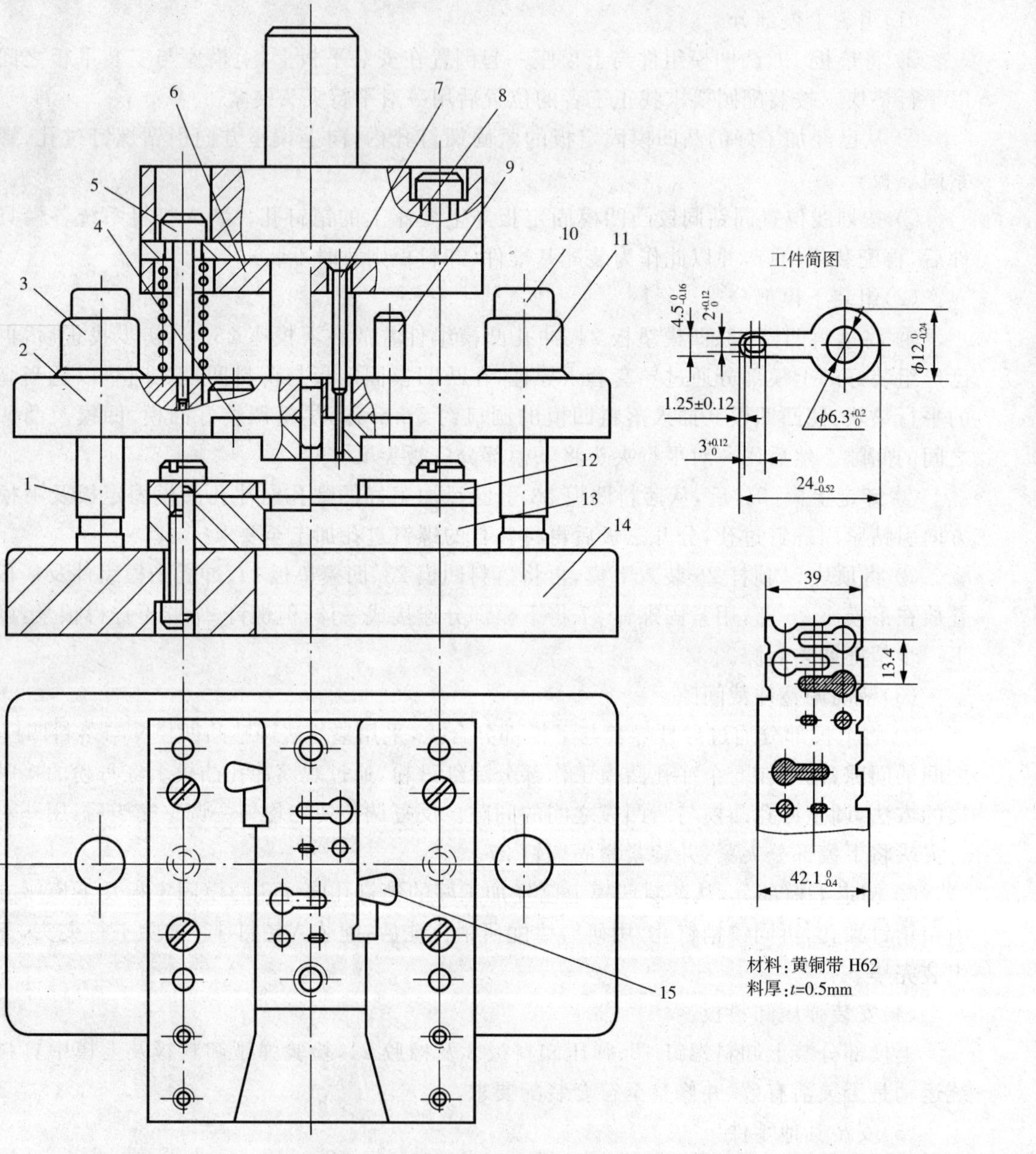

图 7-29　弹压导板级进模

1—导柱　2—弹压导板　3—导套　4—导料板镶块　5—卸料螺钉　6—凸模固定板　7—冲孔凸模　8—上模座　9—限位柱　10—导柱　11—导套　12—导料板　13—凹模　14—下模座　15—侧刃挡块

1. 装配前的分析

图 7－29 所示的弹压导板级进模有 6 个凸模及 2 个侧刃。其中 2 个小凸模 7 与凸模固定板之间采用浮动吊装固定法(见图示凸模 7 的固定)，即尾部退火后采用铆接法与凸模固定板 6 连接，但凸模固定板配合段的间隙大于与导料板镶块配合段的间隙，可根据在导料板镶块内的导向情况在固定板内做微量移动，以确保导向精确有效。其余凸模与侧刃则采用压入固定法(未画出)。

2. 组件装配

(1)装导料板组件

① 选择相距较远的一个大凸模与一个小凸模，将两个凸模穿过弹压导板 2 及导料板镶块 4，调整至两凸模能够运动灵活后用一对平行夹头夹紧弹压导板及导料板镶块。

② 卸走两凸模后，从导料板镶块上已加工好的螺孔向弹压导板方向引钻螺钉过孔。分开后将弹压导板的螺孔加工至要求，配装入螺钉将弹压导板与导料板镶块连接成一体，螺钉暂不拧紧。

③ 将两凸模的工作面朝上，重新穿过反置的弹压导板，反置的弹压导板与安装平板之间垫以等高平行垫块。在凹模板 13 与弹压导板之间垫入适当高度的平行垫块，使两凸模插入凹模洞口约 5mm 左右。然后用透光法仔细调整两凸模与凹模的间隙，直至均匀。再用一对平行夹头将调整好相对位置的弹压导板与导料板镶块夹紧。

④ 从导料板镶块上向弹压导板引钻、铰销钉孔，用研磨棒研磨后配装入定位销钉。

⑤ 将所有凸模及侧刃穿过弹压导板插入凹模，用透光法逐个检验间隙的均匀性，做适当微调整，直到各个凸模及侧刃与凹模间隙全部符合要求为止，旋紧紧固螺钉。

(2)组装凸模组件

① 将一个大凸模压入凸模固定板 6 内，确保垂直度；

② 套上弹压导板，将另一个相距较远的小凸模穿过弹压导板后，装入凸模固定板(小凸模与凸模固定板是间隙配合)；

③ 依次逐个穿过导板装入其余凸模及侧刃；

④ 在安装平板上对浮动吊装的小凸模 7 进行铆接；

⑤ 用平面磨床磨平所有凸模尾部端面及凸模固定板的上端面。

(3)组装模柄组件

① 将模柄压入上模座 8，确保垂直度；

② 找正位置，配作防转销孔，并配装入防转销钉。

3. 确定装配基准

通常选择导板作为装配基准件，先装上模部分，再装下模部分。

4. 总装配

(1)组装上模部分

① 将已经装好的凸模组件垫以等高平行垫块放置在安装平板上，然后将凸模垫板、上模座叠放在凸模固定板上。按装配图找正三者之间的位置，用一对平行夹头夹紧。

② 从凸模固定板上已加工好的螺孔向凸模垫板及上模座方向引钻螺钉过孔。分开后将各自的螺钉过孔加工至要求，配装入紧固螺钉，即可形成一个上模部分的二级组件。

(2)上模部分与弹压导板的连接装配

① 将二级组件上的各个凸模及侧刃穿过弹压导板,按装配图找正位置后用一对平行夹头夹紧。

② 从弹压导板上已经加工好的卸料螺钉安装孔向二级组件方向引钻卸料螺钉过孔。分开后再将各自的过孔加工至要求。

③ 将限位柱 9 压装入弹压导板。然后将二级组件重新穿入弹压导板,检验各凸模及侧刃的工作端面伸出导料板的量是否足够,必要时可通过磨削限位柱上端面的方法予以调整。

④ 配装入适当长度的卸料螺钉,检验卸料螺钉处于下止点位置时凸模相对弹压导板的伸出量是否符合要求,检验卸料螺钉处于上止点位置时,头部是否越出上模座的上表面,以及工作时上模部分是否达到了永不脱出导料板镶块的装配要求等。

(3)精确调整各凸模与凹模的间隙

① 将已经装好的上模部分的导套套在下模座 14 的导柱 1 及 10 上,凹模板 13 叠放在下模座上,上模部分缓慢下降,对准凹模洞口后插入。初步调好凸、凹模的间隙后用一对平行夹头将凹模板与下模座两者夹紧。

② 卸走上模部分,然后从凹模板上已加工好的紧固螺钉孔向下模座方向引钻螺钉过孔,分开后将下模座上的螺钉过孔加工至要求。配装入螺钉,但暂不拧紧。

③ 上模部分重新套入下模座的导柱上。合拢后用垫片法或透光法精确调整凸模、侧刃与凹模的间隙。调整完毕后用平行夹头夹紧,旋紧紧固螺钉,然后卸走上模部分,从凹模板上已经加工好的销钉孔内向下模座引钻、铰定位销钉孔,用研磨棒配研销钉孔后,配装入定位销钉。

(4)安装其他零件

装入卸料弹簧、导料板 12、侧刃挡块 15 等其他模具零件。

(5)检验

装配完毕后,即可合拢上、下模,进一步以切纸法检验并调整冲裁间隙。

(6)试模

试模合格后淬硬定位板,送验入库。

七、弯曲模和拉深模的装配特点

弯曲模和拉深模都是通过坯料的塑性变形来获得制件的形状。由于金属的塑性变形过程中,必然伴随弹性变形,而弹性变形的回复会影响到制件的加工精度。

1. 弯曲模的装配特点

(1)弯曲模工作部分形状比较复杂,几何形状和尺寸精度要求较高。制造时,凸模、凹模工作表面的曲线和折线应用事先做好的样板或样件来控制。

(2)凸模与凹模工作部分的表面精度要求较高,一般应进行抛光,粗糙度值 $R_a<0.63\mu m$。

(3)凸模和凹模的尺寸和形状应在试模合格以后再进行淬火处理。

(4)装配时可按冲裁模装配方法进行装配,借助样板或样件调整间隙。

(5)选用卸料弹簧或橡皮,一定要保证弹力,一般在试模时确定。

(6)试模的目的不仅是要找出模具的缺陷加以修正和调整,而且还是为了最后确定制件的毛坯尺寸。由于这一工作涉及材料的变形问题,所以弯曲模的调整工作比一般冲裁模要复杂得多。

2. 拉深模的装配特点

(1)拉深模凸模、凹模的工作部分边缘要求修磨出光滑的圆角。

(2)拉深模凸模、凹模工作部分的表面粗糙度要求较高,一般为 $R_a=0.32\sim0.04\mu m$。

(3)装配时可按冲裁模装配方法进行装配,借助样板或样件调整间隙。

(4)拉深模即使组成零件制造很精确,装配得也很好,但由于材料弹性变形的影响,拉深出的制件不一定合格。因此,试模后常常要对模具进行修整加工。

八、试模及调试

为了保证冲模在投入产品生产时能顺利安装在压力机上进行安全操作,并能稳定地保证冲件质量,冲模在使用前,一般就在冲模制造装配完工检验合格后,要安装在模具制造部门试冲专用压力机或试冲前生产部门指定的压力机上,进行试冲。通过冲件的缺陷来发现在冲压工艺、冲模的设计和制造,有时甚至在产品冲压件的设计中所存在的问题。主要通过调整冲模(必要时对冲件坯料、冲压工艺或产品冲压件设计也作相应调整)来解决,从而使冲件最后完全达到质量要求。试冲和调整的一般程序如下。

(1)检查试冲用压力机的技术状态和对冲模的安装条件

压力机的技术状态要完全完好,无任何故障。压力机对冲模安装的条件诸如闭合高度、安装槽孔位置、工作台漏料孔以及压力机的打料机构等要完全适应,包括压力机的吨位和行程完全能满足冲模冲压的要求。

(2)安装冲模

在压力机查明无误后,即可安装冲模,大致步骤如下:

① 先将冲模上下平面及与之接触的压力机滑块底面和工作台面揩干净;

② 开动压力机,使滑块上升到上顶点;

③ 用起重设备将冲模放到压力机工作台面上;

④ 检查和调整在上顶点时的滑块底面到处在闭合状态的冲模上平面的距离,使之大于压力机行程;

⑤ 下降滑块到下顶点,调节到与处在闭合状态的冲模上平面接触。先将上模紧固在滑块上,再将滑块稍上升后空车开动压力机运行几次。最后把需用的卸料橡胶等,妥善安放到正确的位置上。

(3)进行试冲和调整冲模

先调整上下模间的距离,然后用规定的坯料进行试冲。再按试冲结果,分析冲件缺陷原因,有的放矢地调整冲模。冲裁模在试冲时先要调整好上模进入下模的深度。在试冲过程中,较多的是调整凹模、凸模之间的间隙,此间隙过大或过小时,冲件就会出现毛刺,间隙不均匀时冲件剪切断面的光亮带就宽窄不一。如冲件尺寸不合或孔的位置不对时,要检查并调整定位块或销钉位置。必要时还要调整卸料机构,检查卸料件与冲件形状是否适应,废料排出有无阻塞等。直到模具能正常工作,冲出合格的制件,模具的装配过程就完成了。

试冲件的数量根据使用部门的要求来确定,一般小型冲裁模应大于 50 件;硅钢片冲裁模应大于 200 件;贵重金属冲裁模的试冲件数量由使用部门自定;自动冲裁模连续试冲时间应大于 3min。

冲裁模试冲时出现的缺陷、原因和调整方法如表 7 - 4 所示。

表 7-4 冲裁模试冲时出现的缺陷、原因和调整方法

试冲的缺陷	产生原因	调整方法
送料不通畅或料被卡死	(1)两导料板之间的尺寸过小或有斜度； (2)凸模与卸料板之间的间隙过大，使搭边翻扭； (3)用侧刃定距的冲裁模导料板的工作面和侧刃不平行形成毛刺，使条料卡死； (4)侧刃与侧刃挡块之间不密合，形成毛刺，使条料卡死	(1)根据情况修整或重装卸料板； (2)根据情况采取措施减小凸模与卸料板之间的间隙； (3)重装导料板； (4)修整侧刃挡块、清除间隙
卸料不正常退不下来	(1)由于装配不正确，卸料机构不能动作，如卸料板与凸模配合过紧，或因卸料板倾斜而卡紧； (2)弹簧或橡皮的弹力不足； (3)凹模和下模座的漏料孔没有对正，凹模孔有倒锥度造成堵塞，料不能排出； (4)顶出器过短或卸料板行程不够	(1)修整卸料板、顶板等零件； (2)更换弹簧或橡皮； (3)修整漏料孔，修整凹模； (4)加长顶出器的顶出部分或加深卸料螺钉沉孔的深度
凸模、凹模的刃口相碰	(1)上模座、下模座、固定板、凹模、垫板等零件安装面不平行； (2)凸模、凹模错位； (3)凸模、导柱等零件安装不垂直； (4)导柱与导套配合间隙过大，导向不准确； (5)卸料板的孔位不正确或歪斜，使凸模位移	(1)修整有关零件，重装上模或下模； (2)重新安装凸模、凹模，使其对正； (3)重装凸模或导柱； (4)更换导柱或导套； (5)修理或更换卸料板
凸模折断	(1)冲裁时产生的侧向力未抵消； (2)卸料板倾斜； (3)淬火硬度过高	(1)在模具上设置靠块抵消侧向力； (2)修正卸料板或添加凸模导向装置； (3)调整热处理规范
凹模胀裂	(1)凹模孔有倒锥度现象(上口大、下口小)； (2)凹模孔内卡住工件(废料)太多	(1)修磨凹模孔，消除倒锥现象； (2)修低凹模型孔高度
冲裁件的形状和大小不正确	凸模和凹模的刃口形状及尺寸不正确	先将凸模和凹模的形状及尺寸修准，然后调整冲模的间隙
落料外形和冲孔位置不正，成偏位现象	(1)挡料销位置不正； (2)落料凸模上导正销尺寸过小； (3)导料板和凹模送料中心线不平行，使孔偏斜； (4)侧刃定距不准确	(1)修正挡料销； (2)更换导正销； (3)修正导料板； (4)修磨或更换侧刃

（续表）

试冲的缺陷	产生原因	调整方法
冲压件不平整	(1)落料凹模有上口大、下口小的倒锥，冲件从孔中通过时被压弯； (2)冲模结构不当，落料时无压料装置； (3)在连续模中，导正销与预冲孔配合过紧，工件压出凹陷； (4)导正销与挡料销之间的距离过小，导正销使条料前移，被挡料销挡住产生弯曲	(1)修磨凹模孔，去除倒锥现象； (2)加压料装置； (3)修小导正销； (4)修小挡料销
冲裁件的毛刺过大	(1)刃口不锋利和刃口淬火硬度不够； (2)凸模、凹模配合间隙过大或间隙不均匀	(1)修磨工作部分刃口； (2)重新调整凸模、凹模间隙

弯曲模试模时出现的缺陷、原因和调整方法如表7-5所示。

表7-5　弯曲模试模时出现的缺陷、原因和调整方法

试模的缺陷	产生的原因	调整方法
制件的弯曲角度不够	(1)凸模、凹模的弯曲角制造不能克服回弹； (2)凸模进入凹模的深度太浅； (3)凸模、凹模之间的间隙过大； (4)校正弯曲的实际单位校正力过小	(1)修正凸模、凹模，使弯曲角度达到要求； (2)增加凹模深度，增大制件的有效变形区域； (3)采取措施减小凸模、凹模的配合间隙； (4)增大校正力或修整凸(凹)模形状，使校正力集中在变形部位
制件的弯曲位置不符合要求	(1)定位板位置不正确； (2)弯曲件两侧受力不平衡； (3)压料力不足	(1)重新移装定位板，保证其位置正确； (2)分析制件受力不平衡的原因并纠正； (3)采取措施增大压料力
制件尺寸过长或不足	(1)间隙过小，将材料拉长； (2)压料力过大，使材料伸长； (3)设计计算错误	(1)修整凸模、凹模，增大间隙值； (2)采取措施减小压料装置的压料力； (3)坯件落料尺寸在弯曲试模后确定

（续表）

试模的缺陷	产生的原因	调整方法
制件表面擦伤	(1)凹模圆角半径过小，表面粗糙度值过大； (2)润滑不良，使坯料贴附在凹模上； (3)凸模、凹模之间的间隙不均匀	(1)增大凹模圆角半径，减小表面粗糙度值； (2)合理润滑； (3)修整凸模、凹模，使间隙均匀
制件弯曲部位产生裂纹	(1)坯料塑性差； (2)弯曲线与板料的纤维方向平行； (3)剪切断面的毛刺在弯曲的外侧	(1)将坯料退火后再弯曲； (2)改变落料排样或改变条料下料方向使弯曲线与板料纤维方向垂直； (3)使毛刺在弯曲的内侧，圆角带在外侧

拉深模试模时出现的缺陷、原因和调整方法如表7-6所示。

表7-6　拉深模试模时出现的缺陷、原因和调整方法

试模的缺陷	产生的原因	调整方法
制件拉深高度不够	(1)毛坯尺寸小； (2)拉深间隙过大； (3)凸模圆角半径太大	(1)放大毛坯尺寸； (2)更换凸模或凹模，使间隙适当； (3)减小凸模圆角半径
制件拉深高度太大	(1)毛坯尺寸太大； (2)拉深间隙太小； (3)凸模圆角半径太小	(1)减小毛坯尺寸； (2)修整凸、凹模，加大间隙； (3)加大凸模圆角半径
制件壁厚和高度不均	(1)凸模和凹模的间隙不均匀； (2)定位板或挡料销位置不正确； (3)凸模不垂直； (4)压边力不均匀； (5)凹模几何形状不正确	(1)调整凸模或凹模，使间隙均匀； (2)调整定位板或挡料销位置，使之正确； (3)修整凸模后重装； (4)调整托杆长度或弹簧位置； (5)重新修整凹模
制件起皱	(1)压边力太小或不均匀； (2)凸模、凹模间隙太大； (3)凹模圆角半径太大； (4)板料塑性差	(1)增加压边力或调整顶杆长度、弹簧位置； (2)减小拉深时间隙； (3)减小凹模圆角半径； (4)更换塑性好的材料

（续表）

试模的缺陷	产生的原因	调整方法
制件破裂或有裂纹	(1)压料力太大； (2)压料力不够,起皱引起破裂； (3)拉深间隙太小； (4)凹模圆角半径太小,表面粗糙； (5)凸模圆角半径太小； (6)拉深系数太小； (7)凸模与凹模不同轴或不垂直； (8)板料质量不好	(1)调整压料力； (2)调整顶杆长度或弹簧位置； (3)加大拉深间隙； (4)加大凹模圆角半径,修磨凹模圆角； (5)加大凸模圆角半径； (6)增加拉深工序或增加中间退火工序； (7)重装凸模、凹模,保证位置精度； (8)更换材料或增加中间退火工序,改善润滑条件
制件表面拉毛	(1)凹模圆角半径太小,表面粗糙度值太大或不均匀； (2)凹模圆角表面太粗糙； (3)模具或板料不清洁； (4)凹模硬度太低,板料黏作用； (5)润滑油中有杂质	(1)修磨凹模圆角,加大凹模圆角半径； (2)修光凹模圆角； (3)清洁模具或板料； (4)提高凹模硬度或进行镀铬及氮化处理； (5)更换润滑油
制件表面不平	(1)凸模、凹模(顶出器)无出气孔； (2)顶出器在冲压的最终位置时顶力不足； (3)材料本身存在弹性	(1)钻出气孔； (2)调整冲模结构,使冲模闭合时,顶出器处于刚性接触状态； (3)改变凸模、凹模和压料板形状

第六节　塑料模的装配

塑料模具装配与冲压模具装配相似,也包括组件装配和总装配。

一、型芯与固定板的装配

由于塑料模的结构不同,型芯在固定板上的固定方式也不相同,常见的固定方式有以下几种。

1. 采用压入式固定

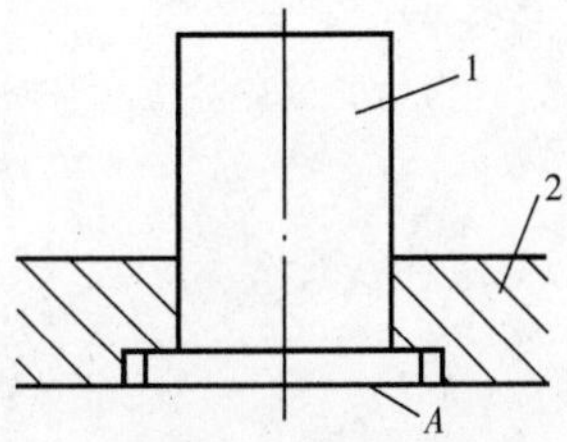

图 7-30　采用压入式固定

1—型芯　2—固定板

如图 7-30 所示,压入式型芯与固定板孔之间采用过渡配合。装配时用等高垫铁垫平固定板，用手动压力机将型芯慢慢压入固定板孔中。在压入过程中要注意校正型芯的垂直度，防止压入时损坏孔壁和固定板产生变形。在型芯和型腔的配合经修配合格后，要在平面磨床上磨平端面 A。

2. 采用埋入式固定

如图 7－31 所示，将型芯尾部压入固定板沉孔中，型芯尾部与固定板沉孔之间采用过渡配合。校正型芯的垂直度合格后，用螺钉紧固。

由于这种方法装配的固定板沉孔一般采用立铣加工，当沉孔较深时，沉孔侧面会形成斜度难以修正。为了保证装配精度，可以按照固定板沉孔的实际斜度对型芯配合段进行修整。

当型芯埋入固定板较深时，应将型芯尾部周边修出斜度，否则将影响固定强度。此时，为了避免切坏固定板孔壁而失去定位精度，应将型芯尾端的棱边修磨成小圆弧。

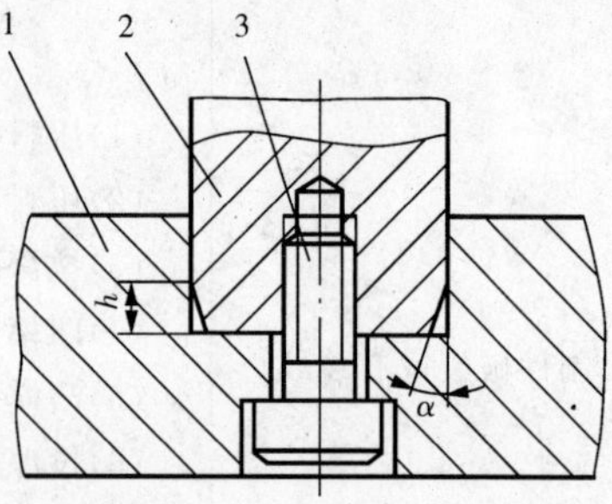

图 7－31　采用埋入式固定

1—固定板　2—型芯　3—螺钉

3. 采用螺纹固定

如图 7－32 所示，这种型芯为旋入式型芯，常用于热固性塑料压模。装配时将型芯的螺纹旋紧在固定板上，检验型芯的垂直度精度，合格后钻骑缝螺钉孔并旋入骑缝螺钉紧固定位。

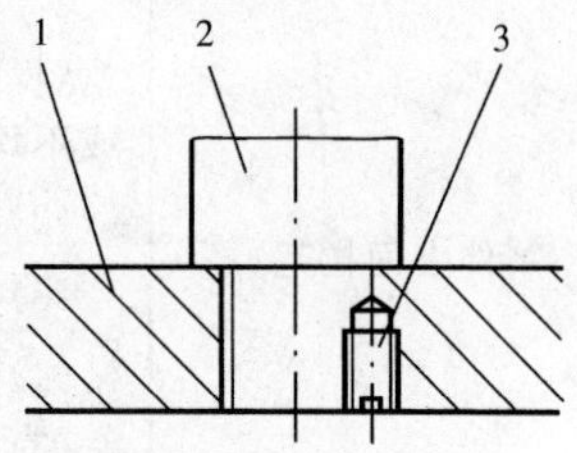

图 7－32　采用螺纹固定

1—固定板　2—型芯　3—骑缝螺钉

对于某些有方向要求的型芯，当螺纹旋紧后型芯的实际位置与理想位置之间常常会出现角度偏差 α，如图 7－33 所示。这个角度偏差 α 可以通过修磨平面 A 或 B 来消除，方法为：预装型芯于固定板后实测出角度偏差 α 的值，然后根据这个值计算出来修磨量 Δ，再来修磨平面 A 或 B。修磨量 Δ 的计算公式如下：

$$\Delta=\alpha t/360$$

式中：α——角度偏差(°)；

t——连接螺纹的螺距(mm)。

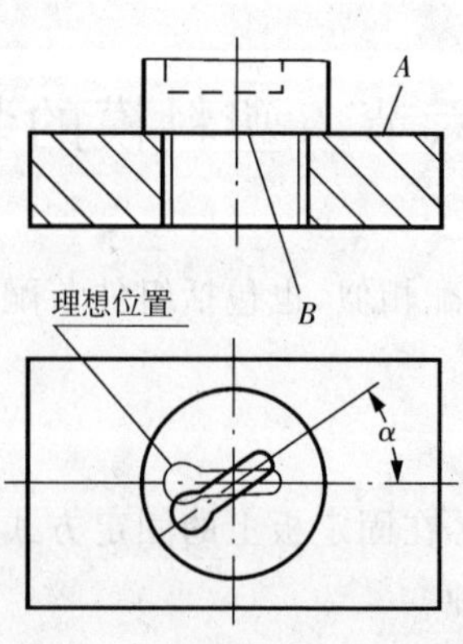

图 7－33　型芯的位置误差

采用螺纹固定旋入式型芯比较麻烦。因此，对于有方向要求的型芯，为了方便装配和保证装配质量，常采用螺母固定型芯。

4. 采用螺母固定

如图 7－34 所示，对于某些有方向要求的型芯，装配时只需按设计要求将型芯调整到正确位置后，用螺母固定，钻骑缝螺钉孔并旋入骑缝螺钉紧固定位。这种固定形式装配过程简便，适合于固定外形为任何形状的型芯，以及在固定板上同时固定几个型芯的场合。

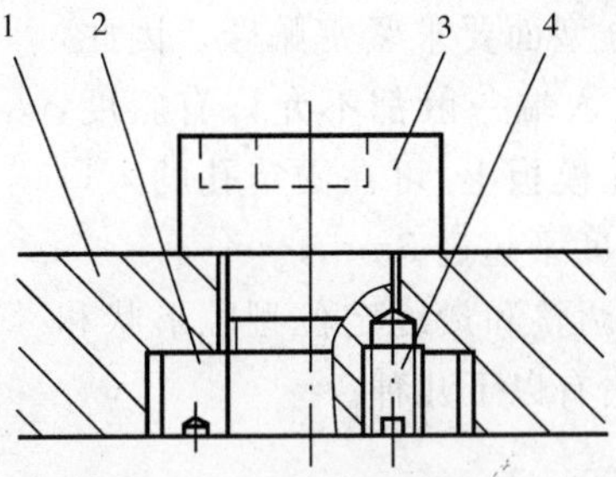

图 7－34　采用螺母固定

1－固定板　2－紧固螺母　3－型芯　4－骑缝螺钉

5. 大型芯的固定

如图 7－35 所示，装配时可按下列顺序进行。

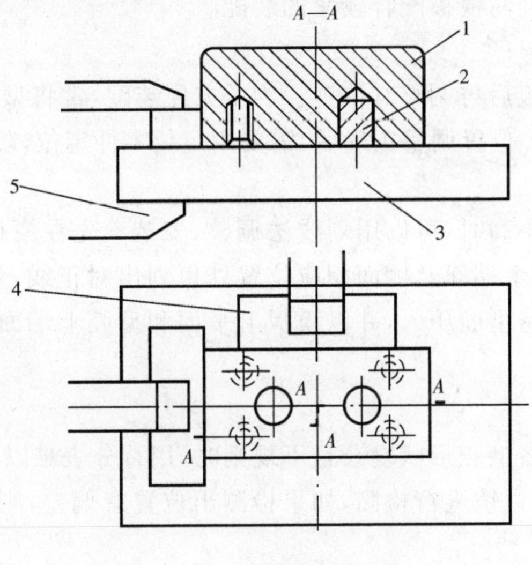

图 7－35　大型芯与固定板的装配

1－型芯　2－定位销套　3－固定板　4－定位块　5－平行夹头

(1)将加工好的型芯 1 压入实心的定位销套 5(型芯淬火前预钻定位销套孔；型芯如不淬火，则不需要钻孔压入定位销套)。

(2)在型芯螺孔口部抹红丹粉，根据型芯在固定板上的要求位置，用定位块 4 定位，把型芯和固定板合拢，将定位块用平行夹头夹紧在固定板上。

(3)将螺钉孔位置复印到固定板上，取下型芯，在固定板上钻螺钉过孔及锪沉孔，用螺钉将型芯初步固定。

(4)通过导柱导套将卸料板、型芯和支承板装合在一起,将型芯调整到正确位置后拧紧固定螺钉。

(5)在固定板的背面划出销孔位置线。钻、铰销孔,打入销钉。

二、型腔凹模与动定模板的装配

1. 整体式型腔

如图 7-36 所示是圆形整体式型腔镶块结构形式。型腔和动、定模板镶合后,其分型面要求紧密贴合。因此,对于压入式配合的型腔,其压入端一般都不允许有斜度,通常将压入时的导入部分设在模板上,可在固定孔的入口处加工出 1°的导入斜度,其高度不超过 5mm。

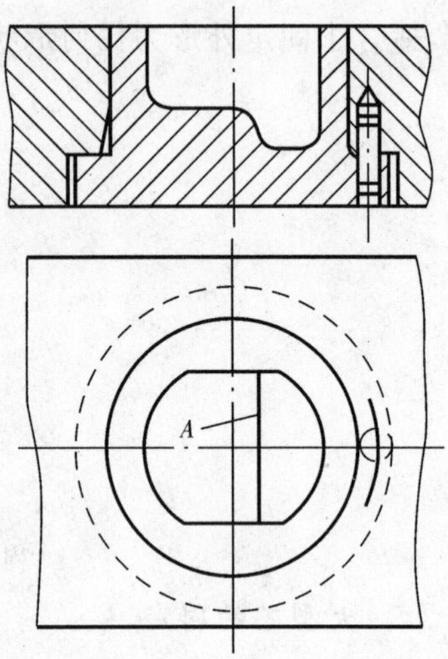

图 7-36　整体式型腔凹模的镶入

这种型腔的装配,关键是调整和最终定位型腔形状和模板的相对位置。调整的方法有以下几种。

(1)部分压入后调整

先将型腔压入模板一小部分后,用百分表检测型腔的平面部分(如图 7-36 中的 A 面),如有位置偏差,则用管子钳等工具旋转型腔到正确的位置,然后将型腔全部压入模板。

这种方法适用于型腔与模板配合较紧的装配。

(2)全部压入后调整

将型腔全部压入模板后再调整其位置。为了方便装配,常将型腔和模板之间留有 0.01～0.02mm 的配合间隙。位置调整正确后,需要用定位零件定位,防止其转动。

(3)划线调整

当型腔的位置要求不高时,可以用划线法调整、安装。先在模板上、下平面的安装孔附近划出对正线,在型腔的上端面及侧面相应位置处也划出对正线,然后以线为基准,对正型腔与模板的相对位置后将型腔压入,并以模板上平面和型腔上端面上对正线的重合度检查安装情况。

(4)光学检测调整

在型腔尺寸过小或者型腔形状复杂且不规则时,用百分表难以检测型腔的安装情况,因此,可以改用调整光学显微镜进行检测,如果检测出位置有偏差,则旋转型腔进行调整或者退出重装。

型腔用上述方法装入模板中以后,要在平面磨床上将两端面与模板一起磨平。

2. 拼块结构的型腔

拼块结构的型腔是将几块拼块同时压入模板孔中,拼合出来单个或多个型腔。

如图 7-37 所示的是拼块结构的型腔。这种型腔的拼合面在热处理后要进行磨削加工,以保证拼合处紧密、无缝隙。因此型腔拼块在热处理前要留出修磨量,在热处理后要进行修磨,以达到尺寸精度的要求。

为了不使拼块结构的型腔在压入模板的过程中,各拼块在压入方向上产生错位,应在拼块的压入端放一块平垫板 1,通过平垫板推动各拼块一起平稳地压入模板中。

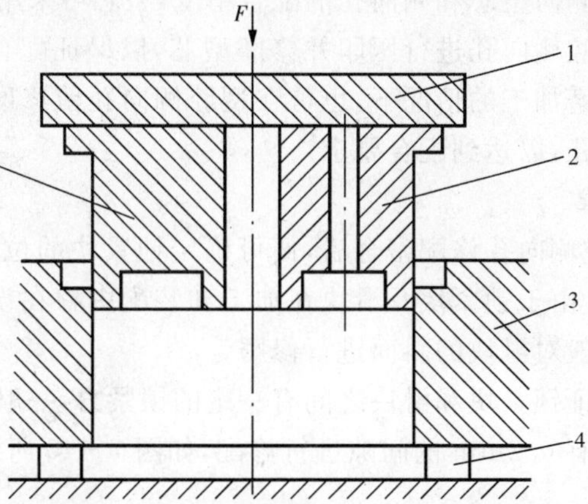

图 7 - 37　拼块结构型腔的装配

1—平垫板　2、5—型腔拼块　3—模板　4—等高垫铁

三、侧向抽芯机构的装配

侧向抽芯机构的作用是在模具启模后、将塑件从模内推出前，先将侧向成型零件抽出。侧向抽芯机构装配时的主要工作包括两项：侧向型芯的装配和锁紧位置的装配。

1. 侧向型芯的装配

一般是在滑块和滑道、型腔和定模板装配后，再装配滑块上的侧向型芯。侧向型芯的装配一般采用以下几种方法：

(1)根据型腔侧向孔的中心位置测量出尺寸 a 和尺寸 b，如图 7 - 38 所示。在滑块上划线，加工出型芯装配孔，并保证型芯和型腔侧向孔的位置精度，最后装配型芯。

(2)以型腔侧向孔为基准，利用销钉中心冲在滑块安装面上压出一个圆形印，如图 7 - 39 所示。然后，以压印为基准加工型芯配合孔，保证型芯和侧向孔的配合精度，再装入型芯。

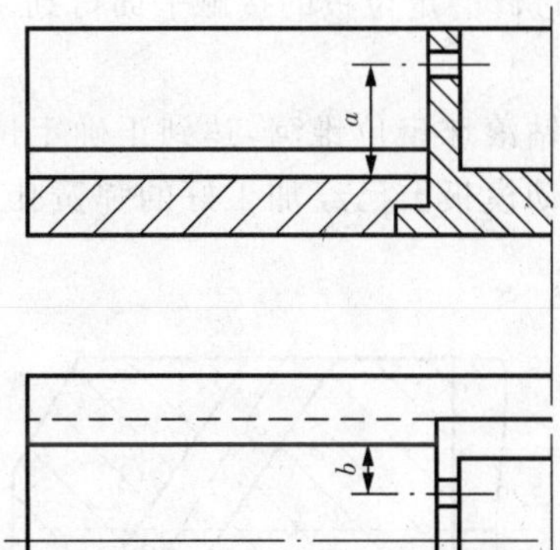

图 7 - 38　侧向型芯的装配

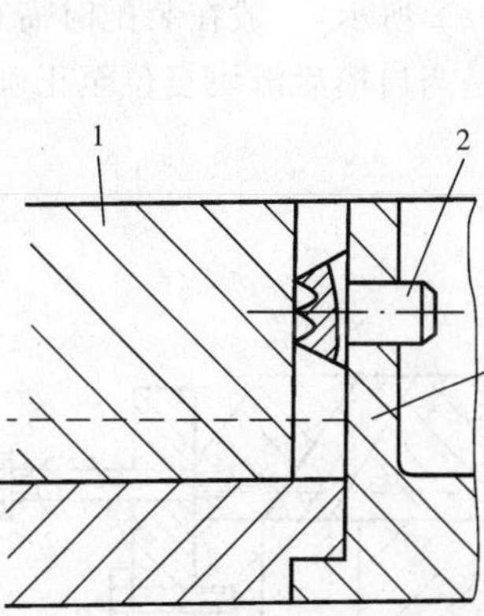

1—滑块　2—压印工具　3—型腔

图 7 - 39　滑块端面压印

(3)为达到非圆形侧向型芯和侧向孔的配合精度，型芯可采用在滑块上先装配留有加工余量的型芯，然后对型腔侧向孔进行压印并修磨型芯，以保证配合精度。同理，在型腔侧向孔的硬度不高、可以修磨加工的情况下，也可在型腔侧向孔留修磨余量，以型芯对型腔侧向孔压印，修磨型腔侧向孔，以达到配合要求。

2. 锁紧位置的装配

在滑块型芯和型腔侧向孔修配密合后，便可确定锁紧块的位置。锁紧块的斜面和滑块的斜面必须均匀接触。由于锁紧块及滑块在加工和装配中存在误差，所以装配中需进行修磨。为了修磨方便，一般对滑块的斜面进行修磨。

模具闭合后，为保证锁紧块和滑块之间有一定的锁紧力，一般要求锁紧块及滑块斜面接触时，在分模面之间留有 0.2mm 的间隙进行修配，如图 7－40 所示。

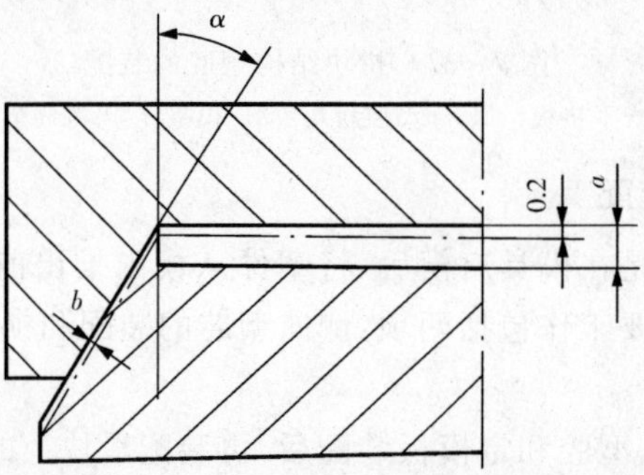

图 7－40　滑块斜面修磨量

3. 滑块的复位、定位

模具开模后，滑块在斜导柱作用下侧向抽出。为了保证合模时斜导柱能正确地进入滑块的斜导柱孔，必须对滑块设置复位、定位装置，这种装置有两种方式：

(1)滑块复位用定位板定位

如图 7－41 所示，滑块复位的准确位置可以通过修磨定位板的接触平面得到。

(2)滑块复位用滚珠定位

如图 7－42 所示，一般在装配时需在滑块上配钻滚珠定位锥窝，达到正确定位的目的。其工艺方法是当启模后滑块复位至正确位置时，从动模板上已经加工好的弹簧孔内引钻滑块锥坑。

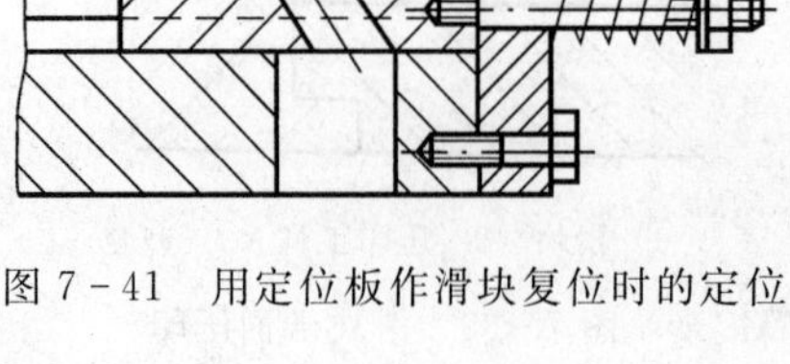

图 7－41　用定位板作滑块复位时的定位

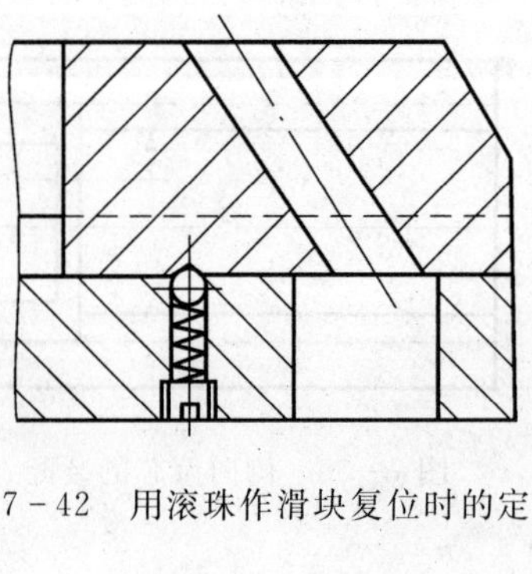

图 7－42　用滚珠作滑块复位时的定位

四、浇口套的装配

浇口套与定模板的配合一般采用 H7/m6 的配合。它压入模板后，其台肩应和沉孔底面贴紧。装配好的浇口套，其压入端与配合孔之间应无缝隙。所以，浇口套的压入端不允许有导入斜度，如果需要导入斜度，应将导入斜度开在模板上浇口套配合孔的入口处。为了防止在压入时浇口套将配合孔壁切坏，常将浇口套的压入端倒成小圆角。在浇口套加工时应留有去除圆角的修磨余量 Z，压入后使圆角突出在模板之外，如图 7－43a 所示。然后在平面磨床上磨平，如图 7－43b 所示。最后再把修磨后的浇口套稍微退出，将固定板磨去 0.02mm，重新压入后成为如图 7－43c 所示的形式。台肩对定模板的高出量 0.02mm 也可以采用修磨来保证。

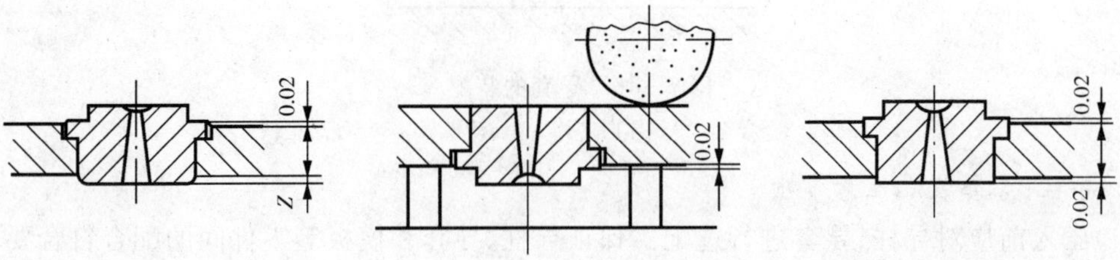

a)压入后的浇口套　　b)修磨浇口套　　c)装配好的浇口套

图 7－43　浇口套的装配

五、导柱和导套的装配

导柱、导套是脱模机构的定位导向装置，分别安装在塑料模的动模和定模部分上。装配后，要求导柱、导套垂直于模板平面并达到设计要求的配合精度，具有良好的导向定位作用。

导柱、导套采用压入方式装入模板的导柱和导套孔内。导柱、导套与模板一般采用过盈配合。

1. 导柱的装配

对于不同结构的导柱所采用的装配方法也不同。短导柱可以采用图 7－44 所示的方法压入。长导柱应在定模板上的导套装配完成之后，以导套导向将导柱压入固定板内，如图 7－45 所示。

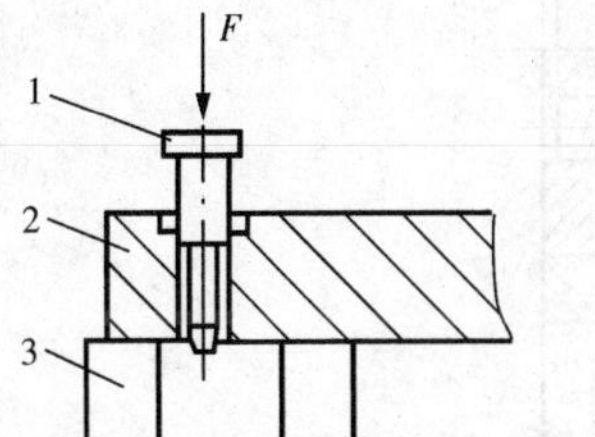

1—导柱　2—模板　3—等高垫铁

图 7－44　短导柱的装配

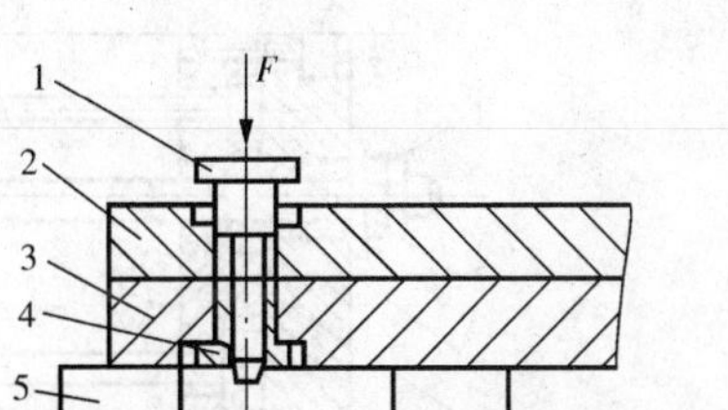

1—导柱　2—固定板　3—定模板　4—导套　5—等高垫铁

图 7－45　长导柱的装配

2. 导套的装配

导套的装配通常是利用导向芯棒在压力机上将导套逐个压入模板，如图 7－46 所示。

先将导向芯棒以 H7/f7 的间隙配合固定在模板内，再将导套套在导向芯棒上，用压力机慢慢压入。由于导套内孔在导套压入模板后会有微量收缩，因此导向芯棒直径与导套孔径之间应留有 0.02～0.03mm 的间隙。

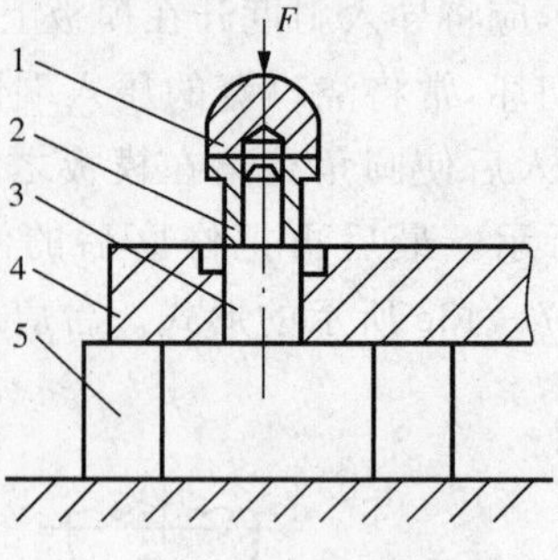

图 7-46　导套的装配

1—压块　2—导套　3—导向芯棒　4—动模板　5—等高垫铁

3. 导柱、导套装配注意事项

(1)压入前应对导柱、导套进行选配。保证导柱、导套和模板等零件间的配合符合要求，以及保证动、定模板上导柱和导套安装孔的中心距一致(其误差不大于 0.01mm)。

(2)装配时压入模板后，导柱和导套孔应与模板的安装基面垂直。

(3)导柱、导套装配后，应保证脱模机构灵活滑动，无卡滞现象。如果达不到要求，可用红丹粉涂于导柱表面，往复拉动动模板，观察卡滞部位，分析原因，然后将导柱退出，重新装配。

(4)装配时应首先装配距离最远的两根导柱，装配合格后再装配第三、第四根导柱。每装入一根导柱均应保证脱模机构运动灵活。

六、推出机构的装配

推杆是用来推出塑料制件的，推杆推出机构的结构如图 7-47 所示。装配要求是：装配后推杆应运动灵活，尽量避免磨损。推杆在推杆固定板孔中每边有 0.05mm 的间隙，推杆工作端面应高出型面 0.05～0.10mm。完成塑件推出后，推板应能在合模时自动退回原始位置。推杆推出机构的装配顺序为：

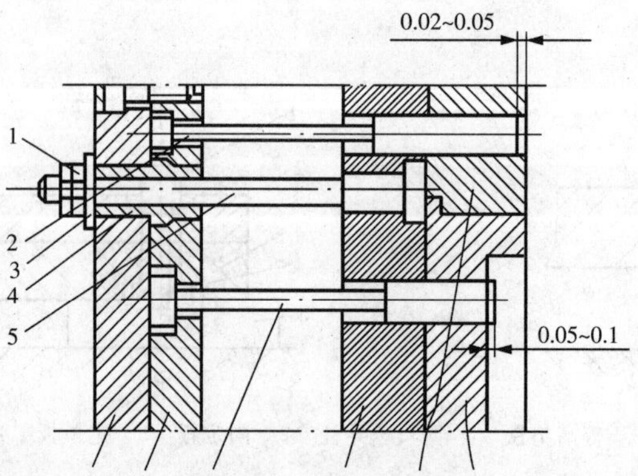

图 7-47　推杆的装配

1—螺母　2—复位杆　3—垫圈　4—导套　5—导柱　6—推板　7—推杆固定板

8—推杆　9—动模垫板　10—动模板　11—型腔镶块

(1)将导柱垂直压入动模垫板 9 并将端面与支承板一起磨平。

(2)将装有导套 4 的推杆固定板 7 套装在导柱 5 上,并将推杆 8、复位杆 2 装入推杆固定板、动模垫板 9 和型腔 11 的配合孔中,盖上推板 6,用螺钉拧紧,并保证其运动灵活。

(3)修磨推杆和复位杆的长度。如果推板 6 和垫圈 3 接触时,复位杆、推杆低于型面,则修磨导柱的台肩。如果复位杆、推杆高于型面,则修磨推板 6 的底面。一般将推杆和复位杆在加工时留长一些,装配后将多余部分磨去。修磨后的复位杆应低于型面 0.02～0.05mm,推杆工作端面应高出型面 0.05～0.10mm。

七、试模及调试

塑料模的试模过程一般包括:

(1)检查设备

试模前,必须对设备的油路、电路、水路以及机械运动部分进行检查,并按照规定保养设备,做好开机的准备。

(2)检查原料

检查原料的品种、规格、牌号是否符合设计图样要求,检查原料的成型性能是否符合有关规定。

(3)调试料筒和喷嘴温度

由于制件大小、形状和壁厚不同,设备规格、性能的不一样以及塑料性能的差异,所以资料上给出的某一种塑料的料筒和喷嘴温度只是一个大致范围,必须根据具体条件现场调试。判断料筒和喷嘴温度是否合适的最好办法是在喷嘴和主流道脱开的情况下,用较低的注射压力,使熔融的塑料从喷嘴中缓慢流出,其中如果没有硬块、气泡、银丝和变色等现象,就可以判断料筒和喷嘴温度是合适的。

(4)调节注射压力、成型时间和成型温度

开始试模时,原则上选择在低压、低温和较长的时间条件下成型,然后按照压力、时间、温度这样的先后顺序变动,最好不要同时变动两个或三个工艺条件,以便分析和判断情况。由于压力的变化会很快从制件上反映出来,所以如果制件未充满,应首先增加注射压力,当大幅度增加注射压力仍无显著效果时,才考虑变动时间和温度。由于料筒温度的上升以及塑料温度达到平衡需要一定的时间,一般为 15min 左右。所以不能立刻把料筒温度升得太高,以免塑料过热甚至发生降解。

(5)调节注射速度

注射成型时可以选择高速注射和低速注射两种工艺。一般来说,在制件壁薄而面积大时,应采用高速注射;在制件壁厚而面积小时,应采用低速注射;在高速注射和低速注射都能充满型腔的情况下,除了玻璃纤维增强塑料以外,均宜采用低速注射。

(6)调整螺杆转速和加料背压

螺杆转速和加料背压(预塑化时螺杆的后退阻力)主要与物料的黏度和热稳定性有关。对于黏度高和热稳定性差的塑料,应采用较慢的螺杆转速和略低的背压加料预塑,对于黏度低和热稳定性好的塑料,应采用较快的螺杆转速和略高的背压加料预塑。

(7)记录试模情况

在试模过程中应做好详细记录,并将试模结果、制件成型工艺条件、操作要点和模具质量等情况填入试模记录卡,最好能附上试模加工出来的制件,以供参考。如果模具需要返修，还应提出返修意见。

试模后，将合格的模具清理干净，涂上防锈油，然后入库。

注射模试模过程中常见的问题及解决方法如表 7－7 所示。

表 7－7　注射模试模中常见问题及解决方法

试模中的常见问题	解决问题的方法与步骤
主流道黏模	(1)抛光主浇道→(2)重合喷嘴与模具中心→(3)降低模具温度→(4)缩短注射时间→(5)增加冷却时间→(6)检查模具表面→(7)抛光模具表面→(8)检查材料是否污染
塑件脱模困难	(1)降低注射压力→(2)缩短注射时间→(3)增加冷却时间→(4)降低模具温度→(5)抛光模具表面→(6)增加脱模斜度→(7)减小镶块间隙
尺寸稳定性差	(1)改变料筒温度→(2)增加注射时间→(3)增加注射压力→(4)改变螺杆背压→(5)升高模具温度→(6)增大注射速度→(7)调节供料量→(8)减小回料比例
表面波纹	(1)调节供料量→(2)升高模具温度→(3)增加注射时间→(4)增大注射压力→(5)提高物料温度→(6)增大注射速度→(7)增大浇道与浇口的尺寸
塑件翘曲和变形	(1)降低模具温度→(2)降低物料温度→(3)增加冷却时间→(4)降低注射时间→(5)降低注射压力→(6)增加螺杆背压→(7)缩短注射时间
塑件脱皮分层	(1)检查塑料种类和级别→(2)检查材料是否污染→(3)升高模具温度→(4)物料干燥处理→(5)提高物料温度→(6)降低注射速度→(7)缩短浇口长度→(8)减小注射压力→(9)改变浇口位置→(10)采用大孔喷嘴
银丝斑纹	(1)降低物料温度→(2)干燥物料处理→(3)增大注射压力→(4)增大浇口尺寸→(5)检查塑料的种类和级别→(6)检查塑料是否污染
表面光泽差	(1)物料干燥处理→(2)检查材料是否污染→(3)提高物料温度→(4)增大注射压力→(5)升高模具温度→(6)抛光模具表面→(7)增大浇道与浇口的尺寸
凹模	(1)调节供料量→(2)增大注射压力→(3)增大注射时间→(4)降低物料速度→(5)降低模具温度→(6)增加排气孔→(7)增加浇道与浇口的尺寸→(8)缩短浇道长度→(9)改变浇口位置→(10)降低注射压力→(11)增大螺杆背压
气泡	(1)物料干燥处理→(2)降低物料温度→(3)增大注射压力→(4)增加注射时间→(5)升高模具温度→(6)降低注射速度→(7)增大螺杆背压
塑料填充不足	(1)调节供料量→(2)增大注射压力→(3)增加冷却时间→(4)升高温度→(5)增加注射速度→(6)增加排气孔→(7)增加浇道与浇口的尺寸→(8)增加冷却时间→(9)缩短浇道长度→(10)增加注射时间→(11)检查喷嘴是否堵塞
塑件溢边	(1)降低注射压力→(2)增大锁模力→(3)降低注射速度→(4)降低物料温度→(5)降低模具温度→(6)重新校正分型面→(7)降低螺杆背压→(8)检查塑件投影面积→(9)检查模板平直度→(10)模具分型面是否锁紧
熔接痕	(1)升高模具温度→(2)提高物料温度→(3)增加注射速度→(4)增大注射压力→(5)增加排气孔→(6)增大浇道与浇口的尺寸→(7)减少脱模剂量→(8)减少浇口个数

（续表）

试模中的常见问题	解决问题的方法与步骤
塑件强度下降	(1)物料干燥处理→(2)降低物料温度→(3)检查材料是否污染→(4)升高模具温度→(5)降低螺杆转速→(6)降低螺杆背压→(7)增加排气孔→(8)改变浇口位置→(9)降低注射速度
裂纹	(1)升高模具温度→(2)缩短冷却时间→(3)提高物料温度→(4)增加注射时间→(5)增大注射压力→(6)降低螺杆背压→(7)预热嵌件→(8)缩短注射时间
黑点及条纹	(1)降低物料温度→(2)重新对正喷嘴→(3)降低螺杆转速→(4)降低螺杆背压→(5)采用大孔喷嘴→(6)增加排气孔→(7)增大浇道与浇口的尺寸→(8)降低注射压力→(9)改变浇口的位置

八、塑料模装配实例

由于塑料模的种类很多，结构比较复杂，因此在装配前要根据塑料模的结构特点制订详细合理的装配工艺。

1. 塑料模的常规装配过程

(1)确定装配基准。

(2)装配前对零件进行检测，对合格零件必须去磁处理并清洗干净。

(3)调整各零件组合后的累积误差，保证分型面接触紧密，防止飞边产生。

(4)装配中尽量保持原加工尺寸的基准面，以便总装合模调整时检查。

(5)组装导向机构，并保证开模、合模动作灵活，无松动和卡滞现象。

(6)组装调整推出机构，并调整好复位及推出位置。

(7)组装调整型芯、镶件，并保证配合面间隙达到要求。

(8)组装冷却或加热系统，保证管路畅通，不漏水、不漏电，阀门动作灵活，

(9)组装液压或气动系统，保证运行正常。

(10)紧固所有连接螺钉，装配定位销。

(11)试模，合格后打上模具编号、合模标记、组装基面等标记。

(12)最后检查各种配件、附件及起重吊环等零件，保证模具装备齐全。

2. 塑料模装配实例

如图 7 - 48 所示是热塑性塑料注射模的装配图，以其为例，说明塑料模的装配方法。

(1)精修定模

① 定模经锻、刨后，磨削六面。上、下平面留修磨余量。

② 划线加工型腔。在铣床上铣削型腔或用电火花加工型腔，深度按要求尺寸增加 0.2mm。

③ 用油石修整型腔表面。

(2)精修动模型芯及动模固定板型孔

① 按照图纸将预加工的动模型芯精修成形，钻、铰顶杆孔。

② 按划线加工动模固定板型孔，并与型芯配合加工。

(3)同镗导柱、导套孔

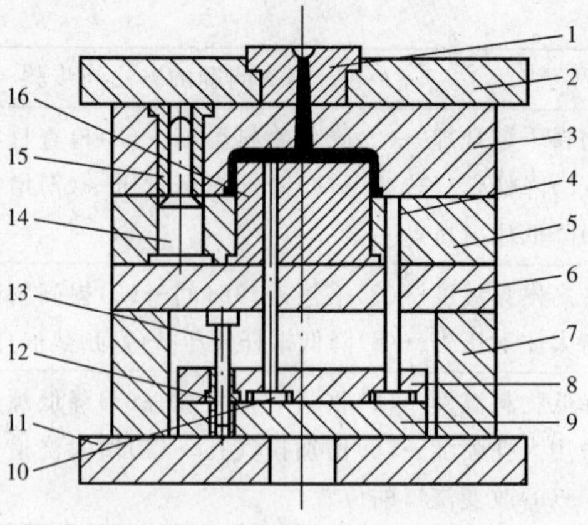

图 7-48　热塑性塑料注射模

1—浇口套　2—定模座板　3—定模　4—复位杆　5—动模固定板　6—垫板　7—支承板　8—推板　9—推板垫板　10—顶杆　11—动模座板　12—推板导套　13—推板导柱　14—导柱　15—导套　16—动模型芯

① 将定模、动模固定板叠合在一起，使分型面紧密接触，然后夹紧，镗削导柱、导套孔。

② 锪导柱、导套孔的台阶孔。

(4)复钻各螺孔、销孔及推杆孔

① 将定模 3 与定模座板 2 叠合在一起，夹紧后复钻螺孔、销孔。

② 将动模座板 11、动模固定板 5、垫板 6、支承板 7 叠合夹紧，复钻螺孔、销孔。

(5)将动模型芯压入动模固定板

① 将动模型芯 16 压入动模固定板 5 并配合紧密。

② 装配后型芯外露部分要符合图纸要求。

(6)压入导柱、导套

① 将导套 15 压入定模 3。

② 将导柱 14 压入动模固定板 5。

③ 检查导柱、导套之间的配合松紧程度。

(7)磨平安装基面

① 将定模 3 上基面磨平。

② 将动模固定板 5 下基面磨平。

(8)复钻推板上的推板导柱及顶杆孔

通过动模固定板 5 及型芯 16，复钻推板 8 上的推板导柱孔及顶杆孔。卸下后再复钻垫板 6 上各孔。

(9)将浇口套压入定模板

用压力机将浇口套 1 压入定模板。

(10)装配定模部分

在定模板 2、定模 3 上复钻螺钉孔、销钉孔后，拧入螺钉、打入销钉并紧固。

(11)装配动模

在动模固定板 5、垫板 6、支承板 7、动模座板 11 上复钻螺钉孔、销钉孔后，拧入螺钉、打入销钉并紧固。

(12)修正推板导柱、复位杆、顶杆长度

① 将动模部分全部装配后，使支承板 7 底面和推板垫板 9 底面紧贴于动模座板 11。从型芯表面测出推板导柱、复位杆、顶杆长度。

② 修磨长度后，进行装配，并检查推板导柱、复位杆、顶杆的灵活性。

(13)试模与调整

各部位装配完成后进行试模，并检查塑料制件，验证模具质量状况。

思考题

1. 模具装配的概念是什么？模具装配有哪些特点？
2. 模具装配的内容有哪些？
3. 什么是模具装配精度？它包括哪些方面？
4. 模具零件的固定方法有哪些？各适应于哪类模具？
5. 模具装配时，控制凸模、凹模间隙的方法有哪些？
6. 冷冲模模架装配的技术要求是什么？
7. 压入式模架和黏结式模架分别有哪两种装配方法？
8. 冷冲模的装配顺序是什么？
9. 弯曲模和拉深模的装配特点是什么？
10. 塑料模型芯的固定方法有哪些？
11. 塑料模型腔的装配方法有哪些？
12. 侧向抽芯机构装配主要包括哪些步骤及内容？
13. 对于塑料模导柱、导套的装配，应注意什么问题？
14. 塑料模的常规装配顺序是什么？
15. 塑料模的试模过程一般包括哪些过程？
16. 注射模试模过程中常出现哪些问题？应如何调整、修理？

第八章 现代模具制造技术

【内容提要】 本章介绍了模具零件现代制造技术的基本知识，对其中模具 CAD/CAM 技术、高速切削技术、逆向工程技术、快速成型技术做了介绍。

【目标要求】 了解模具 CAD/CAM 技术、高速切削技术、逆向工程技术、快速成型技术的工作原理及大致工艺过程。

第一节 模具 CAD/CAM

模具制造技术迅速发展，已成为现代制造技术的重要组成部分。如模具的 CAD/CAM 技术，模具的快速成型技术，模具的精密成形技术，模具的超精密加工技术，逆向工程技术以及数控技术等，以及模具在设计中采用有限元法、边界元法进行流动、冷却、传热过程的动态模拟技术，以上几乎覆盖了所有现代制造技术的领域。本章将对其中的模具 CAD/CAM 技术、高速切削技术、逆向工程技术、快速成型技术进行简单介绍。

随着工业技术的发展，产品对模具的要求越来越高，传统的模具设计与制造方法已不能适应工业产品快速更新换代和提高质量的要求。因此，发达国家从 20 世纪 50 年代末就开始了模具 CAD/CAM 的技术研究。到 20 世纪 60 年代末，模具 CAD/CAM 技术已日趋成熟，并取得了显著效果。到 20 世纪 80 年代，模具 CAD/CAM 技术已广泛应用于冷冲模具、注射模具、锻造模具、挤压模具等的设计与制造。

一、CAD/CAM 技术在冷冲模中的应用

上世纪 50 年代末期，国外一些科研院所便开始研究开发冷冲模 CAD/CAM 系统。1971 年，美国 DieComp 公司成功地开发了级进模计算机辅助设计系统 PDDC。应用该系统可以完成冷冲模设计的全部过程，其中包括输入产品图形和技术条件；确定操作顺序、步距、空位、总工位数；绘制排样图；输出模具装配图、零件图和压力机床参数；生成数控线切割程序等。1977 年捷克金属加工工业研究院研制成功 AKT 系统，它可以用于简单、复合和连续冲裁模的设计和制造；20 世纪 70 年代末期，日本机械工程实验室和日本旭光学工业公司分别开发了连续模设计系统 MEL 和冲孔弯曲模系统 PENTAX；1982 年日立公司研制了冲裁模 CAD 系统。使用这些系统进行模具设计制造，大大缩短了模具开发周期，降低了生产成本，提高了生产效率。

CAD/CAM 在冷冲模具设计与制造中的应用，主要可归纳为以下几个方面：

(1)利用几何造型技术完成复杂模具几何设计。

(2)完成工艺分析计算、辅助成形工艺的设计。

(3)建立标准模具零件和结构的图形库,提高模具结构和模具零件设计效率。

(4)辅助完成绘图工作,输出模具零件图和装配图。

(5)利用计算机完成有限元分析和优化设计等数值计算工作。

(6)辅助完成模具加工工艺设计和 NC 编程。

二、CAD/CAM 技术在塑料模中的应用

注射模 CAD/CAM 技术主要从两个方面对技术人员提供强有力的帮助:一是应用 CAE 技术对模具进行有限元结构力学分析、流动分析模拟和冷却分析模拟等;二是完成注射模结构 CAD,包括塑料产品的建模、模具总体结构方案设计和零部件设计、数控仿真和数控程序生成、模具模拟装配、零件图和装配图的生成与绘制等。

20 世纪 60 年代中期,英国、美国、加拿大等国学者完成了注射过程一维流动与冷却分析;70 年代完成二维分析程序;80 年代开始对三维流动与冷却分析进行研究;进入 90 年代,对流动、保压、冷却、应力分析注射成型全过程进行集成化研究,这些研究为开发实用的注射模 CAE 软件奠定了坚实的基础。

注射模 CAD/CAE/CAM 主要工作内容:

(1)塑料制品的几何造型。

(2)模腔表面形状的生成。

(3)模具结构方案设计。

(4)标准模架的选择。

(5)部装图和总装图的生成。

(6)模具零件图的生成。

(7)注射工艺条件及注射模材料的优选。

(8)注射流动及保压过程模拟。

(9)冷却过程分析。

(10)力学分析。

(11)数控加工。

下面通过 Pro/E Wildfire 软件,加以简单介绍。见图 8-1～图 8-7。

图 8-1　塑料产品造型

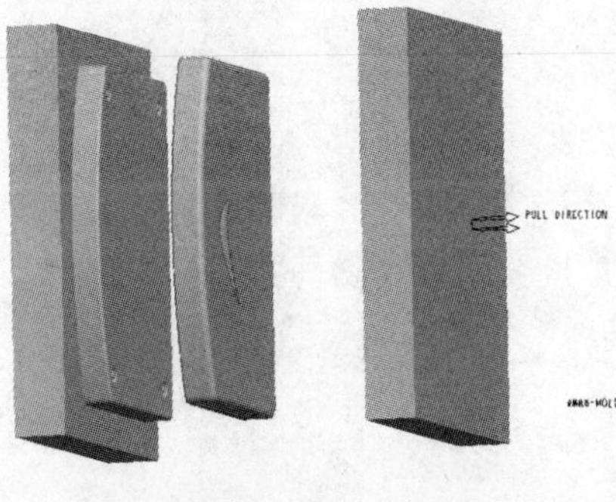

图 8-2　开模仿真

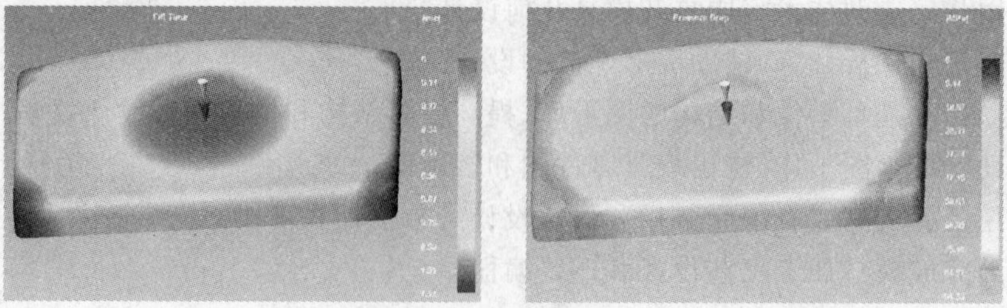

图 8－3　塑料注射工艺性分析

图 8－4　凹模

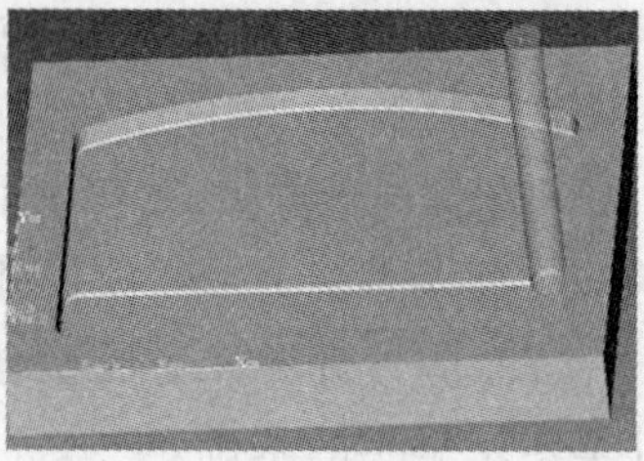

图 8－5　仿真加工

图 8－6　模架设计

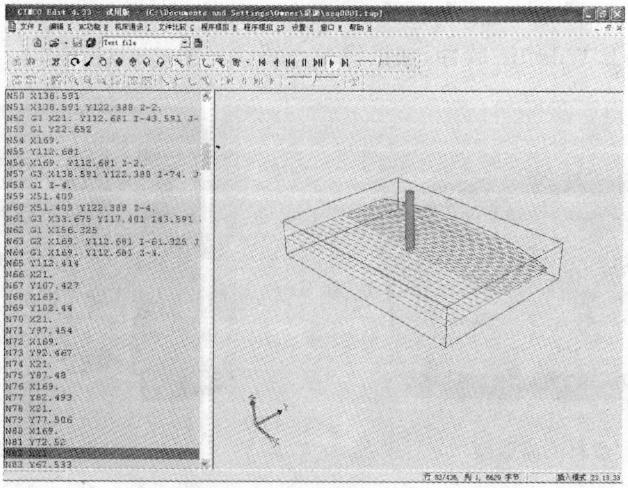

图 8－7　程序传输

三、模具 CAD/CAM 技术的优越性

模具 CAD/CAM 技术的主要特点是设计与制造过程的紧密联系——设计制造一体化。在模具 CAD/CAM 系统中，产品的几何模型是关于产品的最基本核心数据，并作为设计、计算、分析中最原始的依据。通过模具 CAD/CAM 系统的计算、分析和设计而得到的大量信息，可运用数据库和网络技术将其存储并直接传送到生产制造环节的各个方面，从而实现设计制造一体化。

采用了 CAD/CAM 技术以后，图样的作用大大减弱，大部分设计和制造信息由系统直接传送，图样不再是设计与制造环节的分界线，也不再是制造、生产过程中的唯一依据，它将被逐步简化，甚至最终消失。CAD/CAM 技术的优越性是传统的模具设计制造方法所无法比拟的。

(1)CAD/CAM 可以提高模具设计和制造水平，从而提高模具质量。

(2)CAD/CAM 可以节省时间，提高效率。

(3)CAD/CAM 可以较大幅度降低成本。

(4)CAD/CAM 技术将技术人员从繁杂的计算、绘图和 NC 编程中解放出来，使其可以从事更多的创造性劳动。

(5)随着材料成形过程计算机模拟技术的发展、完善和模具 CAD/CAE/CAM 技术的应用，可大大提高模具的可靠性，缩短甚至不需要试模修模过程，提高模具设计制造的一次性成功率。

第二节 高速切削技术

一、高速切削概述

高速切削概念起源于德国切削物理学家 Carl Salomon 著名的切削实验。1929 年他进行了高速加工模拟实验，1931 年发表了高速加工理论，提出高速加工假设。他认为，一定的工件材料对应有临界切削速度，其切削温度最高；在常规切削范围内切削温度随着切削速度的增大而升高，当切削速度达到临界切削速度后，切削速度再增大，切削温度反而下降，如图 8-8 所示。其中 A、B、C 分别为常规切削区、不能切削区和高速切削区域。人们从这个理论中获得一个重要启示：加工时如果能超过图中 B 区域，而在高速区进行加工，则有可能用现有刀具进行高速加工，从而大大缩短加工时间，成倍提高机床的生产率。这一理论为人们提供了一种在低温低能耗条件下实现高效率切削金属的方法。

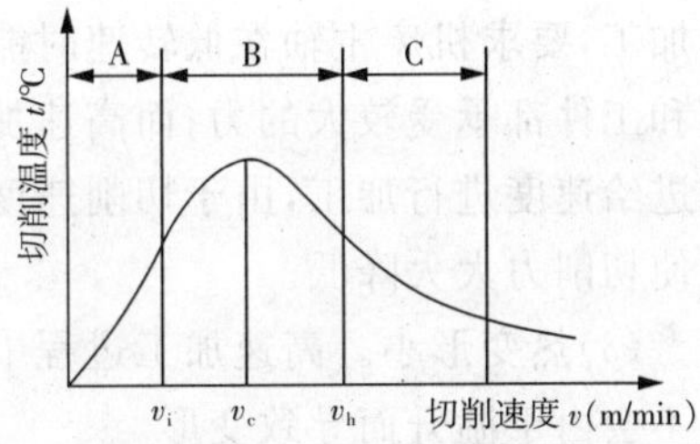

图 8-8 Salomon 曲线

目前对高速切削的速度范围没有统一的定义。有时候也称为超高速切削。通常把比常规切削速度高 5～10 倍的切削称为高速切削。但高速加工并不能简单地用切削速度这一参数来定义。不同的工件材料、不同的刀具、不同的加工方式，其合理的切削速度是不一样的，

如表 8－1 和表 8－2 所示。

高速加工技术是在机床结构及材料、机床设计制造技术、高速主轴系统、快速进给系统、高性能 CNC 控制系统、高性能刀夹系统、高性能刀具材料及刀具设计制造技术、高效高精度测量测试技术、高速切削机理、高速切削工艺等诸多相关硬件与软件技术均得到充分发展的基础之上综合而成的。因此，高速切削加工是一个复杂的系统工程，涉及机床、刀具、工件、加工工艺过程参数及切削机理等诸多方面。

表 8－1　不同材料高速加工的切削速度　(m/min)

材料	常规切削速度	高速切削速度	超高速切削速度
铝合金	<1000	1000～7000	>7000
铜合金	<900	900～5000	>5000
钢	<500	500～2000	>2000
灰铸铁	<800	800～3000	>3000
钛合金	<100	100～1000	>1000

表 8－2　不同切削方式高速加工的切削速度

加工方式	车削	钻削	铣削	磨削	铰削
高速切削速度/(m/min)	700～7000	200～1000	200～7000	5000～10000	20～500

二、高速切削的特点

(1)加工效率高。由于切削速度高，进给速度一般也要提高 5～10 倍。这样，单位时间材料切除率可提高 3～6 倍，因此加工效率大大提高。

(2)切削力小。传统的切削加工采用“重切削”方式，即采用大背吃刀量、低进给速度进行加工，要求机床主轴在低转速时能提供较高转矩，其结果是一方面切削力大，另一方面机床和工件都承受较大的力；而高速加工采用“轻切削”方式，采用小背吃刀量、高主轴转速和高进给速度进行加工，由于切削速度高，切屑流出速度快，减少了切屑与刀具前面的摩擦，从而使切削力大大降低。

(3)热变形小。高速加工过程中，95％的切削热被切屑带走，工件基本保持冷态，这样工件不会由于温升而导致变形。

(4)加工精度高。高速加工机床激振频率很高，已远远超出“机床—刀具—工件”工艺系统的固有频率范围，这使得零件加工时几乎处于“无振动”状态；同时，积屑瘤、表面残余应力和加工硬化均受到抑制，减小了表面硬化层深度及表面层微观组织的热损伤，因此高速加工后的表面几乎可与磨削相比。

(5)简化工艺流程。由于高速加工的表面质量可达到磨削效果，因此有些场合高速加工可作为零件的精加工工序，从而简化了工艺流程，缩短了零件的加工时间。

三、高速切削的关键技术

高速切削是一项复杂的系统工程。高速切削不只是切削速度的提高，它的发展涉及到机床、刀具、工艺和材料等诸多领域的技术配合和技术创新。

1. 高速切削机床技术

性能良好的高速切削机床是实现高速切削的前提和关键，而具有高精度的高速主轴和控制精度高的高速进给系统，则是高速切削机床技术的关键所在。

(1)高速主轴

高速主轴是高速切削机床的核心部件，在很大程度上决定着高速切削机床所能达到的切削速度、加工精度和应用范围。目前，适于高速切削的加工中心其主轴最高转速一般都大于 10000r/min，有的高达 60000～100000r/min，为普通机床的 10 倍左右；主电动机功率 15～80kW，以满足高速车削、高速铣削之要求。

随着电气传动技术(变频调速技术、电动机矢量控制技术等)的快速发展，高速数控机床主传动的机械结构得到极大简化，取消了齿轮传动和带传动，采用机床主轴与主轴电机一体化的传动结构形式(即所谓的电主轴)，实现了机床的“零传动”。

轴承是决定主轴寿命和负荷的关键部件。电主轴采用的轴承主要有滚动轴承、流体静压轴承和磁悬浮轴承。滚动轴承因其具有刚度高、高速性能好、结构简洁、标准化程度高和价格适中等优点，在电主轴中得到最广泛应用。滚动轴承在高速回转时，润滑极为重要。目前，电主轴主要采用两种润滑方式：油脂润滑和油气润滑。油雾润滑尽管价廉，但因其污染环境、损害操作工人健康，不符合绿色制造和可持续发展原则，国外电主轴公司已不再使用。流体静压轴承(包括气体静压轴承和液体静压轴承)为非接触式轴承，具有磨损小、寿命长、旋转精度高和阻尼特性好等优点。气体静压轴承电主轴转速可高达 100000～200000r/min，缺点是刚度差，承载能力低；液体静压轴承刚度高，承载能力强。磁悬浮轴承又称磁力轴承，也为非接触式轴承，没有磨损，无需任何润滑。

(2)高速进给系统

控制精度高的高速进给系统也是实现高速切削的关键技术之一。

传统的滚珠丝杠副传动系统对高速进给系统表现出不适应性，必须对其进行技术改进和技术创新，才能适应高速切削的要求。主要技术措施有：①丝杠采用中空结构，提高丝杠的支承刚度。②为降低高速滚珠丝杠副传动系统的发热，将冷却液通入空心丝杠内部进行强制循环冷却，以保证滚珠丝杠副传动系统的精度。③改进螺母结构设计，适当减小滚珠直径，钢珠采用空心结构，滚珠链中钢珠按一大一小间隔排列，可有效降低高速运行时的噪声。④改进滚珠材料，滚珠选用陶瓷材料，可显著降低温升。⑤采用螺母旋转、丝杠不动的驱动方案。将螺母安装于轴承中，由伺服电机带动其旋转，或将螺母与驱动电机的转子集成为一体，由转子直接驱动。该结构由于丝杠固定不动，螺母作高速旋转的同时作轴向移动，故可消除丝杠临界转速的限制。

高速滚珠丝杠副传动系统的加速度范围为(0.5～1.0)g，行程范围≤6m，用于低档高速数控机床；高速进给系统采用直线电机进给驱动系统后，其加速度可高达(2～10)g，行程范围不受限制，用于高档高速数控机床和高速加工中心。直线电机进给驱动系统具有以下优点：①高速响应性。由于系统采用直线电机直接驱动工作台，机床实现“零传动”，故使整个闭环控制系统动态响应性能大大提高，反应异常灵敏快捷。②速度和加速度高。最大进给速度可达 80～180m/min，加速度可高达(2～10)g。③定位精度高。直线电机进给驱动系统常用光栅尺作为位置测量元件，采用闭环控制，因而定位精度可高达 0.1～0.01μm。直线电机伺服系统的价格约是高速滚珠丝杠伺服系统的 2.5 倍，但在加速度大于 1g 的情况下，前者仍是高速进给系统的唯一选择。

2. 高速切削刀具技术

刀具技术是实现高速切削的重要保证。高速加工用的刀具与工件材料的化学亲和力必须小。刀具材料具有如下性能：高硬度、高强度和耐磨性；高韧度、良好的耐热冲击性；高热硬性、良好的化学稳定性。

(1)高速切削刀具材料

目前，高速切削加工常用的刀具材料有：涂层刀具、陶瓷刀具（Al_2O_3，Si_3N_4）、立方氮化硼(CBN)材料和聚晶金刚石(PCD)材料等。

① 涂层刀具

目前，用于高速切削刀具的涂层主要有两类：一类是“硬”涂层，如 TiC、TiN 和 Al_2O_3 等涂层刀具，其优点是硬度高、耐磨性好。其中，TiC 涂层刀具具有很强的抗后刀面磨损能力，TiN 涂层刀具则具有理想的抗月牙洼功能。另一类是“软”涂层，如 MoS_2、WS 等涂层刀具，这类刀具也称为“自润滑刀具”，刀具、工件和切屑之间的摩擦因数很低，只有约 0.01，能降低切削力和切削温度。航空航天工业用材如高强度硬质合金、钛合金等的加工就不适合采用“硬”涂层刀具，采用“软”涂层刀具，可防止刀刃上产生积屑瘤，提高工件表面加工质量，延长刀具寿命。

② 陶瓷刀具

陶瓷刀具是高速切削最重要的刀具材料之一。可用于高速切削的陶瓷刀具包括金属陶瓷(Cermet)、氧化铝陶瓷(Al_2O_3)和氮化硅陶瓷(Si_3N_4)等。陶瓷刀具具有很高的硬度和耐磨性，适于加工 HRC50～65 的高硬度材料；高温性能好，在 1200℃的高温下仍能进行切削；具有良好的抗黏结性能，不容易与金属产生黏结，化学稳定性好。但陶瓷刀具抗冲击载荷能力差、抗热冲击性能差。因此，用陶瓷刀具进行切削时，不宜使用切削液，而适于进行高速干切削。

③ 立方氮化硼(CBN)

立方氮化硼(CBN)材料的硬度仅次于金刚石，高达 HV3200～4000，具有很高的耐磨性、热稳定性和化学稳定性，最适于高硬度淬火钢、高温合金、硬化轴承钢(HRC60～62)、工具钢(HRC57～60)、高速钢(HRC62)等材料的高速切削。

④ 聚晶金刚石(PCD)

聚晶金刚石(PCD)材料的硬度约为 CBN 的 2 倍，其导热性好、热膨胀系数小、摩擦因数小，适于铜铝合金、非金属材料和复合材料的高速切削，是实现高精度、高效率、高稳定性和低表面粗糙度切削加工的重要刀具。PCD 刀具主要用于轻金属及其合金、新型陶瓷材料及难加工材料的高速切削，用于精密、超精密及光学元件的精加工。

(2)高速切削刀具系统

刀具几何参数对加工质量和刀具耐用度有很大影响，一般高速切削刀具的前角比普通切削刀具约小 10°，后角则大 5°～8°。

刀具在高速旋转时，会承受很大的离心力，其大小远远超过切削力，成为刀具的主要载荷，足以导致刀体破碎，造成重大事故。以高速铣刀为例，提高刀具设计的安全性技术有：①高速铣刀大多采用 HSK 空心短锥刀柄与机床主轴连接，有时做成整体式结构，以提高刚性和安装的重复定位精度。②在高速旋转时，刀具的不平衡会对主轴系统产生一个附加的径向载荷，其大小与转速的平方成正比。对安装在高速主轴上的旋转刀具来说，高精度的动平衡是至关重要的。德国于1994年起草的《高速旋转铣刀的安全性要求》标准规定，用于高速切削的铣刀必须经过动平衡测试。

3. 高速切削工艺技术

高速切削工艺和常规切削工艺有很大不同。常规切削认为高效率来自低转速、大切深、缓进给、单行程；而高速切削则追求高转速、中切深、快进给、多行程的加工工艺。在进行高速切削时，工件材料不同，所选用的切削刀具、切削工艺和切削参数也有很大不同。

四、高速切削技术在我国的现状

我国在20世纪90年代初开始了有关高速切削机床及工艺的研究。研究内容包括水泥床身、超高速主轴系统、全陶瓷轴承及磁悬浮轴承、快速进给系统、有色金属及铸铁超高速切削机理与适应刀具等方面。通过我国科技工作者的艰苦工作，各项关键技术都取得了显著进展，部分单项技术指标可达国际先进水平。然而高速切削机床是诸多高新技术的高度集成，并且在一定的市场需求驱动下才能真正发展起来。目前，真正应用于工业生产的完全由我国自行开发的国产高速切削机床还没有。高速切削在国内的研究及应用起步较晚，但进入20世纪90年代以来已普遍引起关注。

目前国内10000～15000r/min的立式加工中心和18000r/min的卧式加工中心已开发成功并生产问世。生产的高速数字化仿形铣床最高转速达到了40000r/min，3500～4000r/min的数控车床和车削中心已成批生产，8000r/min的数控车床也已问世。高速机床的高档数控系统和开放式数控系统正在深入研究中，但目前主要还是依赖进口。

国内刀具材料目前仍以高速钢、硬质合金刀具为主，先进刀具材料（如涂层硬质合金、金属陶瓷、陶瓷刀具、CBN和PCD刀具等）虽有一定基础，但应用范围不够广泛。总的来说，切削速度普遍偏低，切削水平和加工效率较低，高速切削基础理论研究起步较晚。20世纪80年代以来，国内对陶瓷刀具高速硬切削时的切屑形成、切削温度、切削力、刀具磨损与破损、刀具寿命和加工表面质量等规律进行了系统研究，并已在生产中得到较多应用。自90年代以来，对高速切削铝合金、钢、铸铁、高温合金、钛合金等的切削力、切削温度、刀具磨损与破损和刀具寿命进行了一定研究和探讨，但还没有进行全面系统的研究。对切削加工过程的监控技术研究较多，但投入生产使用的较少。

第三节　逆向工程技术简介

一、逆向工程技概述

目前，CAD技术已成为产品开发的重要工具，其中的三维造型技术已被广泛应用于产品及模具设计、方案评审、自动化加工制造及管理维护各个方面。在实际开发制造过程中，设计人员接收的技术资料可能是各种数据类型的三维模型。我们把这种从“设计思路→产品”的开发过程称为正向工程。但很多时候，我们掌握的产品初始信息不是图样或CAD模型，而是各种形式的物理模型或实物样件，设计人员需要通过一定的途径，将这些实物信息转化为CAD模型，这就应用到了逆向工程技术（Reverse Engineering）。

所谓逆向工程技术，是指用一定的测量手段对实物或模型进行测量，根据测量数据通过三维几何建模方法重构实物的CAD模型的过程。这是一个从"产品→设计思路"的过程，也叫反求工程。

逆向工程技术与传统的正向设计存在很大差别。逆向工程是从产品原型出发，进而获取产品的三维数字模型，使得能够进一步利用CAD/CAE/CAM以及CIMS等先进技术对其进行处理。与传统设计方法的不同之处在于设计的起点不同，相应的设计自由度和设计要求也不相同。

一般来说，产品逆向工程包括形状反求、工艺反求和材料反求等几个方面，在工业领域的实际应用中，主要包括以下几个内容：

(1)新零件的设计，主要用于产品的改型或仿型设计。

(2)已有零件的复制，再现原产品的设计意图。

(3)损坏或磨损零件的还原。

(4)数字化模型的检测，例如检验产品的变形分析、焊接质量等，以及进行模型的比较。

逆向工程技术为快速设计和制造提供了很好的技术支持，它已经成为制造业信息传递的重要而简洁的途径之一。

二、逆向工程技术实施的条件

1. 逆向工程技术实施的硬件条件

实施逆向工程技术时，需要从设计对象中提取三维数据信息。检测设备的发展为产品三维信息的获取提供了硬件条件。目前，国内厂家使用较多的有英国、意大利、德国、日本等国家生产的三坐标测量机和三维扫描仪。就测头结构原理来说，可分为接触式和非接触式两种。其中，接触式测头又可分为硬测头和软测头两种，这种测头与被测物体直接接触，获取数据信息。非接触式测头则是应用光学及激光的原理进行的。近几年来，扫描设备有了很大发展。例如，英国雷尼绍公司的CYCLON2高速扫描仪，可实现激光测头和接触式扫描头的互换，激光测头的扫描精度达0.05mm，接触式扫描测头精度可达0.02mm。可对易碎、易变形的形体及精细花纹进行扫描。德国GOM公司的ATOS扫描仪在测量时，可随意绕被测物体进行移动，利用光带经数据影像处理器得到实物表面数据，扫描范围可达8m×8m。ATOS扫描不仅适于复杂轮廓的扫描，而且可用于汽车、摩托车内外饰件的造型工作。此外，日本罗兰公司的PIX－30网点接触式扫描仪，英国泰勒·霍普森公司的TALYSCAN 150多传感扫描仪等，集中体现了检测设备的高速化、廉价化和功能复合化等特点，为实现从实物→建立数学模型→CAD/CAE/CAM一体化提供了良好的硬件条件。

不同的测量对象和测量目的，决定了测量过程和测量方法的不同。在实行三坐标测量时，应该根据测量对象的特点以及设计工作的要求确定合适的扫描方法并选择相应的扫描设备。例如，材质为硬质且形状较为简单、容易定位的物体，应尽量使用接触式扫描仪。这种扫描仪成本较低，设备损耗费相对较少，且可以输出扫描形式，便于扫描数据的进一步处理。但在对橡胶、油泥、人体头像或超薄形物体进行扫描时，则需要采用非接触式测量方法，它的特点是速度快、工作距离远、无材质要求，但设备成本较高。

2. 逆向工程技术实施的软件条件

目前比较常用的逆向工程软件有Surfacer、Delcam、Cimatron以及Strim。具体应用的逆向工程系统主要有以下几个：Evans开发的针对机械零件识别的逆向工程系统；Dvorak

开发的仿制旧零件的逆向工程系统等。这些系统对逆向设计中的实际问题进行处理，极大地方便了设计人员。此外，一些大型 CAD 软件也逐渐为逆向工程提供了设计模块。例如 Pro/E 的 ICEM Surf 和 Pro/SCANTOOLS 模块，可以接受有序点（测量线），也可以接受点云数据。其他的像 UG 软件，随着版本的提高，逆向工程模块也逐渐丰富起来。这些软件的发展为逆向工程的实施提供了软件条件。

三、逆向工程设计前的准备工作

在设计一个产品之前，首先必须尽量理解原有模型的设计思想，在此基础上还可能要修复或克服原有模型上存在的缺陷。从某种意义上看，逆向设计也是一个重新设计的过程。在开始进行一个逆向设计前，主要考虑以下一些要点：

(1)确定设计的整体思路，对自己手中的设计模型进行系统分析。将模型划分为几个特征区，得出设计的整体思路，并找到设计的难点，基本做到心中有数。

(2)确定模型基本形状的曲面类型，这关系到相应设计软件的选择和软件模块的确定。对于自由曲面，例如汽车、摩托车的外覆盖件和内饰件等，一般需要采用具有方便调整曲线和曲面的模块；对于初等解析曲面件，如平面、圆柱面、圆锥面等则没必要因为有测量数据而用自由曲面去拟合一张显然是平面或圆柱面的曲面。

四、逆向工程工作中应该注意的问题

在实际设计中，目前存在的这些软件还存在着较大的局限性。在机械设计领域中，集中表现为：软件智能化程度低；点云数据的处理方面功能弱；建模过程主要依靠人工干预，设计精度不够高；集成化程度低等问题。例如，Surfacer 软件在读取点云等数据时，系统工作速度较快，并且能较容易地进行点线的拟合。但通过 Surfacer 进行面的拟合时，软件所提供的工具及面的质量却不如其他的 CAD 软件如 Pro/E、UG 等。在很多时候，在 Surfacer 里做成的面，还需要到 UG 等软件中修改。但是，使用 Pro/E、UG 等软件读取点云数据时，却会造成数据庞大的问题，对它们来说，一次读取如此多的点是比较困难的。

在具体工程设计中，一般采用几种软件配套使用、取长补短的方式。例如上海交通大学模具技术研究所承接的逆向工程项目，采用了 Surfacer 与 UG 和 Pro/E 功能结合的方法。在具体操作中，使用 Surfacer 进行点、线处理，得到基本控制曲线，然后使用 UG 和 Pro/E 引入控制线的数据，进行曲面造型。其中，Pro/E 应用的模块主要有 ICEM Surf、Pro/DESIGNER(CDRS)等，UG 使用的模块主要是 UG/Modeling 和 UG/Surface 模块。这几个设计模块都是一般 CAD 设计时常用到的。

值得注意的是，在设计过程中，并不是所有的点都是要选取的。因此，在确定基本曲面的控制曲线时，需要找出哪些点或线是可用的，哪些点或线是一些细化特征的，需要在以后的设计中用到，而不是在总体设计中就体现出来的。事实上，一些圆柱、凸台等特征是在整体轮廓确定之后，测量实体模型并结合扫描数据生成的。同时应尽量选择一些扫描质量比较好的点或线，对其进行拟合。

五、曲线曲面的光顺处理

由于测量过程中测得的是离散点数据，缺乏必要的特征信息，往往存在数字化误差，需要对曲面和曲线进行光顺。光顺是一个工程上的概念，包括光滑和顺眼两方面的含义。光滑是指空间曲线和曲面的连续性，数学上一阶倒数连续的曲线即为光滑的曲线；而顺眼是人

的主观感觉评价。对于平面曲线，光顺需要满足以下几点：没有多余拐点；曲率变化均匀等。在逆向设计中，曲线的光顺性调节是非常重要的。扫描或拟合得到的曲线一般很难保证其光顺，为了构造出一条光顺的插值曲线，需要修正原始型值点序列，利用软件的相关功能模块进行调节。目前采用的曲线光顺方法主要是能量法和圆率法。设计的准则是曲线上曲率极值点尽可能少些；相邻两个极值点之间的曲率尽可能接近线性变化。

曲面的光顺往往归结为网格的光顺。所谓网格的光顺，其含义是指网格的每一条曲线都是光顺的。光顺的曲面，应该是没有凸区和凹区的。在数学上，判断曲面是否满足上述条件的依据是高斯曲率。在一般CAD软件中，可以到分析模块中使用高斯曲率法对曲面进行分析。当曲面曲率变化比较均匀时，即为达到设计要求。若曲面质量很差，需要对构成的曲线进行重新调整，直至曲面让人满意为止。

逆向工程既要保证曲面质量，又要保证设计精度。除了对原始型值点进行光顺之外，有时还要控制修改后的型值点同原始型值点的坐标偏差，该偏差不应太大，以保证设计部门给出的指标不致受太大的影响。

逆向工程是一项开拓性、实用性和综合性很强的技术。逆向工程技术已经广泛应用到新产品的开发、旧零件的还原以及产品的检测中，它不仅消化和吸收实物原型，并且能修改再设计以制造出新的产品。但同时设计过程中系统集成化程度比较低，人工干预的比重大，将来有望形成集成化逆向工程系统，以软件的智能化来代替人工干预的不足。

第四节　快速成型技术

快速成型(Rapid Prototyping 简称 RP)技术是20世纪80年代末90年代初发展起来的一种先进制造技术，它结合了数控技术、CAD技术、激光技术、材料科学技术、自动控制技术等多门学科的先进成果，利用光能、热能等能量形式，对材料进行烧结、固化、黏结或熔融，最终成型出零件的三维实物模型。

一、RP技术的原理和特点

RP技术的工作原理是：根据零件的三维CAD模型，利用专业切片软件对其进行切片处理，得到模型每层截面的轮廓，在快速成型设备中用激光或其他方法将材料进行逐层成型，从而形成零件的原型。它实现了三维制造及其可视化，有利于设计者、制造者和用户之间的信息交流；与传统的零件制造技术相比，节约了制造费用，缩短了制造周期。快速成型技术有以下特点：

(1)制造成型所用的材料不限，各种金属和非金属材料均可使用。

(2)成型的复制性、互换性高。

(3)制造工艺与制造原型的几何形状无关，在加工复杂曲面时更显优越。

(4)成型过程不需要任何刀具、模具及工艺装备，从而节省了成型前的准备工作，大大缩短了产品生产周期，降低了生产成本，且生产成本与产品复杂程度无关。

(5)高度技术集成，实现了设计制造一体化。

二、快速成型技术的分类

快速成型技术从产生以来，出现了十几种不同的方法，但目前占主导地位的快速成形技术共有四类:(1)光固化成型(Stereo Lithography Apparatus,简写 SLA)。(2)熔丝沉积成型(Fused Deposition Modeling,简写 FDM)。(3)选择性激光烧结(Selective Laser Sintering,简写 SLS)。(4)薄材叠层制作(Laminated Object Manufacturing,简写 LOM)。

1. 光固化成型(SLA)

SLA 技术是目前世界上研究最深入、技术最成熟、应用最广泛的一种快速成形方法。它是利用液体光敏聚酯材料在紫外光照射下固化的特点而实现三维造型的。如图 8-9 所示,首先将造型平台置于液体聚酯材料液面以下,在紫外光激光器照射下,要成型的部分液体固化在平台上,其余部分仍保持液态,然后将平台下移微小距离,刮平固化部分上表面并涂上第二层液体,激光光源再对第二层实施加工,这种过程重复进行直至完成模型制造,最后完成取模清理的后处理工作。该项技术具有精度高、生产零件强度和硬度好等特点,生产的模型柔性化好,可随意拆装,是间接制模的理想方法,缺点是清洗和养护等后处理工序较费时。

2. 熔丝沉积成型(FDM)

如图 8-10 所示,FDM 技术是靠数控挤出头将细丝状热塑材料加热,根据截面轮廓信息,在制造平台上沿 X—Y 平面首先沉积制造模型的第一层,然后下移工作台,挤出头再沉积制造第二层,直至制成模型。该方法简单,制造时间短,构件结构柔性化和防水性好。FDM 技术所用的材料主要有 ABS、聚酯热塑性塑料、聚丙烯、合成橡胶和铸蜡等。

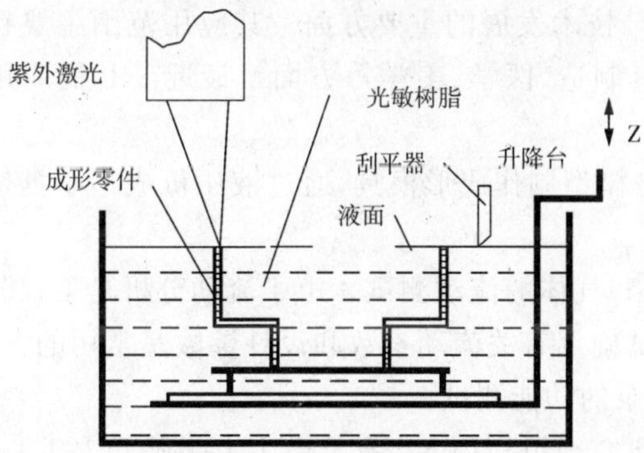

图 8-9　SLA 成型原理

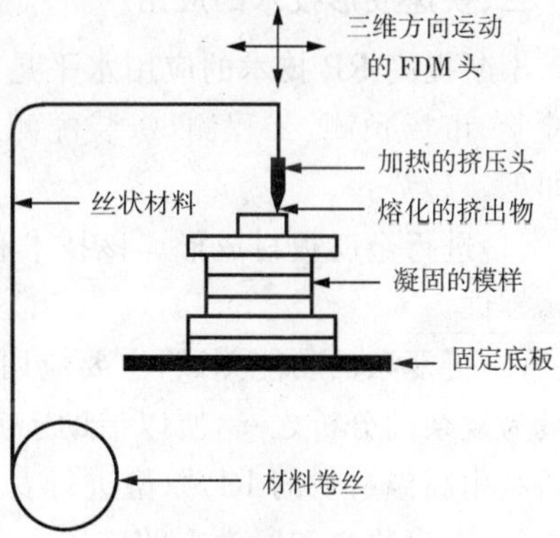

图 8-10　FDM 成型原理

3. 选择性激光烧结(SLS)

SLS 技术是利用激光束将粉末材料如尼龙、合成橡胶或金属选择性烧结成固体件。如图 8-11 所示,其原理是在工作台上放置装有热熔粉末的容器,激光束扫过模型的第一层,按设计形状选择性地将粉末烧结在一起,然后工作台下移,敷上第二层粉末,再烧结,直至完成工件制造,每层中多余的粉末作为制造过程的支撑。该技术经过多年来的研究、发展和完善,应用范围不断扩大,现在不仅可以用来制造原型,而且可用来制造模型、型芯、模具直至成品零件。所使用的材料包括功能塑料、耐用合成橡胶、陶瓷和金属等。生产能力大大提高,产品质量和尺寸稳定性大大改善,制造周期大大缩短,并可制成结构复杂的零件。

4. 纸叠层成型(LOM)

LOM 技术是利用分层叠加原理制成原型或模型。如图 8-12 所示,其基本原理是将涂有热熔胶的纸铺在工作台上,先用加热辊施压使纸张与工作台上模型架黏合,然后用激光在第一层纸上切割出模型平面轮廓，并将其余部分切碎以备清除。制好第一层后，转动送纸器，按上述原理加工第二层，直至加工好模型为止。用纸张做的模型还要进行封蜡、油漆、防潮处理等后处理工序。这种制造技术的优点是工作可靠，模型支撑性好，有类似木质外观，且更适合于制造结构复杂件；缺点是前后处理费时费力且不能制造中空结构件。

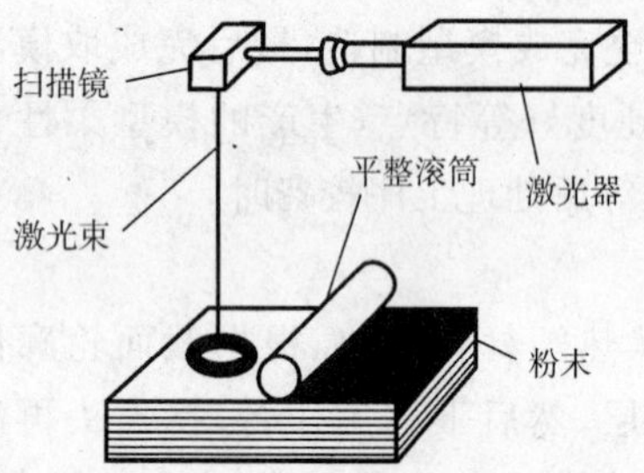

图 8-11　SLS 成型原理

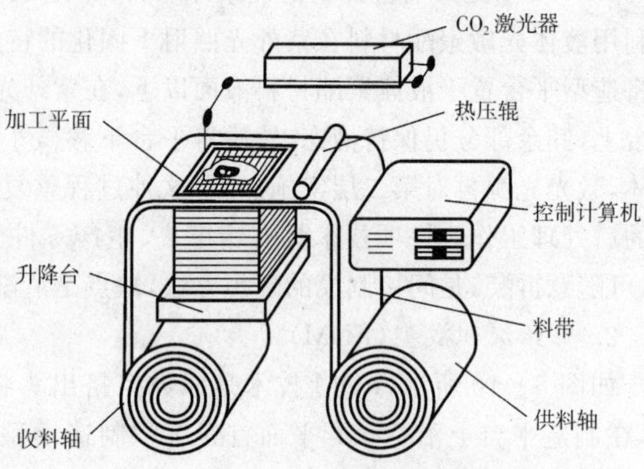

图 8-12　LOM 成型原理

三、快速成形技术的应用

不断提高 RP 技术的应用水平是推动 RP 技术发展的重要方面。其应用范围主要在设计检验、市场预测、工程测试、装配测试、模具制造、医学、美学等方面。最近，RP 的应用出现如下新趋势：

(1)进行金属板材成形。该技术利用 RP 模型制作成形模具，通过液压机成形小批量的金属零件。

(2)更复杂的功能测试，主要应用于流体和气体的流动测试。由于流动分析是工程分析中最为复杂的分析之一，所以借助于实际测试确定有关流动参数和设计参数是常用的方法。包括利用高温材料的 RP 原型进行发动机和泵的功能测试。

(3)在生物学和医学上的应用。美国有研究小组利用 RP 技术产生人工肺和人工心脏，而另一研究小组则在小光斑激光 SLA 系统上用一种类生物材料建造生物组织如肌肉等。还有利用 RP 技术帮助发展新的医疗装置。

(4)在艺术上的应用，利用 RP 技术建立佛像模型和数字雕刻。

(5)在金属和陶瓷零件成形方面的应用。

(6)制作彩色制件。目前已能制作具有两种色彩的制件。

思考题

1. 简述模具 CAD/CAM 技术的优越性。
2. 从刀具技术、机床技术、加工工艺等方面分析高速加工与普通加工的异同。
3. 简述快速成型四种常见成型工艺的特点。

参考文献

[1] 许发樾．实用模具设计与制造．北京：机械工业出版社，2004.

[2] 张荣清．模具设计与制造．北京：高等教育出版社，2008.

[3] 甄瑞麟．模具制造技术．北京：机械工业出版社，2008.

[4] 李名尧．模具 CAD/CAM. 北京：机械工业出版社，2004.

[5] 赵万生．特种加工技术．北京：高等教育出版社，2001.

[6] 吴元徽．模具材料与热处理．大连：大连理工大学出版社，2007.

[7] 贾全义．冲压模具工快速上岗．北京：化学工业出版社，2010.

[8] 殷铖．模具钳工技术与实训．北京：机械工业出版社，2007.

[9] 滕宏春．模具制造工艺学．大连：大连理工大学出版社，2007.

[10] 李书常．新编工模具钢 660 种．北京：化学工业出版社，2008.

参考文献